优质牛肉生产技术

第 2 版

王　聪　刘　强　白元生　主编

中国农业大学出版社
·北京·

内容简介

本书总结了国内外和编者多年的教学、科研和生产成果，介绍了优质牛肉生产的产前（环境要求、牛场建设及设施和饲料生产）、产中（品种选择、繁殖技术、饲养管理、环境控制和肉牛场防疫体系及常见病防治）及产后（肉牛屠宰加工）各个环节的操作技术与注意事项，理论联系实际，可操作性强，为优质牛肉生产过程中品种选择、饲料调制、环境控制和特色牛肉生产等提供了新思路。本书可作为从事畜牧兽医的科研人员、饲养管理人员的参考书，可促进我国优质牛肉高产、高效和安全生产。

图书在版编目(CIP)数据

优质牛肉生产技术/王聪，刘强，白元生主编. —2 版. —北京：中国农业大学出版社，2014.9

ISBN 978-7-5655-1067-0

Ⅰ.①优… Ⅱ.①王… ②刘… ③白… Ⅲ.①肉牛-饲养管理 Ⅳ.①S823.9

中国版本图书馆 CIP 数据核字(2014)第 207647 号

书　　名　优质牛肉生产技术　第 2 版

作　　者　王　聪　刘　强　白元生　主编

策划编辑　赵　中　　**责任编辑**　王艳欣

封面设计　郑　川　　**责任校对**　王晓凤

出版发行　中国农业大学出版社

社　　址　北京市海淀区圆明园西路 2 号　　**邮政编码**　100193

电　　话　发行部 010-62818525，8625　　读者服务部 010-62732336

编辑部 010-62732617，2618　　出　版　部 010-62733440

网　　址　http://www.cau.edu.cn/caup　　**e-mail**　cbsszs @ cau.edu.cn

经　　销　新华书店

印　　刷　北京时代华都印刷有限公司

版　　次　2015 年 3 月第 2 版　　2015 年 3 月第 1 次印刷

规　　格　850×1 168　32 开本　12.75 印张　320 千字

定　　价　28.00 元

编写人员

王　聪　刘　强　白元生
张拴林　张延利　裴彩霞
王　浩　郭　刚　霍文婕
杨子森　刘晓妮　师周戈
王永新　王　升　吴进录
燕文平　张青蕊　焦光月
赵宇琼　李　茂　任建民
李鹤琼　张　航

前　言

由于牛肉是非常重要的"菜篮子"产品，为此，肉牛养殖成为我国畜牧业的支柱产业之一。改革开放后，我国肉牛产业从小规模散养向适度规模化养殖过渡。牛肉产量不断攀升，肉牛产业结构不断调整和优化，产业竞争能力明显增强。据统计，2013 年全国牛肉产量达 673 万吨，规模化养殖比重达到 41%。但是，我国肉牛产业仍然存在许多问题，如小规模养殖比例高、选址和布局不科学、饲养管理不规范、疫病控制能力不强、粪污处理不合理、生产效率不高等，今后一段时期内肉牛产业应向规模化和标准化方向转变。发展标准化规模养殖是转变畜牧业发展方式的主要抓手，是新形势下加快畜牧业转型升级的重大举措。农业部从 2010 年起在全国范围内实施了畜禽养殖标准化示范创建活动，将其作为推进传统畜牧业转型升级、加快现代畜牧业建设的一项重点工作。

随着国民经济的发展和人们膳食结构及消费需求的变化，优质牛肉尤其是高档牛肉的消费需求越来越多，发展特色肉牛产业越来越引起全社会的关注。当前制约我国牛肉市场竞争力的主要因素是牛肉质量问题，在扩大肉牛业养殖规模的同时，依靠科技进步高效高质量地产业化生产，是我国肉牛产业发展的关键。只有充分考虑肉牛的生物学特点，了解影响牛肉生产的因素及其危害，掌握科学饲养管理技术，才能有效预防疾病，实现增产与高质的双赢，促进肉牛养殖业健康发展。

在第 1 版《优质牛肉生产技术》的基础上，我们结合最新肉牛科技进展，总结近几年社会实践及技术咨询服务的经验，参阅有关文献资料，修订了这本书。增加了世界肉牛业发展趋势、肉牛经济杂交利用技术、肉牛繁殖新技术、肉牛场防疫体系和肉牛场环境控制技术等新内容。由于编者水平和掌握资料有限，书中出现的缺点、错误和不妥之处，诚请广大读者和同仁指正。

编者
2015 年 1 月

目　录

第一章

肉牛业发展趋势

第一节　世界肉牛业发展现状与趋势

一、世界肉牛业发展现状

(一)肉牛品种

随着世界经济迅猛发展、科技的不断进步和人们健康消费意识的增强，多数国家的人们均喜吃瘦肉多而脂肪少的牛肉。原来非常受欢迎的体型小、早熟、易肥的英国品种被逐渐淘汰，取而代之的是欧洲的大型品种，如法国的夏洛来、利木赞、金色阿奎丹，意大利的契安尼娜、皮埃蒙特等。这些品种体型大、初生重大、增重快、瘦肉多、脂肪少、优质肉块比例大、饲料报酬高，故深受国际市场欢迎。多数西方国家实行开放型育种或引进良种进行纯种繁育，特别注意对环境条件适应性的选择。美国、加拿大、阿根廷和澳大利亚等国家有丰富的草场资源和饲料用粮，因而采取肉牛、奶牛分别发展的途径。欧洲大多数国家趋向于发展乳肉或肉乳兼用型肉牛品种，如西门塔尔、兼用型黑白花或兼用型黄白花牛、丹麦红牛等。东方国家如中国、韩国、日本多采用导血杂交，比较重视保持本国牛种的特色。如中国的秦川牛和晋南牛，韩国的韩牛，日本的和牛等，均采用导血改良最大限度地利用杂交优势进行商品肉牛生产。

（二）肉牛存栏与屠宰量

据联合国粮农组织（FAO）统计，自1995年以来全世界牛的存栏量呈缓慢上升趋势，2012年全世界约有牛14.8亿头。从牛的绝对数量看，养牛最多的国家是印度，并且牛的存栏量逐年递增，2012年存栏牛约2.18亿头；其次是巴西，约2.11亿头；中国排在世界第三位，约1.15亿头。2012年牛存栏世界排名前10位的国家见表1-1。

2012年全世界屠宰牛约2.96亿头。从牛的绝对数量看，屠宰牛数量最多的国家是中国，约4 340万头，其次是巴西，约4 021万头。2012年屠宰牛数量世界排名前10位的国家见表1-2。

（三）牛肉产量

据联合国粮农组织（FAO）统计，2012年全世界肉类总产量为2.97亿吨，自2005年以来以年均1.97%的速度递增；其中牛肉产量达6 328.9万吨，占肉类总产量的21.04%。牛肉产量最高的国家是美国，约1 184万吨，其次是巴西，约930万吨，中国居于世界第三位，约625万吨。2012年牛肉产量排名前10位的国家见表1-3。

（四）生产水平

2012年全世界肉牛的个体产肉量平均为213千克（表1-4）。

表 1-1 世界养牛大国牛存栏数量

万头

序号	国家或地区	1995 年	2000 年	2005 年	2008 年	2009 年	2010 年	2011 年	2012 年
	全世界	131 309	130 289	138 735	144 682	145 991	147 206	147 187	148 521
1	印度	20 173	19 192	19 202	20 215	20 594	21 038	21 082	21 800
2	巴西	16 123	16 988	20 716	20 231	20 531	20 954	21 282	21 128
3	中国	8 735	9 396	10 968	11 800	11 942	12 130	11 476	11 500
4	美国	10 279	9 820	9 544	9 603	9 452	9 388	9 268	9 077
5	埃塞俄比亚	2 983	3 308	4 039	4 900	5 088	5 338	5 213	5 399
6	阿根廷	5 265	4 867	5 703	5 758	5 446	4 895	4 600	4 750
7	苏丹	3 008	3 709	4 047	4 143	4 156	4 176	4 184	4 192
8	巴基斯坦	1 785	2 200	2 422	3 183	3 303	3 429	3 557	3 690
9	墨西哥	3 019	3 052	3 099	3 176	3 231	3 264	3 294	3 193
10	澳大利亚	2 573	2 759	2 818	2 732	2 791	2 673	2 851	2 842

注:引自联合国粮农组织 2014 年统计资料。

表 1-2　世界养牛大国屠宰牛数量

万头

序号	国家或地区	1995 年	2000 年	2005 年	2008 年	2009 年	2010 年	2011 年	2012 年
	全世界	25 982	27 174	28 431	29 491	29 654	29 736	29 573	29 624
1	中国	1 834	3 245	3 855	4 140	4 293	4 411	4 310	4 340
2	巴西	2 402	3 114	3 943	4 044	3 947	3 940	3 910	4 021
3	美国	3 729	3 759	3 331	3 551	3 447	3 532	3 511	3 387
4	阿根廷	1 286	1 240	1 425	1 466	1 605	1 188	1 086	1 121
5	印度	1 004	958	958	1 011	1 030	1 050	1 060	1 070
6	墨西哥	690	698	767	807	828	852	880	892
7	俄罗斯	1 977	1 221	1 067	960	940	932	856	858
8	澳大利亚	827	865	885	863	851	830	801	791
9	法国	601	548	527	511	516	516	519	494
10	乌兹别克斯坦	230	227	288	326	346	370	424	433

注:引自联合国粮农组织 2014 年统计资料。

表 1-3　世界养牛大国牛肉产量

万吨

序号	国家或地区	1995 年	2000 年	2005 年	2008 年	2009 年	2010 年	2011 年	2012 年
	全世界	5 306.7	5 606.6	5 931.1	6 257.4	6 304.1	6 317.2	6 294.2	6 328.9
1	美国	1 158.5	1 229.8	1 119.6	1 216.3	1 189.1	1 204.6	1 198.3	1 184.9
2	巴西	571.0	657.9	859.2	902.4	939.5	911.5	903.0	930.7
3	中国	257.1	462.8	533.6	582.6	604.5	622.8	616.7	625.0
4	阿根廷	268.8	271.8	313.1	313.2	337.8	263.0	249.7	250.0
5	澳大利亚	180.3	198.8	216.2	213.2	212.4	211.0	211.0	212.5
6	墨西哥	141.2	140.9	155.8	166.7	170.5	174.5	180.4	182.1
7	俄罗斯	273.3	189.4	179.4	176.9	174.1	172.7	162.5	164.2
8	法国	168.3	152.8	151.7	150.3	151.6	153.0	156.6	149.2
9	加拿大	92.8	126.3	146.4	128.8	125.2	127.2	115.4	120.5
10	德国	140.8	130.4	116.7	119.9	119.0	120.5	117.0	114.6

注:引自联合国粮农组织 2014 年统计资料。

表 1-4　世界养牛大国生产水平(牛个体产肉量)　　千克

国家或地区	1995 年	2000 年	2005 年	2008 年	2009 年	2010 年	2011 年	2012 年
世界平均	205	206	209	212	213	212	212	213
日本	399.3	414.2	407.7	420.1	421.1	422.6	426.1	432.4
加拿大	295	329.4	327.3	335.1	337.9	339.7	340.4	384.6
新加坡	222.7	300.8	341.7	350	350	375	375	375.9
卢森堡	0	328.8	334.3	347.8	349.9	358	357.4	358.1
以色列	349.1	350.5	349.9	350	350.2	349.9	350	350
美国	310.6	327.2	336.1	342.6	345	341	341.3	349.8
比利时	333.5	330.6	333.1	333.1	333.1	333.1	333.1	333.1
爱尔兰	315.3	305.7	324	322.1	320.6	325.2	332.4	331
英国	262.9	290.5	315.8	327.5	331.5	335.1	329.8	330.1
中国	140.1	142.6	138.4	140.7	140.8	141.2	143.1	144

注:引自联合国粮农组织 2014 年统计资料。

发达国家肉牛个体产肉量较高，如日本肉牛的个体产肉量位居世界第一位，约 432 千克；发展中国家虽然屠宰牛数量远高于发达国家，但肉牛个体产肉量低于世界平均水平，如中国肉牛个体产肉量约为 144 千克。

（五）牛肉消费情况

2010 年全球牛肉消费量 5 643 万吨，比 2009 年下降 30.5 万吨。牛肉消费量排名世界前 10 位的国家或地区是：美国 1 193.2 万吨，欧盟 820 万吨，巴西 751 万吨，中国 552.8 万吨，阿根廷 230.3 万吨，俄罗斯 223.5 万吨，印度 215.0 万吨，墨西哥 200.6 万吨，巴基斯坦 149.6 万吨，日本 120.7 万吨。以上 10 个国家的牛肉消费量占全球牛肉消费量的 76.8%。

（六）牛肉贸易情况

2010 年全球牛肉总贸易量 1 413.1 万吨，其中进口 687.8 万吨，出口 725.3 万吨。与 2009 年相比，牛肉总贸易量增加 11.3 万吨，牛肉进口贸易量增加 182 万吨，出口贸易量减少 69 万吨。2010 年牛肉进口量排名世界前 10 位的国家和地区是：美国 119.1 万吨，俄罗斯 94.0 万吨，日本 69.5 万吨，欧盟 49.0 万吨，韩国 34.5 万吨，墨西哥 33.5 万吨，伊朗 29.5 万吨，越南 27.5 万吨，加拿大 23.5 万吨，中国香港 20.0 万吨。牛肉出口量排名前 10 位的国家和地区是：巴西 167.5 万吨，澳大利亚 132.5 万吨，美国 103.6 万吨，印度 70.0 万吨，加拿大 52.5 万吨，新西兰 51.0 万吨，乌拉圭 38.0 万吨，阿根廷 30.0 万吨，巴拉圭 29.0 万吨，欧盟 16.0 万吨。

二、世界肉牛业发展趋势

(一)肉用牛品种趋向大型化

肉牛品种较多，近年来各国为了提高牛的生产水平，都在优选品种。由于消费者喜欢瘦肉多的牛肉，而大型品种的特点是生长快，可以在年龄不大时屠宰，瘦肉多而脂肪少，符合市场需要，因此利木赞、夏洛来、金色阿奎丹、西门塔尔等大型品种，引起了饲养者的广泛兴趣。原来饲养中、小型肉牛品种如海福特等的国家亦相继引入大型肉牛品种。

(二)利用杂种优势提高肉牛生产水平

近年来，世界各国广泛采用轮回杂交、“终端”公牛杂交、轮回杂交与“终端”公牛杂交相结合三种杂交方法进行肉牛生产。据报道，两品种的轮回杂交可使犊牛的初生重平均提高 15%；三品种轮回杂交可提高 19%；两品种轮回杂交与“终端”杂交公牛杂交相结合可使犊牛初生重提高 21%；三品种轮回杂交与“终端”公牛杂交相结合可使犊牛初生重提高 24%。在发展中国家，大量引进高产品种与当地牛进行杂交改良，以提高生产力，致使原有品种减少，有些品种已经绝迹。东方国家，如中国、日本等，也相继利用导入外血的方式对本地良种黄牛进行选育。

(三)向集约化、专业化和工厂化方向发展

自肉牛生产向工厂化生产发展以来，国外畜牧业发达的国家肉牛生产规模越来越大，饲养肉牛的农户越来越少。美国肉牛业，每户养 2 000～5 000 头肉牛为中等规模，大的饲养场可以养 30 万～50 万头。随着生物科学技术突飞猛进的发展，使大批成熟的高新技术，如基因工程、同期发情、冷胚移植、同卵双生、

胚胎性别鉴定、胚胎分割、激素免疫等，在养牛业中得到推广应用，并取得较好效果。此外，在牛的育种、饲养管理方面，实行了微机管理，从而大幅度提高了养牛业的专业化生产水平。肉牛生产从饲料的加工配合、清粪、饮水到疫病的诊断全面实现了机械化、自动化和科学化，把动物育种、动物营养、动物生产和机械、电子学科的最新成果有机地结合起来，创造出了肉牛生产巨大的经济效益。

（四）充分利用奶牛业发展牛肉生产

近年来，国外许多国家，尤其是欧洲国家，提出“向奶牛要肉，生产奶肉牛和奶牛肉”。在能量和蛋白质的转化效率上，奶牛是最高的，乳肉兼用品种也是比较高的。例如，肉牛的热能和蛋白质转化效率分别为3％和9％，而乳肉兼用牛分别为14％和20％，奶牛分别为17％和37％。在发达国家奶牛的数量较多，其中可繁殖母牛的比例高达70％，欧洲最高达90％。一方面利用淘汰奶牛和奶公牛进行育肥生产奶牛肉；另一方面，因头胎奶牛比较难产，可以用肉牛精液配种生产肉牛犊，也可选用乳肉兼用牛品种，欧洲国家多采用乳肉兼用牛品种进行牛肉生产。欧盟生产的牛肉有45％来自奶牛群（奶用公犊牛、淘汰母牛和低产母牛），英国80％来自奶公犊与淘汰奶牛，美国是肉牛业最发达的国家，仍有30％的牛肉来自奶牛。日本肉牛饲养量比奶牛多，但所产牛肉55％来自奶牛。

（五）充分利用青粗饲料进行牛肉生产

全世界秸秆的年产量约为20亿吨，如何利用这样大的能量，受到了许多国家的重视。肉牛在利用粗饲料的比例上仅次于绵羊和山羊，占82.8％。国外在肉牛饲养中，精料主要用在育肥期和分娩前后的繁殖母牛，架子牛主要靠放牧或喂以粗饲料，但其粗饲料大部分是优质人工牧草。为了生产优质粗饲料，英国用

59%的耕地栽培苜蓿、黑麦草和三叶草，美国用20%的耕地、法国用9.5%的耕地种植人工牧草。耕地十分紧缺的日本，用于栽培饲料作物的面积也达到了18.6%。国内外对秸秆做了大量研究，利用氨化、碱化秸秆饲养的肉牛在英国、挪威等国家也有一定规模。为了进一步发挥奶牛和肉牛的生产潜力，很多国家在肉牛业推行全混合日粮，将粗料和精料混合，压制成颗粒饲料喂牛，实行全价饲养。

第二节　我国肉牛业发展现状、存在问题与对策

一、我国肉牛业发展现状

（一）肉牛品种

我国黄牛资源丰富，从南至北、由东到西分布广泛，其中秦川牛、晋南牛、南阳牛、鲁西牛和延边牛为我国五大地方良种黄牛。黄牛以役用为主，多数存在后躯发育不良，没有经过科学选育提高和合理饲养，产肉性能低。近年来实践表明，黄牛也具有很好的肉用性能，如经过适当选育，加之改进饲养管理，采用现代肉类生产工艺，就能生产出品质优良的牛肉。与国外品种相比，我国良种黄牛肉品质上乘、风味浓郁、多汁细嫩。考虑到黄牛生长速度和饲料效率不理想，需引进国外良种进行适度杂交改良，以形成生长速度快、产肉性能好的商品代，同时培育我国肉用牛品种，如新疆褐牛、中国西门塔尔牛、夏南牛、延黄牛、辽育白牛、蜀宣花牛等。另外，从20世纪70年代开始，我国先后引进过海福特、安格斯、肉用短

角、夏洛来、利木赞等肉用品种和西门塔尔等兼用品种牛，用来杂交改良当地牛，取得了不同程度的进展和效果。由于受市场和养殖效益的影响，目前生产中以养殖生长发育快、产肉性能较好的大型品种如夏洛来、利木赞等为主，但肉质与黄牛充分育肥后的肉质相差较大。

（二）肉牛存栏

我国肉牛产业在短时期内基本实现了从传统以役用为主向肉用为主商品生产方式的转变，肉牛产出地域也由牧区向农区转移。肉牛生产取得了长足的发展，存栏量、出栏量和出栏率的增长均较快（表 1-5）。1995 年存栏牛 8 735 万头，出栏 1 834 万头，出栏率仅 21.0%；而 2012 年我国存栏牛 11 500 万头，出栏 4 340 万头，出栏率 37.7%。出栏牛和出栏率较 1995 年增长了 2.3 倍和 1.8 倍。

（三）牛肉产量

我国牛肉产量增长迅速，从 1996 年的 355.7 万吨增长到 2013 年的 673 万吨（表 1-6），年均递增 5.25%，远高于世界平均年递增速度 1.08%，成为世界第三牛肉生产国。牛肉占肉类比例从 1996 年的 7.75%提高到 2013 年的 7.88%。

（四）牛肉消费

随着国民经济的快速发展，人民收入不断增加，生活水平明显改善，健康消费意识增强，对肉类消费倾向发生了极大变化，牛、羊肉和禽肉消费不断增加。由于我国牛肉进出口量都比较少，牛肉的人均占有量基本与人均消费量相当。我国牛肉人均占有量由 1996 年的 2.64 千克/人，增长到 2013 年的 5.01 千克/人。我国牛肉消费在地区之间存在较大差异，且城市消费水平高，农村消费水平低；主产区消费水平高，非主产区消费水平低。

表 1-5　中国肉用牛存栏及出栏情况

项目	1995 年	2000 年	2005 年	2008 年	2009 年	2010 年	2011 年	2012 年
存栏(万头)	8 735	9 396	10 968	11 800	11 942	12 130	11 476	11 500
出栏(万头)	1 834	3 245	3 855	4 140	4 293	4 411	4 310	4 340
出栏率(%)	21.0	34.5	35.1	35.1	35.9	36.4	37.6	37.7

表 1-6　中国牛肉及其他肉类产量

万吨

项目	1996 年	2000 年	2005 年	2009 年	2010 年	2011 年	2012 年	2013 年
肉类	4 584	6 013.9	6 938.9	7 649.7	7 925.8	7 957.8	8 387.2	8 536
猪肉	3 158	3 966	4 555.3	4 890.8	5 071.2	5 053.1	5 342.7	5 493
牛肉	355.7	513.1	568.1	635.5	653.1	647.5	662.3	673
羊肉	181	264.1	350.1	389.4	398.9	393.1	401.0	408

注:数据来源于历年中国统计年鉴。

(五)生产水平

改革开放以来,我国肉牛业取得了长足发展,牛出栏量和牛肉产量保持逐年增长势头,并且生产水平也略有提高。2000 年我国肉牛个体产肉量为 142.6 千克,到 2012 年肉牛个体产肉量提高到 144 千克。

(六)饲养管理

传统分散饲养方式造成饲料混杂、品种混杂、年龄混杂,其结果是育肥期长、育肥效率低、牛肉的质量差、产品缺乏竞争力。我国牧区主要采用草原放牧饲养牛,几乎不用精饲料进行育肥。近年来,农区普遍采用秸秆、人工牧草和精饲料作为牛的主要饲料,其优点是充分利用了农区丰富的秸秆资源和闲置的劳动力,缓解了肉牛对草地资源和生态环境的压力,但育肥速度慢,周期长,肉质差。

(七)屠宰加工

存在两种情况:一是屠宰设备简陋、综合加工利用能力差;二是屠宰设备先进,屠宰能力很强,但肉牛供不应求,大部分时间处于停工状态。多年来我国牛肉主要是以未经处理的鲜肉、冷冻牛肉和熟食形式进行销售,经过排酸处理的冷鲜牛肉很少,产品未能进行适当的分类、分级和处理。近年来,我国先后引进上百条先进肉品生产线,形成一批有声望的企业,出现了一些高质量的牛肉加工产品,但多数牛肉产品仍采用传统手工加工方法,种类少,技术含量低。发达国家均有牛肉质量的系统评定方法和标准,为了加快肉牛业的发展,促进牛肉品质的提高,我国应尽快完善自己的牛肉分级标准。

(八)牛肉质量

目前我国牛肉生产主要依靠黄牛，改良肉牛的覆盖率仅18%，来自奶畜的牛肉不到3%。中国黄牛肉虽有肉质细腻、风味独特等特色，但普遍体型小、生长速度慢、出肉率低。我国高档牛肉的比重不足5%，高档牛肉生产能力低是目前我国肉牛业的突出弱点。

(九)牛肉贸易

随着经济的发展和消费习惯的改变，国内市场对优质牛肉的需求增加，因为供不应求，所以需要进口牛肉，尤其是高档牛肉。2013年我国牛肉进口总量是29万吨，进口的主要国家和地区有澳大利亚、新西兰、阿根廷、乌拉圭和哥斯达黎加等，其中澳洲牛肉达15万吨，乌拉圭牛肉7万余吨。我国牛肉出口不多，排在世界主要牛肉出口国的第八位。2013年中国出口冷鲜牛肉共计509吨，比2012年2 208吨下降了76.94%；出口冷冻牛肉共计5 365吨，比2012年9 992吨下降了46.31%；共计出口牛肉0.59万吨，同比下降44.29%。

二、我国肉牛业存在问题

(一)良种覆盖率低

品种是决定个体生产性能和牛肉质量的主要因素。由于我国肉牛业起步较晚，且只重视牛肉增产问题，对繁育体系建设投入少，致使我国肉用品种培育工作远远落后于发达国家。目前我国肉牛良种覆盖率只有18%，主要依靠地方良种黄牛进行肉牛生产。国内地方品种黄牛具有独特的环境适应性和肉质鲜美的优点，但由于生产速度慢、屠宰率低，农户都喜欢用进口牛来改良地方黄牛，使得地方黄牛冻精需求逐年减少，地方黄牛数量也逐年骤减。虽然为了适应肉牛生产的需要，已经培育了一部分肉牛品种，但从整体来讲，肉牛选育改良缺乏科学规划和统一部署，所以导致肉牛良种覆盖率低。

（二）母牛存栏骤减

统计资料显示，我国出栏牛从 1995 年的 1 834 万头增长到 2012 年的 4 340 万头，平均屠宰牛数量以每年 5.6%的幅度递增。由于屠宰需要牛源，出现严重的“杀青弑母”现象。据调查，现今基础母牛存栏不足存栏牛的 40%。由于缺乏基础母牛群的保护措施，使母牛存栏锐减，直接导致架子牛的供应严重短缺，出现全国性“牛荒”。另外，近年来随着农业机械化程度的提高，役用牛养殖迅速减少，同时由于母牛在出肉率和增重方面较公牛差，导致农户养殖母牛积极性下降。母牛养殖是肉牛业发展的基础，母牛存栏数量的减少将严重影响到我国肉牛业的发展。

（三）生产水平较低

我国 2012 年存栏牛 11 500 万头，出栏牛 4 340 万头，产肉量 625 万吨。而美国 2012 年存栏牛 9 077 万头，出栏 3 387 万头，年产肉量达 1 184 万吨，是我国的 1.9 倍。究其原因，主要是由于胴体重较低，2012 年世界肉牛平均胴体重为 213 千克，美国为 349 千克，我国只有 144 千克。

（四）饲养规模小

我国肉牛饲养以小规模、分散型的农牧户饲养为主，一般每户饲养三五头，多的也只有十几头或几十头。尽管有些地区也发展了一些专业化的大型肉牛育肥场和饲养规模较大的肉牛育肥专业户，但出栏屠宰牛数量十分有限。据不完全统计，目前我国规模化养殖比重已达到38%左右，小规模饲养依然占较大比重。小规模饲养虽然可充分利用家庭闲散劳动力和资金以及农作物秸秆、有效降低饲养成本、有助于提高家庭经济收入等，但这种饲养方式也导致饲料混杂、品种混杂、年龄混杂等问题，因而育肥期长、育肥效率低，导致牛肉质量差，品质和规格难以统一，使产品缺乏竞争力。

(五)产业化程度低

肉牛产业化是以国内外市场为导向，以经济效益为中心，以科技为支撑，按市场经济发展规律和社会化大生产要求，通过龙头企业的组织协调，把散户的饲养、生产、加工、销售及流通与千变万化的大市场衔接起来，进行专业分工和生产要素重组，优化资金、技术、人才和物资等要素的配置，促成产业的布局区域化、生产专业化、产品标准化、管理科学化、服务社会化、经营一体化和产业市场化。目前，我国肉牛加工企业规模及加工能力均较低，尤其缺乏规模大、前景好、带动力强、产品市场占有率高的龙头企业，难以形成对肉牛产业发展的有效拉动。由于精深加工产品少，缺乏品牌，高附加值产品更少，效益差，加之受肉牛市场供应短缺等因素影响，多数加工企业普遍开工不足，处于停产和半停产状态。另外，肉牛养殖、加工和销售等环节没有真正建立起风险共担、利益共享的有机、完整的产业化链条。

(六)牛肉供应不足

2012年世界牛肉总产量达到6 254.3万吨，人均消费牛肉约10千克。2013年中国牛肉产量673万吨，人均消费牛肉约5.0千克，是世界平均水平的一半，且中低档牛肉产品居多，高档牛肉所占比率不足7%。由于国内牛肉需求旺盛，牛肉生产不能满足消费需求，仍然依赖进口。根据《2012—2016年中国肉牛养殖行业投资分析及深度研究咨询报告》预测分析，2020 年中国人均消费量与需求总量将分别达到 9.42 千克和 1 401 万吨，牛肉缺口为 700 多万吨。随着国民生活水平的逐渐提高，消费者对高档牛肉的需求与日俱增。据统计，中国 2013 年高档牛肉的消耗量为 30 万吨。

(七)粪污处理滞后

肉牛生产中废弃物数量巨大，因缺乏相应的废弃物处理系统和环境保护措施，大量的粪便未经处理就露天堆放或排入河道沟渠，而且废弃物中常带有致病微生物，容易造成土壤、水资源和空气污染，进而危害人类的健康。目前，由于资金限制小规模养殖场基本没有粪污处理系统，而多数大规模养殖场也因多种原因没有配备相应的处理设施。城市郊区的养殖场废水仅仅经过蓄粪池沉淀过滤，而不经过无害化处理就排入下水道，使城市废水污染增加，加大城市污水治理难度。农区养殖场废水直接排到附近的沟壑中，使周围的灌溉水源或养殖水源水质严重恶化、腐败变臭、富营养化现象严重，影响了农村种植业和水产养殖业的发展。

三、我国肉牛业发展对策

(一)出台产业发展扶持政策，重点扶持基础母牛群

肉牛产业关系到农业增效、农民增收和食品安全等问题，因此，政府对肉牛产业的发展有必要进行适当和科学的干预与调控。首先，应给予肉牛产业发展的政策支持；其次，各级政府应不断增加对肉牛产业的资金、物质和技术投入。通过政策扶持和资金支持，保证肉牛产业链的协调运作，不断优化产业链的组织模式和逐渐提高组织效率。由于基础母牛群是发展肉牛业的基础，况且目前基础母牛数量占存栏牛的比重不足 40%，如不采取措施将会出

现严重的牛源短缺现象，影响到食品安全。应尽快出台保护基础母牛的政策措施，如补贴政策等，并给予资金扶持，促进肉牛产业持续稳定发展。

(二)保护与开发地方良种黄牛，加速肉牛品种选育

我国地方良种黄牛适应性强、耐粗饲、肉质细腻、风味独特，但生长慢，后躯发育不良，产肉量少。而引进品种虽然生长发育快，产肉量高，但风味及肉质不及我国良种黄牛。由于受到农业机械化普及、农村产业结构调整和农村经济发展重点转移等各方面因素的影响，地方良种黄牛存栏量逐年骤减，应加强保种工作，以保存优良种质资源。但保种不是最终目的，重点在于开发利用。虽然我国各省市都不同程度地开展了对地方黄牛的改良工作，育成了部分新品种，但这些工作还不足以支持我国肉牛产业的发展。国外优良肉牛品种往往是通过几十年甚至上百年的严格育种工作而形成的，每个品种都有其突出特点和最适宜的生存环境。利用国外品种杂交改良地方良种黄牛，哪个品种最合适，最优秀，往往需要科学论证，合理规划。如果随心所欲，往往会走入误区，这样持续下去，不但永远形不成具有我国特色的品种，而且会使地方良种黄牛优秀基因永远丢失，在国内外竞争中，只能处于被动和落后的地位。为此，肉牛产区应根据各地黄牛品种的具体情况制定相应的保种选育方案并加以实施，对地方黄牛种质资源保护和利用的综合技术进行研究，做到保育结合，以育促保。在保持种质资源特性的前提下，根据主要经济性状进行选育，把潜在的优势挖掘出来。

(三)引导适度规模化肉牛养殖，促进养殖总量增长

肉牛小规模养殖经营分散，增加了养殖户生产与销售中面临的不确定性和与龙头企业纵向协作的交易成本，严重影响了肉牛

产业的发展。随着肉牛产业的发展，肉牛养殖将逐渐向规模化方向发展。兼顾资源条件与养殖效益，我国肉牛可持续的发展模式应是大比例的农民适度规模养殖和一定比例的规模企业养殖。为此，一方面要加强肉牛生产基地建设，鼓励适度规模的肉牛养殖。各级政府和主管部门应发挥组织、监督、管理和调控作用，根据市场需求和各地资源优势，支持一批肉牛生产基地。另一方面要应用产业化经营思路，选择优良品种，鼓励肉牛养殖户向适度规模化发展，从而带动整个肉牛产业的生产水平。

（四）利用奶公犊育肥生产牛肉，扩大牛肉供应来源

利用奶公犊育肥生产牛肉已成为增加市场牛肉来源的重要手段，目前世界牛肉的 60％来源于淘汰奶牛和奶公犊，如欧盟的牛肉有 45％来自奶牛，美国的牛肉有 30％来自奶牛，日本的牛肉 55％来自奶牛。在我国，多数奶公犊被低价卖给生物制药厂制备血清或直接宰杀流入牛肉市场，仅有少数短期育肥生产牛肉。目前，我国肉牛市场面临牛源短缺、优质牛肉供应不足等问题，我们可以借鉴国外在奶公犊利用方面的先进科学技术，利用奶公犊育肥生产牛肉。我国奶牛存栏约 1 500 万头，成母牛约 1 000 万头，每年可生产奶公犊 400 万头左右。利用奶公犊育肥生产牛肉，能有效地增加我国牛肉产量，特别是提高高档牛肉的产量，实现奶牛业和肉牛业的有效结合。

（五）增强肉牛产业科技支撑能力，加快现有成果转化

肉牛产业的发展离不开科技支撑，小规模饲养方式不利于科学技术的推广应用，鼓励适度规模养殖后有利于技术推广和成果转化。要将“产学研”紧密结合，加大肉牛育肥、饲料加工、繁育调控、屠宰加工、质量监测与溯源等肉牛生产标准化技术的应用与推广，不断提高肉牛产业的科技水平，充分发挥综合效益。同时，加

大肉牛产业技术研发力度，强化选育符合我国人民喜爱肉牛新品种，研发适合不同地区和肉牛品种的专用饲料配方，加强肉牛养殖场粪污无害化处理和循环利用，实现肉牛产业的可持续发展，加强肉牛疫病防控与技术推广服务体系建设，积极支持乳肉兼用型品种的研发推广和奶公犊育肥技术的科研攻关，加强科技攻关能力，尽快缩小与发达国家的差距。

第二章

肉牛的选择及杂交利用

第一节　品种与优质牛肉

牛的品种和类型是生产优质牛肉的重要因素之一。肉用品种牛，一般早熟，能进行早期育肥，日增重快，饲料转化率高，饲养期短，屠宰率、净肉率、肉骨比都较高，胴体中脂肪分布均匀，结缔组织含量少，还能形成大理石纹，肉鲜嫩多汁。与肉质相关的这些性状受遗传影响大，环境影响较小，因此，品种与牛肉的质量密切相关。

一、生产优质牛肉常用品种

(一)中国地方良种黄牛

1. 晋南牛

(1)产地与分布　产于山西省晋南盆地，包括运城市的万荣、河津、临猗、永济、运城、夏县、闻喜、芮城、新绛，以及临汾市的侯马、曲沃、襄汾等县市，以万荣、河津和临猗3县的数量最多、质量最好。

(2)品种的形成　晋南盆地农业开发早，养牛是当地的传统。农作物以棉花、小麦为主，其次为豌豆、黑豆等豆科作物，有天然草场。群众习惯将青苜蓿和小麦秸分层铺在场上碾压，晾干后作为黄牛枯草期的粗料。当地群众重视牛的体型、外貌、毛色一致。

(3)体型外貌(图2-1)　公牛头中等长，额宽，鼻镜粉红色，顺风角为主，角型较窄，颈较粗短，垂皮发达，肩峰不明显。蹄大而圆，质地致密。母牛头部清秀，乳头细小。毛色以枣红为主，也有红色和黄色。成年公牛平均体重660千克，体高142厘米；成年母牛平均体重442.7千克，体高133.5厘米。该品种公牛和母牛臀部都较发达，具有一定肉用外形。

公

母

图2-1　晋南牛(摘自《中国牛品种志》)

(4)生产性能　成年牛在一般育肥条件下日增重可达851克，最高日增重可达1.13千克。在营养丰富条件下，12～24月龄公牛日增重1.0千克，母牛日增重0.8千克。育肥后屠宰率可达55%～60%，净肉率为45%～50%。母牛产乳量745千克，乳脂率为5.5%～6.1%，9～10月龄开始发情，2岁配种。产犊间隔为14～18个月，终生产犊7～9头。公牛9月龄性成熟，成年公牛平均每次射精量为4.7毫升。

2. 秦川牛

(1)产地与分布 秦川牛因产于陕西省关中地区的“八百里秦川”而得名。主要产地包括渭南、临潼、咸阳、扶风、岐山等 15 个县、市。

(2)品种的形成 关中地区有种植苜蓿喂牛的习惯,主要农作物包括小麦、玉米、豌豆、棉花等。当地群众喜选择大牛作种用,饲养管理精细。

(3)体型外貌(图 2-2) 角短而钝,多向外下方或向后稍弯,角型非常一致。毛有紫红、红、黄 3 种,以紫红和红色居多;鼻镜多呈肉红色,亦有黑、灰和黑斑点等色;蹄壳分红、黑和红黑相间,以红色居多。成年公牛平均体重 620.9 千克,体高 141.7 厘米;成年母牛平均体重 416.0 千克,体高 127.2 厘米。

公 母

图 2-2 秦川牛(摘自《中国牛品种志》)

(4)生产性能 在中等饲养水平下,18～24 月龄成年母牛平均胴体重 227 千克,屠宰率为 53.2%,净肉率为 39.2%;25 月龄公牛平均胴体重 372 千克,屠宰率 63.1%,净肉率 52.9%。母牛产奶量 715.8 千克,乳脂率 4.70%。

3. 南阳牛

(1)产地与分布 产于河南南阳地区白河和唐河流域的广大平原地区,以南阳市郊区、南阳县、唐河、邓县、新野、镇平等县、市为主要产区。

(2)品种的形成　南阳地区农作物主要有小麦、玉米、甘薯、高粱、豌豆、蚕豆、黑豆、黄豆、水稻、谷子、大麦等,饲草料丰富,尤以豆类供应充足,群众有用豆类磨浆喂牛的习惯。长期选择体型高大和耕作力强的牛而逐步育成。

(3)体型外貌(图 2-3)　公牛角基较粗,以萝卜头角为主,母牛角较细。髻甲较高,公牛肩峰 8～9 厘米。有黄、红、草白 3 种毛色,以深浅不等的黄色为最多,一般牛的面部、腹下和四肢下部毛色较浅。鼻镜多为肉红色,其中部分带有黑点。蹄壳以蜡黄、琥珀色带血筋较多。成年公牛平均体重 647 千克,体高 145 厘米;成年母牛平均体重 412 千克,体高 126 厘米。

公

母

图 2-3　南阳牛(摘自《中国牛品种志》)

(4)生产性能　公牛育肥后,1.5 岁的平均体重可达 441.7 千克,日增重 813 克,平均胴体重 240 千克,屠宰率 55.3%,净肉率 45.4%。3～5 岁阉牛经强度育肥,屠宰率可达 64.5%,净肉率达 56.8%。母牛产乳量 600～800 千克,乳脂率为 4.5%～7.5%。

4. 鲁西牛

(1)产地与分布　主要产于山东西南部,以菏泽市的郓城、菏泽、巨野、梁山和济宁地区的嘉祥、金乡、济宁、汶上等县为中心产区。

(2)品种的形成　汉代时的牛已具有现代鲁西牛的雏形，当地素有宴用牛的习惯，明、清两朝以该牛为宫廷用牛，之后德国、日本先后选用该牛。由于肉牛以质论价，促进了群众养大型膘牛和选育大型牛的积极性。

(3)体型外貌(图 2-4)　具有较好的役肉兼用体型。公牛头大小适中，多平角或龙门角；母牛头狭长，角形多样，以龙门角较多。鼻镜与皮肤多为淡肉红色，部分牛鼻镜有黑色或黑斑。角色蜡黄或琥珀色。骨骼细，肌肉发达。蹄质致密，但硬度较差，不适于山地使役。被毛从浅黄到棕红色都有，以黄色量多。多数牛有完全或不完全的“三粉”特征(指眼圈、口轮、腹下与四肢内侧色淡)。成年公牛平均体重 644 千克，体高 146 厘米；成年母牛平均体重 366 千克，体高 123 厘米。

公　　　　母

图 2-4　鲁西牛(摘自《中国牛品种志》)

(4)生产性能　以青草和少量麦秸为粗料，每天补喂混合精料 2 千克，1～1.5 岁牛平均胴体重 284 千克，平均日增重 610 克，屠宰率 55.4%，净肉率 47.6%。

5. 延边牛

(1)产地与分布　主要产于吉林省延边朝鲜族自治州的延吉、和龙、汪清、珲春及毗邻各省，分布于东北三省。

(2)品种的形成　清朝以来,随着朝鲜民族的迁入,将朝鲜牛带入我国东北地区,带入的朝鲜牛和本地牛进行长期杂交,经过精心培育而育成。在形成过程中,导入了一些蒙古牛和乳用牛品种的血液。

(3)体型外貌(图 2-5)　公牛头方额宽,角基粗大,多向外后方伸展成一字形或倒八字角。母牛头大小适中,角细而长,多为龙门角。毛色多呈浓淡不同的黄色,鼻镜一般呈淡褐色或带有黑斑点。成年公牛平均体重 465 千克,体高 131 厘米;成年母牛平均体重 365 千克,体高 122 厘米。

(4)生产性能　公牛经 180 天育肥,屠宰率可达 57.7%,净肉率 47.23%,日增重 813 克。母牛产乳量 500～700 千克,乳脂率 5.8%～8.6%。

公

母

图 2-5　延边牛(摘自《中国牛品种志》)

6.郏县红牛

(1)产地与分布　原产于河南省郏县,毛色多呈红色,故而得名。郏县红牛现主要分布于郏县、宝丰、鲁山 3 个县和毗邻各县以及洛阳、开封等地区部分县境。

(2)品种的形成　郏县红牛是在当地优越的生态环境条件下,经过劳动人民长期精心选育而形成的中国优良地方黄牛品种。1952 年参加全国第一届农产品展览会,1997 年发布了地方品种标准。

(3)体型外貌(图 2-6)　体格中等大小,结构匀称,体质强健,骨骼坚实,肌肉发达。后躯发育较好,侧观呈长方形,具有役肉兼用牛的体型。头方正,额宽,嘴齐,眼大有神,耳大且灵敏,鼻孔大,鼻镜肉红色,角短质细,角型不一。被毛细短,富有光泽,分紫红、红、浅红三种毛色。公牛颈稍短,背腰平直、结合良好,四肢粗壮,尻长稍斜,睾丸对称、发育良好。母牛头部清秀,体型偏低,腹大而不下垂,鬐甲较低且略薄,乳腺发育良好,肩长而斜。成年公牛体重 608 千克,体高 146 厘米;成年母牛体重 460 千克,体高 131 厘米。

公

母

图 2-6　郏县红牛(摘自《中国牛品种志》)

(4)生产性能　早熟,肉质细嫩,肉的大理石纹明显,色泽鲜红。据对 10 头 20～23 月龄阉牛肥育后屠宰测定,平均胴体重为 176.75 千克,平均屠宰率为 57.57%,平均净肉重 136.6 千克,净肉率 44.82%。12 月龄公牛平均胴体重 292.4 千克,屠宰率 59.9%,净肉率 51%。

7. 渤海黑牛

(1)产地与分布　原产于山东省滨州市,主要分布于无棣县、沾化县、阳信县和滨城区。在山东省的东营、德州、潍坊三市和河北沧州也有分布。

(2)品种的形成　属于黄牛科，是世界上三大黑毛黄牛品种之一，因为它全身黑，传统上一直叫它渤海黑牛，是山东省环渤海县经过长期驯化和选育而成的优良品种。

(3)体型外貌(图 2-7)　被毛呈黑色或黑褐色，有些腹下有少量白毛，蹄、角、鼻镜多为黑色。低身广躯，后躯发达，体质健壮，形似雄狮，当地称为“抓地虎”。头矩形，头颈长度基本相等。角多为龙门角。胸宽深，背腰长宽、平直，尻部较宽、略显方尻。四肢开阔，肢势端正。蹄质细致坚实。公牛额平直，眼大有神，颈短厚，肩峰明显；母牛清秀，面长额平，四肢坚实，乳房呈黑色。渤海黑牛成年公牛体重 487 千克，体高 130 厘米；母牛体重 376 千克，体高 120 厘米。

公

母

图 2-7　渤海黑牛(摘自《中国畜禽遗传资源志——牛志》)

(4)生产性能　渤海黑牛未经肥育时公牛和阉牛屠宰率约 53.0%，净肉率约 44.7%，胴体产肉率约 82.8%，肉骨比约 5.1∶1。在营养水平较好情况下，公牛 24 月龄体重可达 350 千克。在中等营养水平下进行育肥，14～18 月龄公牛和阉牛平均日增重达 1 千克，平均胴体重 203 千克，屠宰率 53.7%，净肉率 44.4%。

(二)引进品种

1.西门塔尔牛

(1)原产地及育成经过　原产于瑞士阿尔卑斯山西部,西门河谷。19 世纪初育成,是乳肉兼用牛。自 20 世纪 50 年代开始从苏联引进,70～80 年代先后从瑞士、德国、奥地利等国引进,是目前群体最大的引进兼用品种。1981 年成立中国西门塔尔牛育种委员会。多省联合育成中国西门塔尔牛。

(2)外貌特征(图 2-8)　毛色多为黄白花或淡红白花,头、胸、腹下、四肢、尾帚多为白色。体格高大,成年母牛体重 550～800 千克,公牛 1 000～1 200 千克;成年母牛体高 134～142 厘米,公牛 142～150 厘米;犊牛初生重 30～45 千克。后躯较前躯发达,中躯呈圆筒形。额与颈上有卷曲毛。四肢强壮,蹄圆厚。乳房发育中等,乳头粗大,乳静脉发育良好。

公　　　　母

图 2-8　西门塔尔牛(摘自《肉用种公牛品种指南》)

(3)生产性能　肉用、乳用性能均佳,平均产乳量 4 700 千克以上,乳脂率 4%。初生至 1 周岁平均日增重可达 1.32 千克,12～14 月龄活重可达 540 千克以上。较好条件下屠宰率为 55%～60%,育肥后屠宰率可达 65%。耐粗饲、适应性强,有良好的放牧性能。四肢坚实,寿命长,繁殖力强。

(4)改良我国黄牛效果　与我国北方黄牛杂交,所生后代体格增大,生长加快,杂种2代公架子牛育肥效果好,精料50%时日增重达到1千克,受到群众欢迎。杂种2代牛产奶量达到2 800千克,乳脂率4.08%。

2.夏洛来牛

(1)原产地及育成经过　夏洛来牛是著名的大型肉牛品种,原产于法国中西部到东南部的夏洛来和涅夫勒地区。18世纪开始系统选育,主要通过本品种严格选育,1920年育成。

(2)外貌特征(图2-9)　夏洛来牛体躯高大强壮,全身毛色乳白或浅乳黄色。头小而短宽,嘴端宽方,角中等粗细,向两侧或前方伸展,角色蜡黄。颈短粗,胸宽深,肋骨拱圆,腰宽背厚,臀部丰满,肌肉极发达,使体躯呈圆筒形,后腿部肌肉尤其丰厚,常形成"双肌"特征,四肢粗壮结实。公牛常有双鬐甲和凹背者。蹄色蜡黄,鼻镜、眼睑等为白色。成年夏洛来公牛体高142厘米,体长180厘米,胸围244厘米,管围26.5厘米,体重1 140千克;成年母牛体高、体长、胸围、管围、体重分别为132厘米,165厘米,203厘米,21厘米,735千克;初生公犊重45千克,初生母犊重42千克。

公

母

图2-9　夏洛来牛(摘自《肉用种公牛品种指南》)

(3)生产性能　夏洛来牛以生长速度快、瘦肉产量高、体型大、饲料转化率高而著称。据法国的测定,在良好的饲养管理条件下，6 月龄公犊体重达 234 千克，母犊 210.5 千克，平均日增重公犊 1 000～1 200 克，母犊 1 000 克。12 月龄公犊重达 525 千克，母犊 360 千克。屠宰率为 65%～70%，胴体产肉率为 80%～85%。母牛平均产奶量为 1 700～1 800 千克，个别达到 2 700 千克，乳脂率为 4.0%～4.7%。青年母牛初次发情为 396 日龄，初配年龄为 17～20 月龄。但是该品种存在难产率高(13.7%)的缺点，影响了推广。

3. 利木赞牛

(1)原产地及育成经过　利木赞牛原产于法国中部利木赞高原，并因此而得名，在分布广度和数量方面，在法国仅次于夏洛来牛。利木赞牛源于当地大型役用牛，主要经本品种选育，1924 年育成。

(2)外貌特征(图 2-10)　利木赞牛毛色多红黄为主，腹下、四肢内侧、眼睑、鼻周、会阴等部位色较浅，为白色或草白色。头短，额宽，口方，角细，白色。蹄壳琥珀色。体躯冗长，肋骨拱圆，背腰壮实，荐部宽大，但略斜。肌肉丰满，前肢及后躯肌肉块尤其突出。在法国较好的饲养条件下，成年公牛体重可达 1 200～1 500 千克，体高 140 厘米，成年母牛体重 600～800 千克，体高 131 厘米。公犊初生重 35～40 千克，母犊 32～35 千克。

公

母

图 2-10　利木赞牛(摘自《肉用种公牛品种指南》)

(3)生产性能　利木赞牛肉用性能好,生长快,哺乳期平均日增重 0.86～1.2 千克,8 月龄小牛就可以生产出具有大理石纹的牛肉,在良好的饲养条件下,公牛 10 月龄能长到 408 千克,12 月龄达 510 千克。18 月龄育肥牛屠宰率 65%～68%,瘦肉率 78%～87%,胴体脂肪含量低于 10.5%,优级肉比例 75%以上,肉质细腻,肉香浓郁。利木赞牛具有较好的泌乳能力,成年母牛平均泌乳量 1 200 千克,个别可达 4 000 千克,乳脂率 5%。

4. 安格斯牛

(1)原产地及育成经过　安格斯牛是英国最古老的肉牛品种之一,产于英国苏格兰北部的阿伯丁、安格斯和金卡丁等郡,全称阿伯丁-安格斯牛。安格斯牛的有计划育种工作始于 18 世纪末,着重在早熟性、屠宰率、肉质、饲料转化率和犊牛成活率等方面进行选育。1862 年育成,现在世界上主要养牛国家大多数都饲养有安格斯牛。

(2)外貌特征(图 2-11)　安格斯牛无角,毛色以黑色居多,也有红色或褐色。体格低矮,体质紧凑、结实。头小而方,额宽,颈中等长且较厚,背线平直,腰荐丰满,体躯宽而深,呈圆筒形。四肢短而端正,全身肌肉丰满。皮肤松软,富弹性,被毛光泽而均匀,少数牛腹下、脐部和乳房部有白斑。成年公牛平均体重 900～1 000 千克,母牛 500～600 千克,公犊初生重 25～32 千克,母犊初生重 23～28 千克。成年公牛体高 130.8 厘米,母牛 118.9 厘米。

(3)生产性能　安格斯牛具有良好的增重性能,哺乳期日增重为 0.9～1.0 千克,育肥期 1.3～1.5 千克。早熟易肥,胴体品质和产肉性能均高。育肥牛屠宰率一般为 60%～65%。肌肉大理石花纹丰富,风味独特。年平均泌乳量 1 400～1 700 千克,乳脂率 3.8%～4.0%。安格斯牛 12 月龄性成熟,18～20 月龄可以初配。产犊间隔短,一般为 12 个月左右。连产性好,初生重小,难产极少。安格斯牛对环境的适应性好,耐粗、耐寒,性情温和,抗某些红

图 2-11　安格斯牛(摘自《肉用种公牛品种指南》和《中国畜禽遗传资源志——牛志》)

眼病,但有时神经质,不易管理,其耐粗性不如海福特。在国际肉牛杂交体系中被认为是较好的母系。

5. 海福特牛

(1)原产地及育成经过　海福特牛是英国最古老的肉用品种之一,原产于英国英格兰西部威尔士地区的海福特县、牛津县及邻近诸县,属中小型早熟肉牛品种。海福特牛是在威尔士地方土种牛的基础上选育而成的。在培育过程中,曾采用近亲繁殖和严格淘汰的方法,使牛群早熟性和肉用性能显著提高,于 1790 年育成海福特品种。

(2)外貌特征(图 2-12)　海福特牛体躯的毛色为橙黄、黄红色或暗红色，头、四肢下部和尾帚为白色，即“六白”特征。头短宽。角呈蜡黄色或白色。公牛角向两侧伸展，向下方弯曲，母牛角尖向上挑起。鼻镜粉红。体型宽深，前躯饱满，颈短而厚，垂皮发达，中躯肥满，四肢短，背腰宽平，臀部宽厚，肌肉发达，整个体躯呈圆筒状，皮薄毛细。分有角和无角两种。

成年海福特公牛体高 134.4 厘米，体长 196.3 厘米，胸围 211.6 厘米，胸深 77.2 厘米，尻宽 57.1 厘米，管围 24.1 厘米，体重 850～1 100 千克；相应成年母牛体高 126.0 厘米，体长 152.9 厘米，胸围 192.2 厘米，胸深 69.9 厘米，尻宽 55.0 厘米，管围 20.0 厘米，体重 600～700 千克；公犊初生重 34 千克，母犊初生重 32 千克。

公　　　　母

图 2-12　海福特牛(摘自《肉用种公牛品种指南》)

(3)生产性能　增重快，出生到 12 月龄平均日增重达 1 400 克，18 月龄体重 725 千克(英国)。据黑龙江省资料，海福特牛哺乳期平均日增重，公犊 570 克，母犊 445 克。7～12 月龄的平均日增重，公牛 980 克，母牛 850 克。屠宰率一般为 60%～64%，经育肥后，可达67%～70%，净肉率达 60%。肉质嫩，多汁，大理石状花纹好。年产乳量 1 200～1 800 千克，但常有泌乳量不能满足哺乳的牛。海福特牛性成熟早，小母牛 6 月龄开始发情，15～18 月龄，体重达445千克可以初次配种。该品种牛适应性好，在年气温变化为－48～38℃的环境中，仍然表现出良好的生产性能，耐粗饲，放牧觅食性能好，不挑食，性情温顺，但反应迟钝。我国于1974年首批从英国引入海福特牛，以后陆续又从北美引进大型海福特牛。

6. 皮埃蒙特牛

(1)原产地及育成经过　皮埃蒙特牛原产于意大利北部皮埃蒙特地区，包括都灵、米兰等地，属于欧洲原牛与短角瘤牛的混合型，是在役用牛基础上选育而成的专门化肉用品种，是目前国际上公认的终端父本，是肉乳兼用品种。

(2)外貌特征(图2-13)　体型较大，体躯呈圆筒状，肌肉发达。毛色为乳白色或浅灰色，鼻镜、眼圈、肛门、阴门、耳尖、尾帚为黑色，犊牛幼龄时毛色为乳黄色，后变为白色。成年公牛体重800～1 000千克，母牛500～600千克。公牛体高140厘米，体长170厘米，胸围210厘米，管围22厘米；母牛体高136厘米，体长146厘米，胸围176厘米，管围18厘米。公犊初生重42千克，母犊初生重40千克。

公

母

图2-13　皮埃蒙特牛(摘自《肉用种公牛品种指南》和《中国畜禽遗传资源志——牛志》)

(3)生产性能　皮埃蒙特牛生长快，育肥期平均日增重 1 500 克。肉用性能好，屠宰率一般为 65%～70%，肉质细嫩，瘦肉含量高，胴体瘦肉率达 84.13%，但难以形成大理石状肉。有较好的泌乳性能，年泌乳量达 3 500 千克。我国于 1987 年和 1992 年先后从意大利引进并展开了皮埃蒙特牛对中国黄牛的杂交改良工作。

7.德国黄牛

(1)原产地及育成经过　德国黄牛原产于德国和奥地利，其中德国数量最多，是瑞士褐牛与当地黄牛杂交育成的，可能含有西门塔尔牛的基因，1970 年出版良种登记册。为肉乳兼用品种。

(2)外貌特征(图 2-14)　德国黄牛毛色为浅黄色、黄色或淡红色。体型外貌近似西门塔尔牛。体格大，体躯长，胸深，背直，四肢短而有力，肌肉强健。成年公牛体重 1 000～1 100 千克，母牛 700～800 千克；公牛体高 135～140 厘米，母牛 130～134 厘米。

公

母

图 2-14　德国黄牛(摘自《中国畜禽遗传资源志——牛志》)

(3)生产性能　初产年龄为 28 个月，难产率低。公犊平均初生重 42 千克，断奶重 231 千克。育肥性能好，去势小牛育肥到 18 月龄体重达 600～700 千克，平均日增重 985 克。平均屠宰率 62.2%，净肉率 56%。母牛乳房大，附着结实，泌乳性能好，年产奶量达 4 164 千克，乳脂率 4.15%。1996 年和 1997 年，我国先后从加拿大引进纯种德国黄牛，其适应性强，生长发育良好。

8. 金色阿奎丹牛

(1)原产地及育成经过　原产于法国西南部加仑平原到加仑山和比利牛斯山脉的广大地区。育种亲本来自法国高耐斯牛(Garonnais)、格尔西牛和比利牛斯黄牛等三大牛种，1962 年育成品种被正式命名并完成品种登记，1972 年出口到世界各地。2011 年存栏 53 万头，是法国肉牛群体数量排名第三的牛种。

(2)外貌特征(图 2-15)　大体型专门化肉牛品种，有角；被毛为草黄色到淡黄色，口鼻眼周围、四肢内侧、腿及尾帚部毛色淡。母牛头部清秀，长脸，公牛头部紧凑，额宽；胸部宽深，体躯修长，后躯丰满，肌肉发达。成年公牛体重 1 200 千克，母牛 800 千克。产犊间隔 402 天，顺产率 95%以上。公犊初生重 45.2 千克，母犊初生重 40 千克。

公

母

图 2-15　金色阿奎丹牛(摘自《中国畜禽遗传资源志——牛志》)

(3)生产性能　生长速度快，犊牛哺乳期平均日增重 0.85～1.1 千克，阉犊牛 120 日龄体重 172 千克，210 日龄公牛体重达 291 千克，母牛 265 千克，饲料转化效率(5.3～6.5)∶1。精细饲养条件下，犊牛 12 月龄体重可达 510 千克。育肥牛屠宰率65%～

70%,瘦肉率78%～87%,胴体脂肪含量低于10.5%,肉质细腻,深受市场欢迎。目前已在山西忻州市和吕梁市用于当地黄牛的肉用性能改良。

9.契安尼娜牛

(1)原产地及育成经过　契安尼娜牛原产于意大利多斯加尼地区的契安尼娜山谷,由当地古老役用品种培育而成。1931年建立良种登记簿,是目前世界上体型最大的肉牛品种,现主要分布于意大利中西部的广阔地域。

(2)外貌特征　契安尼娜牛被毛白色,尾帚黑色,除腹部外,皮肤均有黑色素;犊牛初生时,被毛为深褐色,在60日龄内逐渐变为白色。体躯长,四肢高,体格大,结构良好,但胸部深度不够。成年公牛体重1 500千克,最大可达1 780千克,母牛800～900千克;公牛体高184厘米,母牛157～170厘米。公犊初生重47～55千克,母犊初生重42～48千克。

(3)生产性能　生长强度大,日增重达1 000克以上,2岁内最大日增重可达2 000克。牛肉量多而品质好,大理石纹明显。适应性好,繁殖力强,很少难产,抗晒耐热,宜于放牧。母牛泌乳量不高,但足够哺育犊牛。

二、生产优质牛肉品种选择要点

目前,在我国参与肉牛生产的多为我国品种牛以及引进品种的改良牛,尚没有大群引进的肉用品种牛的生产。在肉牛养殖生产中,标准化规模肉牛场应该根据资源、市场和经济效益等自身具体条件和要求选择养殖品种。

(一)按市场要求选择

(1)市场需要含脂肪少的牛肉时,可选择皮埃蒙特、夏洛来、比利时蓝白花、荷斯坦牛的公犊等引进品种的改良牛，改良代数越高，其生产性状越接近引进品种，但需要的饲养管理条件也得相应地与该品种一致才能发挥该杂种牛的最优性状。如上述几个品种基本上均是农区圈养育成的，如改用放牧饲养于牧草贫乏的山区、牧区则效果不好。这类牛以长肌肉为主，日粮中蛋白质需求则要高一些，否则难以获得高日增重。

(2)需要含脂肪高的牛肉时(牛肉中脂肪含量与牛肉的香味、嫩滑、多汁性均呈正相关)可选择处于我国良种黄牛前列的晋南牛、秦川牛、南阳牛和鲁西牛，以及引进品种安格斯、海福特和短角牛的改良牛。但要注意，引进品种中除海福特以外，均不耐粗饲。我国优良品种黄牛较为耐粗饲。这类牛在日粮能量高时即可获得含脂高的胴体。

(3)要生产大理石状明显的“雪花牛肉”时，则选择我国良种黄牛，以及引进品种安格斯、利木赞、西门塔尔和短角牛等改良牛。引进品种以西门塔尔牛耐粗饲。这类牛在高营养水平下育肥获得高日增重的条件下易形成五花牛肉。

(4)生产犊白肉(犊牛肉)可选择乳牛养殖业淘汰的公牛犊，可得到低成本高效益。其次选择一些夏洛来、利木赞、西门塔尔、皮埃蒙特等改良公犊。

(二)按经济效益选择

(1)生产“白肉”，必须按市场需求量，因为投入极大。

(2)生产“雪花牛肉”，市场较广，被肥牛火锅、铁板牛肉、西餐牛排等优先选用。但成本较高，应按市场需求，以销定产，最好建立或纳入已有供销体系。

(3)杂种优势的利用。目前可选择具有杂种优势的改良牛饲养，可利用具杂种优势的牛生长发育快，抗病力强，适应性好的特点来降低成本，将来有条件时建立优良多元杂交体系、轮回体系，进一步提高优势率，并按市场需求，利用不同杂交系改善牛肉质量，达到最高经济效益。

(4)性别特点利用。公牛生长发育快，在日粮丰富时可获得高日增重、高瘦肉率，是生产瘦牛肉时的优选性别。生产高脂肪与五花牛肉时则以母牛为宜，但较公牛多耗10%以上精料。阉牛的特性处于公、母之间(表2-1)。

表2-1 公牛、阉牛和母牛增重速度的比较

项目	公牛	阉牛	母牛
头数	12	22	12
日龄	361	383	398
活重(千克)	386.1	376.9	345.8
日增重(克)	1 070	984	869
胴体(克)	597	550	482
肌肉(克)	402	323	271
脂肪(克)	133	160	156
骨骼(克)	82	67	55
肌肉：脂肪	3.02	3.02	1.74
肌肉：骨骼	4.90	4.8	4.9

(5)老牛利用，健康的10岁以上老牛采取高营养水平育肥2～3个月也可获得丰厚的效益，但千万别采用低日增重和延长育肥期，否则牛肉质量差，且饲草消耗和人工费用增加。

(三)按资源条件选择

(1)山区与远离农区的牧区，应以饲养西门塔尔、安格斯、海福特等改良牛为主，为农区及城市郊区提供架子牛作为收入。

(2)农区土地较贫瘠，人均耕地面积大，离城市远的地方，可利用草田轮作饲养西门塔尔等品种改良牛，为产粮区提供架子牛及产奶量高的母牛来取得最大经济效益。

(3)农区特别是酿酒业与淀粉业发达地区宜于购进架子牛进行专业育肥,可取得最大效益,因为利用酒糟、粉渣等可大幅度降低成本。

(4)乳牛业发达的地区以生产白肉为有利,因为有大量奶公犊,并且可利用异常奶、乳品加工副产品搭配日粮,可降低成本。

(四)按气候条件选择

牛是喜凉怕热的家畜,气温过高(30℃以上),往往是育肥业的限制因子,若没有条件防暑降温,则应选择耐热品种,例如圣格鲁迪、皮埃蒙特、抗旱王、婆罗福特、婆罗格斯、婆罗门等牛的改良牛为佳。

(五)其他注意事项

1. 年龄

年龄对牛肉质量的影响有三方面:一是影响牛的增重速度和出栏体重;二是影响牛肉的化学成分,进而影响到牛肉的品味、熟肉率等;三是影响牛肉的嫩度(剪切值)。

肉牛的年龄直接影响牛的增重速度。出生前,头部及四肢生长迅速,肌肉和脂肪的发育较迟。在12月龄前,体重增长非常迅速,以后速度逐渐变慢,接近体成熟时生长速度很慢。不同类型、不同品种之间稍有差异。如夏洛来牛在8～18月龄、秦川牛在18～24月龄之间为生长的转缓点。一般在24～30月龄前出栏,可以获得较高的日增重和饲料转化率,获得脂肪含量低和鲜嫩的牛肉。当年龄较大时,牛已经失去生长优势,则会得到和上面相反的结果,并影响出栏体重。

肉牛的年龄还直接影响牛肉的化学组成。在12～14月龄前,体重增加以肌肉增长为主,之后,脂肪沉积加快,骨骼一直保持着慢速增长。不同体组织占胴体重的比例,生长过程中变化很大。肌肉在体组织中的比例,开始逐渐增加,而后逐渐下降,脂肪的比例持续增加,骨骼的比例一直下降,详见表 2-2。

表 2-2　牛在不同月龄胴体的化学组成 %

组成	月龄				
	5	10	15	20	25
脂肪	11	24	48	62	65
肌肉	69	63	48	35	33
骨骼	20	13	4	3	2

由于肌肉增长是以肌纤维体积增加为特征,肌纤维变粗使肉的嫩度下降,脂肪含量适当时,会提高肉的品味和能量浓度,但也增加了患心脑血管疾病的风险,所以,国外一般在 24 月龄屠宰。

年龄对肌肉颜色也有影响,年龄小时,肉的颜色发白,随年龄增加,肉的颜色逐渐加深、变红,因此,也影响肉的成熟程度。年龄对肉的嫩度和成熟程度的影响见表 2-3。

表 2-3　牛的年龄与肉的成熟程度及嫩度的关系

牛屠宰月龄	成熟度	嫩度等级
9～30	A	很嫩
30～40	B	嫩
40～60	C	中等
60～72	D	较粗硬
＞72	E	粗硬

年龄与牛肉质量关系密切,鉴别牛的年龄就成为选择架子牛、收购育肥牛的必备技术。牛年龄鉴别的方法主要有牙齿鉴定法和

角轮鉴定法。

(1)牙齿鉴定法　牛没有犬齿和上门齿,牛的下门齿有四对,最中间一对为钳齿,依次往外为内中间齿、外中间齿及最边上的隅齿。这是鉴别年龄所必须观察的四对牙齿。

初生犊的牙齿叫乳齿,随着年龄增加,乳齿逐渐被永久齿代替。乳门齿的数目和永久齿相同,乳齿的色泽比永久齿白,小而齿颈明显,齿根短而齿身附着不稳。乳门齿的长出、更换(即被永久齿代替)以及牙齿的磨损都是从最中间的钳齿开始,依次是内、外中间齿,最后是隅齿。

门齿由于磨损而形成咀嚼面,磨损情形不同,咀嚼面形成的形态不一样,随着年龄增加,在咀嚼面中间可以看到一颜色较浅的线,称为齿线,继续磨损,门齿的咀嚼面长为长形,中间的齿线变宽变短成为齿星,以后咀嚼面磨成方形、三角形和椭圆形,而齿星也变成方形和圆形。现以中熟品种为例,把门齿生长、更换、磨损与年龄之间的关系列于表2-4。

表2-4　牛门齿发生、更换、磨损期

年龄	钳齿	内中间齿	外中间齿	隅齿
出生	乳齿已长出	乳齿已长出	乳齿已长出	
2周龄				乳齿已长出
6月龄	长形咀嚼面	长形咀嚼面	长形咀嚼面	开始磨损
1岁	方形咀嚼面 有齿星	方形咀嚼面 有齿星	长形咀嚼面 有齿线	方形咀嚼面
2岁	更换			
3岁	形成咀嚼面	更换		
4岁	长形咀嚼面	长形咀嚼面	更换	
5岁	长形咀嚼面 有齿线	长形咀嚼面	长形咀嚼面	更换
6岁	长方形咀嚼面 有齿线	长方形咀嚼面 有齿线	长形咀嚼面	开始磨损

续表 2-4

年龄	钳齿	内中间齿	外中间齿	隅齿
7 岁	近方形咀嚼面 有齿线	长方形咀嚼面 有齿线	长方形咀嚼面 有齿线	长形咀嚼面
8 岁	方形咀嚼面 齿线变短粗	近方形咀嚼面 有齿线	长方形咀嚼面 有齿线	长形咀嚼面 有齿线
9 岁	长方形齿星	方形咀嚼面	近方形咀嚼面	长方形咀嚼面
10 岁	方形咀嚼面 方形齿星	方形咀嚼面 长方形齿星	方形咀嚼面 齿线变短粗	长方形咀嚼面 有齿线
11 岁	方形咀嚼面 近圆形齿星	长形咀嚼面 长方形齿星	方形咀嚼面 长方形齿星	长方形咀嚼面 有较粗的齿线
12 岁	三角形咀嚼面 圆形齿星	方形咀嚼面 近圆形齿星	方形咀嚼面 长方形齿星	近方形咀嚼面 长方形齿星

牙齿法鉴别记忆口诀:“两岁一对牙,三岁两对牙,四岁三对牙,五岁新齐口,六岁老齐口,七岁八岁看齿线,九岁一对星,十岁两对星,十一岁三对星,十二岁满口星,十三岁以上看不清。”

我国黄牛属于晚熟品种,以上述方法鉴别出年龄后,再加上 0.5 岁即为其年龄。依据牙齿法鉴定牛的年龄,在 5 岁以前,是以门齿的更换为依据,非常准确,6 岁以后是依据永久齿的磨损鉴定的,而牛门齿的磨损受饲料、精粗比等其他因素的影响。放牧牛比舍饲牛牙齿磨损快;吃粗饲料多的牛牙齿磨损快;饲料细软的比粗硬的牙齿磨损慢;日粮营养水平高,矿物质充足时,牙齿脱换正常,磨损慢,反之牙齿脱换迟,磨损快。多风沙地区及山区的牛,因草质粗硬且饲草中多夹有沙砾,牙齿磨损快;沼泽地区的牛,牙齿磨损慢。门齿与上颌骨齿板间的角度太小时,磨损慢。门齿排列异常时,磨损不规律。由于各种原因,部分牙齿长不出,或永久齿脱落及畸形齿的出现等,都会影响鉴定。

(2)角轮鉴定法 牛在妊娠后期和哺乳期,由于营养不良,使角组织不能充分发育,角的表面凹陷形成环形痕迹,这叫角轮。母牛的角轮数大体与胎次相一致。通常母牛第一次产犊多在2.5～3岁,而且能每年产犊,因此根据角轮数加1.5～2,即得牛的年龄。但由于饲料不足、营养不良或疾病等原因也能形成角轮,以及不是一年产一胎的母牛,它的角轮数与年龄也不一致。所以鉴定时应看角轮的深浅与宽窄。

公牛由于在冬春季饲料贫乏,气候严寒,角的生长受到影响,所以角轮数即为其年龄。

用角轮法鉴定年龄没有牙齿法准确,并受到一些条件限制,例如无角或角发育不全的牛,掉过角的牛,四季营养条件极好的牛,都无法依靠角轮法鉴别其年龄,因而年龄鉴定应以牙齿法为主,角轮法为辅。

2.性别

性别不仅影响肉质,也影响育肥性状。同品种内相比较,公牛的瘦肉量高,脂肪含量低,所以肉脂比、肉骨比都高于阉牛,眼肌面积大,皮下脂肪和内脏脂肪较少,肌纤维较粗,胴体结缔组织较多,肌肉颜色鲜红,脂肪雪白,所以外观漂亮,品味浓厚,但口感较粗硬。

从育肥性状来看,公牛日增重高于阉牛和母牛,这样可缩短育肥时间,提前出栏,同时由于增重部分的肌肉含量较高,脂肪含量较低,所以饲料转化率也明显高于阉牛和母牛。

3.生长发育

用于判别牛体生长发育状况的指标有体尺和体重,但不同品种牛的体尺和体重不尽相同,不同生长发育阶段的体尺和体重也有很大的差别,体尺又有很多种,不易记住,因此一般按体重判别牛体生长发育的情况(表2-5)。

表 2-5　不同类型牛不同阶段体重最低值　千克

种类	性别	6月龄	12月龄	18月龄	24月龄
国外中型牛	公	150	260	330	400
	母	120	190	230	280
国外大型牛	公	240	360	460	560
	母	170	270	350	420
我国良种黄牛	公	140	240	310	380
	母	90	143	182	221
我国非良种黄牛	公	100	180	230	250
	母	80	140	170	180

4. 外貌

牛的一些外貌特征有助于牛的选择。如嘴宽、口裂深、鼻镜宽广表示牛的采食能力和耐粗性较好；腹部充实表示有较高的消化能力和采食量；四肢高、体躯长、皮肤松弛、体躯不匀称表示该牛有好的发育和育肥的潜力；肋骨开张表示牛体的呼吸系统和血液循环系统功能较好，抵抗疾病能力强等。

从牛的外貌可判断牛的健康状况，如体躯松弛、垂头丧气、被毛暗淡、眼睛呆板、行动蹒跚而迟钝、鼻镜干燥、粪便异常、不明原因的消瘦等表示牛的健康状况不良。

选择健康、采食和消化能力强的牛育肥，可增加采食量，提高日增重，缩短育肥期和提高牛肉质量。

5. 牛的气质

一些牛性情粗暴，脾气过激；还有的牛过于胆小，神经质；这不仅增加饲养管理的难度，使饲养员饲喂困难，而且有生命危险，特别是采用上下槽的饲养方式。因此，选择性情温顺，对外界反应正常的牛有助于饲养管理，减少风险。

第二节　肉牛经济杂交利用

杂交是肉牛生产不可缺少的手段，采取不同品种牛进行品种间杂交，不仅可以相互补充不足，也可以产生较大的杂种优势，进一步提高肉牛生产力。经济杂交是采用不同品种的公、母牛进行交配，以生产性能高的母牛与优良公牛交配来提高子代经济性能。其目的是利用杂种优势。经济杂交可分为二元杂交、三元杂交和轮回杂交等。

一、二元杂交

二元杂交是指两个品种间只进行一次杂交，所产生的后代不论公、母牛都用于商品生产，也叫简单经济杂交(图 2-16)。在选择杂交组合方面比较简单，只测定一次杂交组合配合力。但是没有利用杂种一代母牛繁殖性能方面的优势，在肉牛生产早期不宜应用，以免由于淘汰大量母牛而影响肉牛生产，在肉牛养殖头数饱和之后可用此法。

级进杂交也属于二元杂交，其杂种后代连续几代与其中一个品种进行回交，最后所得的畜群基本上与此品种相近，同时亦吸收了另一品种的个别优点。通常有两种方式。若某一品种生产性能低劣，可将该品种母畜与另一高产品种的公畜杂交，其杂种后代连续 3～4 代与高产品种回交，后代保留低劣品种个别优点，生产性能接近或超过高产的优良品种。这种级进杂交方式常称为改造杂交或改良杂交。若某一品种基本上能满足需要，但个别性状不佳，难以通过纯繁得到改进，则选择此性状特别优良的另一品种进行杂交改良。杂种后代连续 3～4 代与原有品种回交，可纠正原有品种的个别缺点，以提高畜群的生产性能。此方式常称为引入杂交或导入杂交。

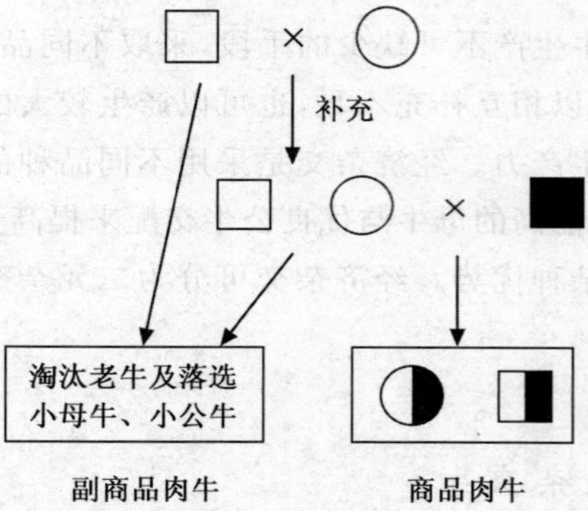

图 2-16　二元杂交体系示意图

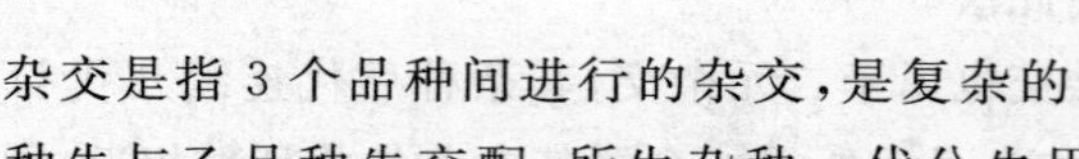

二、三元杂交

三元杂交是指 3 个品种间进行的杂交，是复杂的经济杂交。即用甲品种牛与乙品种牛交配，所生杂种一代公牛用于商品生产，杂种一代母牛再与丙品种公牛交配（图 2-17）。其优点在于杂种母牛留种，有利于杂种母牛繁殖性能优势的发挥，犊牛是杂种，也具杂种优势。其缺点是所需公牛品种较多，需要测试杂交组合多，必须保证公牛与母牛没有血缘关系，才能得到最大优势。

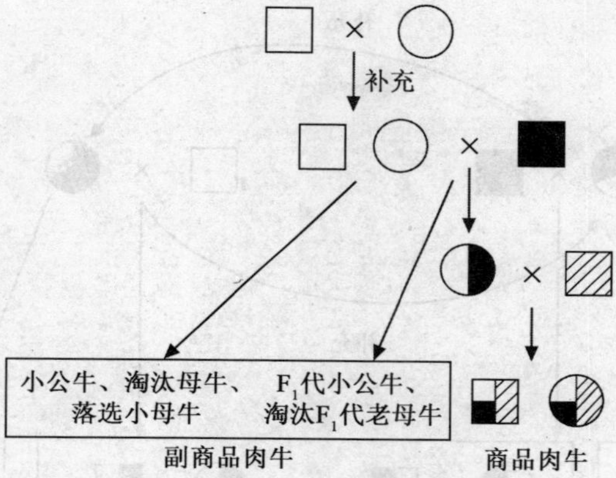

图 2-17　三元杂交体系示意图

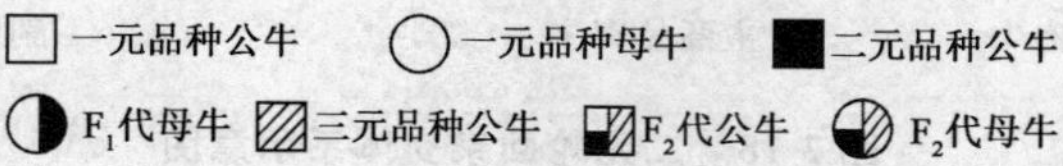

三、轮回杂交

轮回杂交是指用两个或更多品种进行轮番杂交，杂种母牛继续繁殖，杂种公牛用于商品肉牛生产。分为二元轮回杂交（图 2-18）和多元轮回杂交。其优点是除第一次外，母牛始终是杂种，有利于繁殖性能的杂种优势发挥，犊牛每一代都有一定的杂种优势，并且杂交的两个或两个以上的母牛群易于随人类的需要动态提高，达到理想时可由该群母牛自繁形成新品种。本法的缺点是形成完善的两品种轮回需要 20 年以上的时间。是目前肉牛生产中值得提倡的一种方式。

四、地方良种黄牛杂交利用注意事项

通过十几年黄牛改良实践来看，用夏洛来、西门塔尔、利木赞、

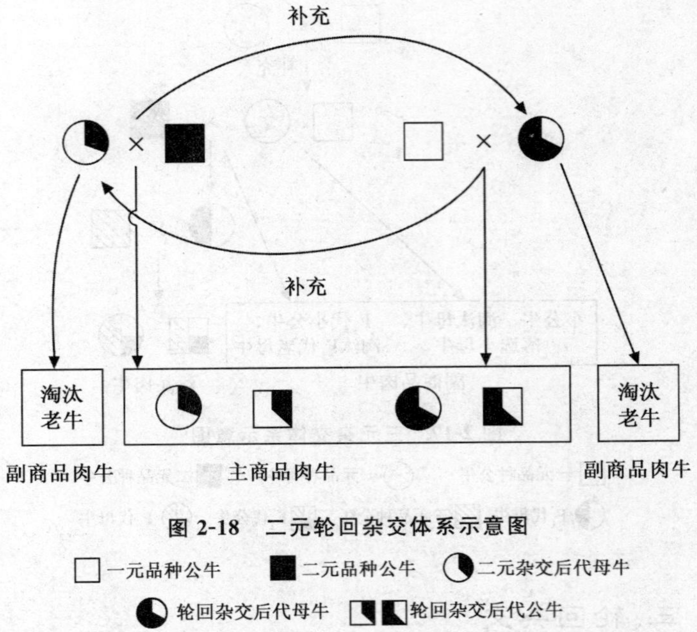

图 2-18　二元轮回杂交体系示意图

海福特、安格斯、皮埃蒙特牛与本地黄牛进行两品种杂交、多元杂交和级进杂交等，其杂种后代的肉用性能都得到显著改善。改良初期都获得良好效果，后来认为以夏洛来牛、西门塔尔牛做改良父本牛，并以多元杂交方式进行本地黄牛改良效果更好。如果不断采用一个品种公牛进行级进杂交，3～4 代以后会失掉良种黄牛的优良特性。因此，黄牛改良方案选择和杂交组合的确定，一定要根据本地黄牛和引入品种牛的特性以及生产目的确定，以杂交配合力测定为依据确定杂交组合。为此，在地方良种黄牛经济杂交中应注意：

(一)良种黄牛保种

我国黄牛品种多，分布区域广，对当地自然条件具有良好适应性，抗病力强、耐粗饲，其中地方良种黄牛，如晋南牛、秦川牛、南阳牛、鲁西牛、延边牛、渤海牛等具有易育肥形成大理石状花纹肉、肉质鲜嫩的优点，这些优点已超过这些指标最好的欧洲各种安格斯牛，这些都是良好的基因库，是形成优秀肉牛品种的基础，必须进行保种。这些品种还应进行严格的本品种选育，加快纠正生长较慢的缺点，成为世界级的优良品种。

（二）选择改良父本

父本牛的选择非常重要，其优劣直接影响改良后代肉用生产性能。应选择生长发育快、饲料利用率高、胴体品质好、与本地母牛杂交优势大的品种；应该是适合本地生态条件的品种。

（三）避免近亲交配

防止近亲交配，避免退化，严格执行改良方案，以免非理想因子增加。

（四）加强改良后代培育

杂交改良牛的杂种优势表现仍取决于遗传基础和环境效应，其培育情况直接影响肉牛生产，应对杂交改良牛进行科学的饲养管理，使其改良获得的性能得以充分发挥。

（五）黄牛改良的社会性

由于牛的繁殖能力非常低，世代间隔非常长，所以黄牛改良进展极慢，必须多地区协作几代人努力才能完成。

第三章

肉牛的营养需要与饲养标准

肉牛的营养需要是指肉牛在正常生活、繁殖、生长、育肥等过程中，对多种营养物质的需要，可分为维持生命的营养需要和生产的营养需要。生产的营养需要又包括育肥、怀孕、增重和生长发育的需要。本章将根据肉牛不同生理阶段对各种养分的需要进行阐述。

第一节 肉牛营养需要

一、肉牛的能量需要

（一）日粮能量与优质牛肉生产

肉牛能量营养来源于三大有机物质，即碳水化合物、脂肪和蛋白质。蛋白质由于价格昂贵，提供能量时需要脱氨基浪费能量约18%，一般不作为能源物质。因此，为肉牛提供能量的养分主要有碳水化合物和脂肪。

碳水化合物主要包括糖、淀粉和粗纤维。糖和淀粉主要来源于精料，粗纤维主要由粗饲料提供。饲料中精粗料比例可影响瘤胃发酵性质与挥发性脂肪酸的组成，精料比例大，糖和淀粉含量丰富，有利于丙酸发酵，增重速度提高。饲喂大量粗饲料后瘤胃发酵以乙酸为主，丙酸数量不足，无法满足糖原异生作用的需要，机体只有利用内源氨基酸合成葡萄糖，由于葡萄糖合成困难，体脂合成与沉积减少，蛋白质沉积下降，导致体重下降。

据报道，日粮的能量浓度对增重速度和肉品质影响很大。低能量营养水平延长育肥期，增重速度慢，肉质差；高能量营养水平，增重速度快，育肥期缩短，肉质嫩度提高，肉品质明显改善。

为有效提高日粮能量浓度，常采用添加高能饲料——脂肪的方法。提高饲料脂肪含量，可提高增重速度。添加未保护脂肪，如低熔点植物油时，定时饲喂会造成高峰值不饱和脂肪酸水平，对瘤胃微生物，尤其纤维分解菌毒害作用大，因此未保护脂肪的添加是有限度的，以日粮脂肪含量6%为限。高于6%会使瘤胃纤维分解菌的活性受到抑制，使粗纤维消化率下降，瘤胃挥发性脂肪酸产量下降。为了大幅度提高肉牛饲粮能量浓度，可添加保护脂肪，如钙皂、蛋白包被脂肪等，还有颗粒脂肪，如油料籽实。但保护脂肪的添加量以9%为限，超过后肉牛食欲下降，干物质采食量降低。保护脂肪的性质明显影响肉品质，如低熔点油脂食入过多，会使牛肉中不饱和脂肪酸增多，短链脂肪酸减少。故一般多通过添加饱和油脂来满足肉牛对能量的需要。

(二)肉牛能量需要简述

1.生长育肥牛的能量需要

(1)维持需要　全舍饲、中等温度、有轻微活动和无应激的环境条件下，维持净能(NEm)需要[兆焦/(日·头)]为：

$$NEm=0.322W^{0.75}$$

式中:W 为体重,千克。

当气温低于 12℃时,每降低 1℃,维持能量需要增加 1%。

(2)增重的净能(NEg)需要[兆焦/(日·头)]

$$NEg=\frac{(2.092+0.0251W)\times G}{1-0.3G}$$

式中:W 为体重,千克;G 为日增重,千克。

(3)生长育肥肉牛的综合净能(NEmf)需要[兆焦/(日·头)]

$$NEmf=\frac{0.322W^{0.75}+(2.092+0.0251W)\times G}{1-0.3G}\times F$$

式中:W 为体重,千克;G 为日增重,千克;F 为不同体重和日增重的肉牛综合净能需要的校正系数,见表 3-1。

2. 母牛的能量需要

(1)肉用生长母牛的能量需要　肉用生长母牛的维持净能需要[兆焦/(日·头)]为 $0.322W^{0.75}$(W 为体重,千克),增重净能需要按照生长育肥牛的 110%计算。

(2)怀孕后期母牛的能量需要

①维持净能

$$NEm[兆焦/(日·头)]=0.322W^{0.75}$$

式中:W 为体重,千克。

②胎儿增重所需净能　不同妊娠天数(t)、每千克胎增重需要的维持净能 NEm[兆焦/(日·头)]为

$$NEm=0.19769t-11.76122$$

不同妊娠天数(t)、不同体重(W)母牛的胎日增重 G_w(千克)为

$$G_w=(0.00879t-0.85454)\times(0.1439+0.0003558W)$$

表 3-1　不同体重和日增重的肉牛综合净能需要的校正系数

体重（千克）	日增重（千克）											
	0	0.3	0.4	0.5	0.6	0.7	0.8	0.9	1.0	1.1	1.2	1.3
150～200	0.850	0.960	0.965	0.970	0.975	0.978	0.988	1.000	1.020	1.040	1.060	1.080
225	0.864	0.974	0.979	0.984	0.989	0.992	1.002	1.014	1.034	1.054	1.074	1.094
250	0.877	0.987	0.992	0.997	1.002	1.005	1.015	1.027	1.047	1.067	1.087	1.107
275	0.891	1.001	1.006	1.011	1.016	1.019	1.029	1.041	1.061	1.081	1.101	1.121
300	0.904	1.014	1.019	1.024	1.029	1.032	1.042	1.054	1.074	1.094	1.114	1.134
325	0.910	1.020	1.025	1.030	1.035	1.038	1.048	1.060	1.080	1.100	1.120	1.140
350	0.915	1.025	1.030	1.035	1.040	1.043	1.053	1.065	1.085	1.105	1.125	1.145
375	0.921	1.031	1.036	1.041	1.046	1.049	1.059	1.071	1.091	1.111	1.131	1.151
400	0.927	1.037	1.042	1.047	1.052	1.055	1.065	1.077	1.097	1.117	1.137	1.157
425	0.930	1.040	1.045	1.050	1.055	1.058	1.068	1.080	1.100	1.120	1.140	1.160
450	0.932	1.042	1.047	1.052	1.057	1.060	1.070	1.082	1.102	1.122	1.142	1.162
475	0.935	1.045	1.050	1.055	1.060	1.063	1.073	1.085	1.105	1.125	1.145	1.165
500	0.937	1.047	1.052	1.057	1.062	1.065	1.075	1.087	1.107	1.127	1.147	1.167

怀孕后期母牛的综合净能需要 NEmf[兆焦/(日·头)]为

$$NEmf=[0.322W^{0.75}+(0.00879t-0.85454)\times(0.1439+0.0003558W)\times(0.19769t-11.76122)]\times F$$

(3)哺乳母牛的能量需要　泌乳期每增加 1 千克体重需要产奶净能 25.1 兆焦(6 兆卡)。减重用于产奶的利用率为 82%,故每减重 1 千克能产生 20.59 兆焦(4.92 兆卡)产奶净能,即产 6.56 千克标准乳。干奶期母牛每千克增重(不含胎儿)则需 33.5 兆焦(8 兆卡)产奶净能。

二、肉牛的蛋白质需要

(一)日粮蛋白质与优质牛肉生产

育肥肉牛,特别是育肥速度高的肉牛,每天沉积大量蛋白质到体组织中,需要从日粮中消化吸收大量蛋白。肉牛日粮蛋白质供给不足时,动物消化机能减退,干物质采食量降低,生长迟缓,体重减轻,组织器官结构和功能异常,饲料转化效率降低,增重速度下降,肉质变差。日粮蛋白质过高,也会造成增重下降(多余氨基酸脱氨基等造成能量消耗),牛肝、肾负荷增加,影响牛的健康。不合适的加喂非蛋白含氮物(过量或能量不足)会使肉质变劣,甚至不堪食用。

(二)肉牛粗蛋白质需要简述

1. 生长育肥牛的粗蛋白质需要

(1)维持需要

$$粗蛋白质需要[克/(日·头)]=5.5W^{0.75}$$

式中:W 为体重,千克。

(2)增重需要

$$粗蛋白质需要[克/(日·头)]=G\times(168.07-0.16869W+0.0001633W^2)\times(1.12-0.1233G)\div0.34$$

式中:G 为日增重;W 为体重,千克。

(3)生长育肥牛的粗蛋白质需要　为维持需要和增重需要之和。

$$粗蛋白质需要=5.5W^{0.75}+G\times(168.07-0.16869W+0.0001633W^2)\times(1.12-0.1233G)\div0.34$$

2. 繁殖母牛的粗蛋白质需要

(1)维持需要

$$粗蛋白质需要[克/(日·头)]=4.6W^{0.75}$$

式中:W 为体重,千克。

(2)怀孕后期母牛的粗蛋白质需要　在维持需要的基础上,怀孕第 6～9 个月,每日每头分别增加粗蛋白质 77 克、145 克、255 克和 403 克。

(3)哺乳母牛的粗蛋白质需要　在维持需要的基础上,按每千克 4%乳脂率的标准乳(FCM)需要粗蛋白质 85 克来提供粗蛋白质:

$$标准乳(FCM)=[0.4+15\times乳脂率(\%)]\times鲜奶产量(千克)$$

$$粗蛋白质需要=4.6W^{0.75}+85FCM$$

(三)日粮能量与蛋白质平衡

肉牛瘤胃微生物利用能量和降解氮等营养物质合成菌体蛋白质,无论能量和降解蛋白哪个过剩,都会造成浪费。因此,为了使日粮的配合更为合理,以便同时满足瘤胃微生物对可发酵有机物

(FOM)和瘤胃降解氮(RDN)的需要,在日粮配合时,应尽量做到瘤胃能氮平衡(RENB),避免能量或降解氮的浪费。

冯仰廉(1987)提出瘤胃能氮平衡的概念和应用方法,其计算式为:

瘤胃能氮平衡＝用 FOM 评定的瘤胃微生物量－用 RDP 评定的瘤胃微生物量

如果日粮的瘤胃能氮平衡的结果为零,则表明平衡良好;如为正值,说明瘤胃能量多余,这时应增加日粮降解蛋白质(RDP);如为负值,表明应增加能量,使其达到日粮的瘤胃能氮平衡。

如表 3-2 所示,该日粮瘤胃能氮平衡为 105 克 MCP,说明瘤胃可发酵有机物有富余,降解蛋白不足,结果瘤胃微生物仅能合成 340 克瘤胃微生物蛋白质,而非 445 克,从而使瘤胃可发酵有机物浪费。为使日粮达到瘤胃微生物蛋白质合成的最佳效率,应增加瘤胃降解蛋白,或按尿素的有效用量计算出尿素的添加量,以补足瘤胃所缺的降解氮。

表 3-2 肉牛日粮的瘤胃能氮平衡计算

饲料	喂量(千克)	RND	CP(克)	降解率(%)	RDP(克)	FOM(千克)	瘤胃能氮平衡(克)		
							FOM-MCP	RDP-MCP	平衡
玉米青贮(DM25%)	25	2.0	350	50	175	2.5	340	158	182
玉米	1	1.0	86	45	39	0.39	53	35	18
棉籽饼	1	0.82	325	50	163	0.38	52	147	－95
总计		3.82	761		377	3.27	445	340	105

注:1. FOM-MCP 为根据可发酵有机物(FOM)测算的瘤胃微生物蛋白质(MCP),按每千克 FOM 可合成 136 克瘤胃微生物蛋白计算。

2. RDP-MCP 为根据降解蛋白质(RDP)测算的瘤胃微生物蛋白质(MCP),单个饲料和日粮的 MCP＝RDP×0.9。

三、肉牛的矿物质需要

(一)常量元素与优质牛肉生产

肉牛对常量元素钙、磷、钠、氯、钾、镁和硫需要量较大，体组织内含量高。在计量时多用克来表示，计算日粮结构时用百分比。

1.钙

肉牛在十二指肠吸收饲料钙，主要用于合成骨骼、牙齿和乳汁，参与神经传导，维持肌肉正常兴奋性。犊牛缺乏钙易形成佝偻病，成年牛缺乏易形成骨软症，并出现明显的啃石头、舔土等异食现象。但钙过量会影响日增重和对镁与锌的吸收。肉牛对钙的需要量为：

钙［克/(日·头)］＝［0.015×体重(千克)＋0.071×日增重蛋白质(克)＋1.23×日产奶量(千克)＋0.137×日胎儿生长(克)］÷0.5

日增重蛋白质(克)＝［268－29.4×增重净能(兆卡)/千克增重］×日增重(克)

粗饲料的含钙量高于精饲料，以粗饲料为主的肉牛一般不易缺钙，但喂秸秆时易缺乏，因秸秆中的钙不易被吸收，对以精料为主的育肥肉牛，应注意补充钙。可用碳酸钙、石粉、磷酸氢钙等补充。

2.磷

肉牛体内的磷主要存在于骨骼、大脑、肌肉、肝脏和肾脏中，是磷脂、核酸和酶的组成成分，参与体内能量代谢。肉牛缺乏磷生长缓慢，食欲不振，饲料利用效率下降，异食癖，繁殖率下降，甚至死亡。磷过量易造成尿结石。肉牛对磷的需要量为：

磷[克/(日·头)]=[0.028×体重(千克)+0.039×日增重蛋白质(克)+0.95×日产奶量(千克)+0.007 6×日胎儿生长(克)]÷0.85

磷的主要来源为磷酸氢钙、脱氟磷酸盐、磷酸钠等。注意钙磷比例,一般为(1.5~2)∶1。

3. 钠和氯

肉牛体内的钠主要用于维持渗透压、酸碱平衡和体液平衡,参与氨基酸转运、神经传导和葡萄糖的吸收。氯是激活淀粉酶的因子,胃酸的组成成分,参与调节血液酸碱性。钠和氯一般用食盐来补充,缺乏时肌肉萎缩,食欲不振,牛互相舔,出现异食癖(吃土、塑料、石块,喝尿等)。

根据牛对钠的需要量占日粮干物质进食量的0.06%~0.10%计算,日粮含食盐0.15%~0.25%即可满足钠和氯的需要。植物性饲料含钠低,含钾量高,青粗饲料更为明显,钾能促进钠的排出,放牧牛的食盐需要量高于饲喂干饲料的牛,饲喂高粗料日粮的耗盐量高于高精料日粮。

夏天食盐量可略高,冬天食盐量不宜增加,因为吃盐多,饮水量会增加,冬天水温低,多饮冷水会降低瘤胃功能,而且把冷水升温到体温会大量增加能量消耗,例如1千克水从10℃升高到体温(38.5℃)消耗能量0.119兆焦。饮水充足时,饮水食盐超过2.5%,日粮含盐量超过9%,牛会出现中毒。

高水平的食盐可使乳房肿胀加剧,使乳汁含盐量增加变咸,增加肾脏负担,牛体水肿,水代谢失调促发水毒症,以致危及牛的生命。

4. 钾

钾能维持机体正常渗透压,调节酸碱平衡,控制水的代谢,为酶提供有利于发挥作用的环境。缺乏时食欲下降,饲料利用率降低,生长缓慢。钾过量会影响镁的吸收。一般肉牛对钾的需要量为日粮干物质的0.65%。热应激时，钾的需要量增加，约为日粮干物质的1.2%。最高耐受量为日粮干物质的3%。粗饲料含钾丰富，只有饲喂高精料日粮的肉牛才需要补充钾，一般采用氯化钾补充。

5.镁

镁在神经肌肉传导中起重要作用，是许多酶的激活剂。缺镁会使牛发生抽搐症，食欲不振，饲料养分消化率下降，镁与磷缺乏，还会使乳汁呈酒精阳性，乳汁变稀。肉牛镁的适宜需要量为日粮干物质的0.1%。犊牛每千克体重需镁量为12～16毫克，按日粮干物质计算，为0.07%～0.1%。日粮干物质含镁量超过0.4%，就会出现镁中毒，表现为腹泻，增重下降，呼吸困难。早春和晚冬季节的青草与枯草中含镁量低，若此时放牧易缺镁，发生抽搐症。镁的来源有碳酸镁、氧化镁和硫酸镁等。

6.硫

硫是某些蛋白质、维生素和激素的组成成分，参与蛋白质、脂肪和碳水化合物的代谢。瘤胃微生物合成菌体蛋白和B族维生素都需要硫。瘤胃菌体可利用无机硫（硫酸钠）合成含硫氨基酸（蛋氨酸、胱氨酸），进而合成菌体蛋白质。肉牛缺乏硫时食欲下降，唾液分泌增加，瘤胃微生物对乳酸的利用率降低，眼神发呆，消化率下降，增重缓慢，产奶量下降。肉牛硫的需要量约为日粮干物质的0.1%。硫水平过高也会降低饲料进食量，并给泌尿系统造成过重负担，且干扰硒和铜的代谢。肉牛日粮中添加硫酸钠、硫酸钙、硫酸钾和硫酸镁时能够维持其最适的硫平衡。保持肉牛最大饲料进食量的适当氮硫比为（10～12）∶1。

（二）微量元素与优质牛肉生产

肉牛对微量元素的需要量小，但为机体生理功能所必需。微量元素通常以毫克/千克来表示，在牛体内的含量也可以这样表示。微量元素包括:铁、铜、锌、锰、钴、碘、硒、钼、铬和硅等10种元素。

1.铁

铁是血红蛋白、肌红蛋白、细胞色素和其他酶系统的必需成分,在将氧运输到细胞的过程中起重要作用。缺铁会使犊牛生长强度下降,出现营养性贫血、异食,皮肤和黏膜苍白,舌乳头萎缩,日增重下降。一般每千克日粮干物质中含铁量为50~100毫克就能满足肉牛的需要(犊牛和生长牛为100毫克,成年牛为50毫克)。

犊牛出生后仅喂初乳和全乳,不补饲粗料或犊牛料,几周后就会发生缺铁性贫血,使生长速度和饲料转化率下降,加喂含铁量40毫克/千克的犊牛料可预防贫血,但日增重1千克以上则要含铁80~100毫克/千克。可用硫酸亚铁、氯化亚铁、硫酸铁等补充。在应激条件下铁的需要量可提高到90~160毫克/千克。成年牛采食大量优质粗精料,一般很少缺铁。肉牛对铁的最大耐受量为1 000毫克/千克。过量的铁会引起中毒,表现为腹泻、体温过高、代谢性酸中毒、饲料进食量和增重下降。

2.铜

铜参与血红蛋白的合成、铁的吸收,是许多酶的组成成分,如制造血细胞的辅酶。肉牛缺铜会发生缺铜性营养性贫血,表现为被毛粗糙、褪色,全身被毛变成灰色。严重缺乏会引起脱毛、下痢,体重下降,生长停滞,四肢骨端肿大,骨骼脆弱,经常导致肋骨、股骨、肱骨复合性骨折;关节僵硬,可导致老牛的"对侧步"步态;发情率低或延迟,繁殖性能下降,难产和产后恢复困难;犊牛缺铜,出生时便为先天性佝偻病,心脏衰弱而造成疾病或突然死亡等。

肉牛对铜的需要量为4~10毫克/千克,但铜与钼互相拮抗,高铜可使牛对钼的需要量增加,最佳铜钼比为(4~5):1,若小于3:1,铜的含量又为6毫克/千克,牛将表现出铜缺乏症。在应激条件下铜的需要量为40～90毫克/千克。饲料中常用的铜添加剂主要是硫酸铜、碳酸铜和氧化铜。近年来生产的氨基酸铜(赖氨酸铜和蛋氨酸铜),比无机铜稳定,不潮解,适口性好,利于吸收,生物利用效率比氧化铜高4倍。国内多数地区的肉牛日粮都缺铜,尤其土壤中铜缺乏的地区。

3. 锌

锌广泛分布于牛体各种组织中,肌肉、皮毛、肝脏、成年公牛的前列腺及精液中均含有锌。锌与被毛生长、组织修复、繁殖机能密切相关,是有关核酸代谢、蛋白质合成、碳水化合物代谢的30多种酶系统的激活剂和构成成分。肉牛缺锌后生长发育停滞,饲料进食量和利用率下降,精神萎靡不振,蹄肿胀并有开放性、鳞片状损害,脱毛,大面积皮炎,后肢、颈部、头与鼻孔周围尤其严重,并有角化不全和伤口难以愈合等症状。2000年美国NRC规定肉牛对锌的需要量为20～40毫克/千克,但缺锌的牛日粮中添加100～160毫克/千克的锌,可迅速改善牛的缺锌症状,在3～4周内校正皮肤的损害与其他症状。饲料中常用的含锌添加剂为硫酸锌、氧化锌、氯化锌和碳酸锌。目前,最好的补锌产品是氨基酸螯合锌。

4. 锰

牛体内锰主要存在于骨骼、肝、肾等器官和组织中。锰的功能是维持大量酶的活性,如水解酶、激素酶和转移酶的活性。肉牛的繁殖、生长和代谢都需要锰元素。锰还对中枢神经系统发生作用。一般饲料中含锰量低,锰的吸收利用率低,故在肉牛日粮中添加锰是必需的。缺锰使牛的生长速度下降,骨骼变形,关节变大,僵硬,腿弯曲,繁殖机能紊乱或下降,新生犊牛畸形,怀孕母牛流产。肉牛对锰的需要量为20～50毫克/千克,在应激条件下可达90～140毫克/千克,在生产条件下为40～60毫克/千克;0～6月龄犊牛为30～40毫克/千克。当日粮中钙和磷的比例上升时,对锰的需要量增加。日粮中若缺锰可用硫酸锰、碳酸锰、氯化锰补充,近年已有氨基酸螯合锰，利用效率更高，可用于肉牛的日粮中。

5. 钴

肉牛的瘤胃微生物需要利用钴合成维生素 B_{12}，肉牛对钴的需要实际上是微生物对钴的需要。进食的钴约有 3%被转化成维生素 B_{12}，而合成的维生素 B_{12} 仅有 1%～3%被牛吸收利用。日粮中钴的吸收率在 20%～95%。

肉牛日粮中的钴用于合成维生素 B_{12} 后主要参与体内甲基和酶的代谢。体内贮存的钴不能参与微生物合成维生素 B_{12}，只有日粮中提供钴才能满足微生物合成维生素 B_{12} 的需要。牛对钴的需要量为 0.07～0.11 毫克/千克，生产条件下为 0.5～1 毫克/千克，应激情况下为 2～4 毫克/千克。缺乏时会妨碍丙酸的代谢，使丙酸不能转化为葡萄糖。肉牛出现食欲降低，精神萎靡，生长发育受阻，体重下降，消瘦，被毛粗糙，贫血，皮肤和黏膜苍白，甚至死亡。硫酸钴、磷酸钴和氯化钴均可用做牛的有效添加剂，也可使用钴化食盐。

6. 碘

碘的主要功能是合成甲状腺激素，甲状腺激素能够调节机体的能量代谢。饲喂含碘化合物还可预防牛的腐蹄病。一般碘需要量为 0.5 毫克/千克，范围为 0.2～2.0 毫克/千克，应激条件下则为 1.5～3 毫克/千克。肉牛缺碘时甲状腺肿大。长期缺碘能导致增重降低，生长发育受阻，消瘦和繁殖机能障碍。饲喂羽衣甘蓝、油菜、芜菁、生大豆粕、菜籽饼、棉籽粕等饲料，会使肉牛出现缺碘症，引起甲状腺肿大。此时，应增加饲料中碘的用量。碘化钾、碘酸钙和含碘食盐是肉牛的适宜添加剂。若长期饲喂含碘量高达 50～100 毫克/千克的日粮，牛会发生碘中毒。其症状是，流泪，唾液分泌量多，流水样鼻涕，气管充血并引起咳嗽。同时血液中碘浓度上升，大量碘由粪尿中排出，故生产中要防止碘中毒。

7. 硒

硒是谷胱甘肽过氧化物酶的成分，能预防犊牛的白肌病和繁殖母牛的胎衣不下。我国土壤、水中缺硒的地区较多。缺硒地区的肉牛日粮中必须补充硒，否则会出现硒缺乏症，主要是发生白肌病，也称肌肉营养不良，一般多发生于犊牛。患有白肌病的小牛在心肌和骨骼肌上具有白色条纹、变性和坏死。在缺硒（小于 0.05 毫克/千克）的日粮中补充维生素 E 和硒，可防止胎衣不下，减少子宫炎的发病率。

2000 美国 NRC 确定牛对硒的需要量（以饲料干物质计）0.3 毫克/千克，最大耐受水平为 2 毫克/千克。生长于高硒地区的作物，如黄芪（属于十字花科植物），能在体内积累硒，含硒量可高达 1 000～3 000 毫克/千克，毒性很大，肉牛采食后即引起中毒。急性中毒的症状为迟钝，运动失调，低头和耳下垂，脉速而无力，呼吸困难，腹泻，昏睡，最后由于呼吸衰竭而死亡。慢性中毒症状为跛行，食欲下降，消瘦，蹄溃疡，蹄畸形，裂蹄，尾部脱毛，肝硬化和肾炎。

亚硒酸钠、硒酸钠都可作为肉牛的补硒添加剂，但为剧毒品，要注意保存与安全使用。

8. 钼

钼是动物组织中黄嘌呤氧化酶必不可少的成分，是维持牛健康的一种不可少的元素，但实际生产中还没有观察到钼的缺乏症。钼的最大耐受量为 3 毫克/千克，肉牛钼中毒的主要症状与缺铜症状相同。严重时会引起腹泻。腐殖土草地或泥炭土草地含钼量可高达 20～100 毫克/千克。长期饲喂高钼日粮，可能引起肉牛磷代谢紊乱，导致跛行、关节畸形和骨质疏松。

（三）日粮矿物质补充方法

矿物质元素是肉牛生长育肥、繁殖等不可缺少的营养物质，对生产性能影响很大。矿物质元素缺乏的种类、程度与所处地区土壤、饲料种类、所施肥料、植物的生长阶段等有关，不同地区差别明显。

肉牛最易缺乏的常量元素为钙、磷、钠、硫，一般用磷酸钙类补钙与磷，脱氟石灰石粉、碳酸钙等补钙，食盐补钠；微量元素各类牛都极易缺乏，必须补充。

矿物质元素的补充方式有：拌料添加，饮水添加，矿物质补充盐、舔砖补充及长效瘤胃丸形式等。舍饲（圈养）牛以拌料添加为宜，可以达到准确，拌料前，先把各种矿物质制剂粉碎并过 40 目的筛子（尽可能细），然后把它们与 1 千克左右的麸皮充分搅拌均匀（否则有中毒的可能），再混入 10 千克左右的精料中搅拌均匀，这样逐级扩大，直至拌入所有的精料中。

放牧牛、不补料的牛群则可用舔剂、舔砖和长效瘤胃丸等形式补充。例如，矿物质补充盐是把所补充的各种矿物质制剂按添加比例粉碎并过筛后，按一定比例混合到石粉、食盐等载体中，搅拌均匀后，设舔食槽让牛自由舔食。这种方式易不足或引起中毒。

瘤胃丸是较好的补充方式，长效、方便，农户经简单示范即可掌握，定时投喂效果较佳。

四、肉牛的维生素需要

（一）维生素需要简述

维生素分脂溶性和水溶性两大类。脂溶性维生素包括维生素 A、维生素 D、维生素 E 和维生素 K。水溶性维生素包括 B 族维生素和维生素 C。生产中维生素严重缺乏会造成肉牛死亡，中等程度的缺乏，表现症状不明显，但影响生长和育肥速度，造成巨大的经济损失。瘤胃微生物能合成 B 族维生素和维生素 K。一般情况下，成年肉牛仅需补充维生素 A、维生素 D 和维生素 E，而犊牛需要补充各种维生素。青绿饲料、酵母、胡萝卜可提供各类维生素。

1. 脂溶性维生素

在紫外线照射下，肉牛皮下的 7-脱氢胆固醇能合成维生素 D，但全封闭式的舍饲牛需在日粮中添加维生素 D。瘤胃微生物能合成足够量的维生素 K。

优质干草和青贮含有丰富的 β-胡萝卜素和维生素 E。晒制的优质干草含有维生素 D。肉牛可在体内贮存足够的脂溶性维生素，供数月的需要。但大量饲喂青贮而又缺少阳光照射的肉牛，特别是长期以秸秆为粗料的牛，日粮中需另外添加维生素 D、维生素 A 和维生素 E，以保持牛的健康和生产性能，防止疾病发生。

(1)维生素 A　维生素 A 能保持肉牛各种器官系统黏膜上皮组织的健康及正常生理机能，保持牛的正常视力和繁殖机能。维生素 A 缺乏时，上皮组织角质化，早期为呼吸道、口腔、唾液腺、眼、泪腺、肠道、尿道、肾脏和阴道黏膜变性，引起牛对感染的高度敏感，常发生感冒、肺炎、下痢、食欲减退、消化不良，消瘦，随后表现为多泪、角膜炎、角膜软化、干眼病，甚至永久性失明。缺乏维生素 A 的母牛会受胎困难，妊娠母牛会发生流产、早产、胎衣不下，产出死胎、畸形胎儿或瞎眼犊牛。饲喂高精料日粮的生长肉牛，维生素 A 缺乏主要表现为视力障碍。生长牛缺乏维生素 A 会生长缓慢，多病，小公牛睾丸变性而终生不育。

维生素 A 的需要量一般用胡萝卜素来表示。胡萝卜素是维生素 A 的前体物，为其普遍来源。肉牛将 β-胡萝卜素转化为维生素 A 的效率低，国际上公认 1 毫克 β-胡萝卜素相当于 400 国际单位的维生素 A。据此可计算饲料中维生素 A 的需要量及含量。生长育肥牛的维生素 A 需要量一般为每千克日粮干物质 2 200 国际单位；妊娠母牛为 2 800 国际单位；泌乳母牛为 3 900

国际单位。

在下述特殊条件下，需要补充维生素 A：饲喂作物秸秆等副产品或胡萝卜素含量低的饲草；初乳或全乳喂量不足的犊牛；15～30日龄断奶的犊牛；以玉米青贮，或秸秆，或酒糟为基础饲料而精料含胡萝卜素又低的日粮。在低温、高温或运输、驱赶等应激条件下，要增加维生素 A 的供给量，一般按需要量增加 0.5～1 倍，就可保证牛在应激条件下的体质健康和发挥牛的生产潜力。

(2)维生素 D　维生素 D 主要是调整钙磷的吸收、代谢和骨骼、牙齿的生长发育和健康。以秸秆为基础饲料时，或用高青贮日粮、高精料日粮均会发生维生素 D 缺乏，影响骨骼生长，导致牛骨骼钙化不全，引起犊牛佝偻病和成年母牛的骨软病。患佝偻病的牛，肋骨端呈念珠状肿胀、骨中灰分含量下降；成年牛易骨折。长期缺乏会使肉牛钙、磷和氮沉积量降低，代谢率增加。

通常，肉牛采食晒制的优质干草和受到阳光照射时，可不补充维生素 D。青绿饲料、舍内晾干的干草、人工干草和青贮饲料也含有维生素 D。但近年来试验表明，日粮中补充维生素 D，可使牛体内的钙为正平衡，提高了牛的健康水平、日增重和繁殖性能。维生素 D 的需要量为每千克日粮干物质 275 国际单位。

(3)维生素 E　维生素 E 可提高肉牛细胞和体液免疫反应，促进维生素 A 的利用。通常成年肉牛从天然饲料中可获得足够的维生素 E。但长期饲喂劣质干草、稻草、块根类、豆壳类以及长期贮存的干草和陈旧的青贮等饲草料时，就会引起维生素 E 缺乏症，发生肌肉营养不良、白肌病等一系列疾病。引起犊牛后肢步态不稳，系部松弛和趾部外向，舌肌组织营养不良，损害犊牛的吮乳能力。缺乏症如进一步发展，牛的头下垂，不久就不能站立。1 毫克 *DL-α-*生育酚醋酸盐相当于 1 国际单位维生素 E。犊牛的维生素 E 需要量为每千克日粮干物质 15～16 国际单位；成年牛正常日粮中含有足够的维生素 E。

(4)维生素 K　维生素 K 主要参与体蛋白质的合成,参与血液凝固的血浆蛋白和其他组织和器官内未知功能的蛋白质的供应。各种新鲜的或干燥的绿色多叶植物中含有丰富的维生素 K。正常情况下瘤胃内能合成大量的维生素 K,故在一般饲养标准中,未规定在日粮中补充维生素 K。但母牛采食发霉的双香豆素含量高的草木樨干草时,会出现维生素 K 不足的症状,凝血时间延长,发生皮下、肌肉和胃肠出血,可用维生素 K 添加剂进行治疗。

2. 水溶性维生素

肉牛瘤胃微生物可合成大量 B 族维生素,饲料中 B 族维生素含量也相当丰富,一般不需要另外添加。但对于瘤胃发育未完善的犊牛需要补充硫胺素、生物素、烟酸、吡哆醇、泛酸、核黄素和维生素 B_{12} 等。若犊牛料中含有非蛋白氮,则更要重视补充各种维生素。

(二)日粮维生素补充方法

1. 饲喂富含维生素 A、维生素 D、维生素 E 的饲料

维生素 A 只存在于动物性饲料中,但由于肉骨粉等动物性饲料易传播疾病,尤其是疯牛病的传播,农业部下文禁止在反刍动物日粮中使用动物性饲料原料。植物性饲料原料含有维生素 A 的前体物质 β-胡萝卜素,β-胡萝卜素被肉牛食入后可以转化为维生素 A,富含 β-胡萝卜素的植物性饲料有胡萝卜、青草、松针粉等。维生素 D 存在于青干草中,肉牛也可以通过适当的运动和晒太阳在体内形成维生素 D。维生素 E 广泛存在于动植物性饲料中,尤其以青绿饲料、青草粉、苜蓿粉、松针粉中含量丰富。

2. 在配合料中添加维生素添加剂

对于缺乏青绿饲料或者出现严重缺乏维生素 A、维生素 D、维生素 E 症状的肉牛,可以在精料中适量添加维生素添加剂,具体补充办法与矿物质相似。其他维生素应根据具体情况补充。

五、肉牛的粗纤维需要

(一)粗纤维需要简述

为了保证肉牛的日增重和瘤胃的正常发酵功能,日粮中粗饲料应占 40%～60%,含有 15%～17%的粗纤维(CF),19%～21%的酸性洗涤纤维(ADF),25%～28%的中性洗涤纤维(NDF),并且饲粮中中性洗涤纤维总量的 75%必须由粗饲料来提供。

(二)粗纤维与优质牛肉生产

饲粮纤维在瘤胃中发酵产生的挥发性脂肪酸是肉牛的主要能量来源。纤维含量高的粗饲料具有一定的粗硬度,能刺激瘤胃壁,促进瘤胃蠕动和正常反刍,使牛每日有 7～8 小时的反刍时间,通过反刍牛瘤胃内重新进入的食团中混入了大量碱性唾液,每咀嚼 1 千克粗纤维可产生 10～14 升唾液进入瘤胃。唾液中含有碳酸氢钠,可调节瘤胃食糜的酸度,使瘤胃环境中的氢离子浓度保持在 100～1 000 纳摩/升(pH 6～7)之间,保证瘤胃内细菌正常繁殖和发酵。若饲粮粗纤维水平过低,日粮淀粉迅速发酵,大量产酸,降低瘤胃液 pH,抑制纤维分解菌活性,严重时导致瘤胃酸中毒。饲粮纤维能结合 H^+,本身就是一种缓冲剂,粗饲料的缓冲能力比籽实高 2～4 倍。

但必须注意纤维的长度应在 3 厘米以上,粉碎的粗纤维无效。牛日粮中有效粗纤维水平应在 17%,极限量不应低于 13%。在生产中常常由于各种原因造成肉牛采食粗饲料不足,如养殖户怕牛吃坏,限制粗饲料的采食,结果导致粗纤维不能满足,肉牛可能出现瘤胃迟缓等疾病,在我国低精料饲养条件下,应采取精料限量、粗饲料自由采食的饲喂方式,以尽可能提高肉牛的育肥速度和养殖的经济效益。

六、肉牛对水的需要

肉牛失掉体重1%～2%的水，即出现干渴感，食欲减退、采食量下降，随着缺水时间的延长，干渴感觉日渐严重，可导致食欲废绝，消化机能迟缓直至完全丧失，机体免疫力和抗病力下降。失水达8%～10%，则引起机体代谢紊乱，达20%时致死。缺乏有机养分可维持生命100天，同时缺水，仅维持5～10天。缺水严重影响生产性能，增重降低，恢复供水后，经25～30天才能恢复正常。

需水量与干物质采食量呈一定比例，一般每千克干物质需要水2～5千克，动物干物质采食量越高，需水量也越多。日粮成分，尤其是矿物质、蛋白和纤维含量均影响需水量。矿物盐类的溶解、吸收和多余部分的排泄，蛋白质代谢终产物的排出，纤维的发酵和未消化残渣的排泄等均需一定量的水参加，当日粮中蛋白质、矿物质、纤维物质浓度加大时，需水量增加。初生犊牛单位体重需水量比成年牛高，活动会增加需要量，紧张比安静时需要量大，高产动物需要量大。环境温度与饮水量呈明显正相关，气温升高时，通过蒸发散热增加，对水的需要量就多，当气温低于10℃时，需水量明显减少，气温达到30℃，需水量明显增加，见表3-3。

表3-3　肉牛每天对水的需要量　　升

体重	环境温度(℃)					
(千克)	5	10	15	20	25	30
生长牛						
180	15	16	19	22	25	36
270	20	22	25	30	34	48
360	24	26	30	35	40	55

续表 3-3

体重（千克）	环境温度(℃)					
	5	10	15	20	25	30
育肥牛						
270	23	25	28	32	37	54
360	28	29	35	40	46	65
450	33	35	41	47	54	78
成年牛						
630	30	33	38	44	50	70
720	33	36	41	47	54	76

第二节　肉牛的饲养标准

饲养标准是根据牛的体重、日增重、产奶量等，通过试验和实践经验总结，科学地规定一头牛每天应该给予的主要营养物质的数量，是指导养牛生产的科学依据。我国肉牛饲养标准见附录。

第四章

饲料与优质牛肉

肉牛采食的饲料养分经体内转化生产牛肉。饲料的数量、品质直接影响肉牛的生长发育、肉品质量和环境卫生,甚至威胁人类的健康和生存。生产中根据饲料提供的养分,习惯上将肉牛饲料分为粗饲料、副料和精饲料。本章主要介绍粗饲料、精料对优质牛肉生产的影响及其合理加工,副料的选择及利用,日粮的合理搭配及精料补充料的配制。

第一节　粗饲料与优质牛肉生产

粗饲料是指容重小、纤维成分含量高(干物质中粗纤维含量大于或等于 18%)、可消化养分含量低的饲料。主要有牧草与野草、青贮饲料、干草类、农副产品类(藤、秧、蔓、秸、荚、壳)及干物质中粗纤维含量大于等于 18%的糟渣类、树叶类和非淀粉质的块根、块茎类。感官要求无发霉、变质、结块、冰冻、异味及臭味。

粗饲料含有较高的粗纤维，充足的可消化粗纤维对肉牛的生产和健康至关重要。有效中性洗涤纤维（NDF）是指可用于刺激肉牛反刍的NDF含量。有效NDF能够促进咀嚼，咀嚼又加强唾液分泌，唾液则中和有机物在瘤胃发酵产生的酸，发酵酸产生与缓冲液分泌之间的平衡是瘤胃pH的主要决定因素。pH过低会降低采食量、粗纤维消化率和微生物产量，从而降低肉牛育肥速度。粗料中的NDF可被认为100%是有效NDF，整粒棉籽中NDF的50%可被认为是有效NDF，而精料中NDF的25%是有效NDF。在初步设计日粮时先用粗饲料（青贮或干草）来满足肉牛的纤维需要量，虽然精料中，尤其是农副产品纤维的含量较丰富，但相对而言其在日粮纤维中所占的量很少，而粗饲料是日粮中纤维最为丰富的组分，所以首先应以粗饲料满足肉牛基本的纤维需要量。

由于气候、季节、温度和湿度的作用，若饲料在贮存、运输过程中保管不善，受热、受潮，各种微生物就会在饲料中生长繁殖，发生霉变、腐败，就会导致营养成分分解，产生一些有害的成分（如亚硝酸盐等），并可引起大量的病原微生物（如沙门氏菌、变形杆菌等）的繁衍。用这样的原料生产饲料饲喂肉牛，极易致病，危害极大。在生产中最常见的是粗饲料贮藏不当引起发霉变质，如玉米秸，露天存放不当（应竖立，不应横放），冬天下雪，春天下雨，均会使秸秆发霉，可见秸秆表层发黑，拿起来时会飞扬到空中，如用来喂牛，带霉菌的尘埃经肉牛呼吸道进入肺中，在肺的适宜温度和湿度下，霉菌会大量繁殖，引起肺部疾病，从而影响肉牛生产性能，霉菌也可经口腔进入消化道，在消化道内繁衍，使消化紊乱，饲料利用率下降，有毒物质残留使肉品质下降。

一、青绿饲料

青草是肉牛最好的饲草。天然牧草的产草量受到土壤、水分、气候等条件的影响。有条件的养殖场,可以种植优质牧草或饲料作物,以供给肉牛充足的新鲜饲草;也可以晒制青干草或制成青贮饲料,在冬春季节饲喂肉牛。

(一)豆科牧草

豆科牧草富含蛋白质,人工栽培相对较多,其中紫花苜蓿、沙打旺、红豆草等适合中原地区栽培,尤其紫花苜蓿,栽培面积广,营养价值高。豆科草有根瘤,根瘤菌有固氮作用,是改良土壤肥力的前茬作物。

1. 紫花苜蓿

注意选择适于当地的品种。播种前要翻耕土地、耙地、平整、灌足底水,等到地表水分合适时进行耕种,施足底肥,有机肥以3 000～4 000 千克/亩为宜。一般在 9 月至 10 月上中旬播种,北部早,南部稍晚。播种量为 0.75～1 千克/亩,面积小可撒播或条播,行距为 30 厘米。每亩用 3～4 千克颗粒氮肥作种肥。播种深度以 1.5～2 厘米为好,土壤较干旱而疏松时播深可至 2.5～3 厘米。也可与生活力强、适口性好的禾本科草混播。因苜蓿种子“硬实”比例较大,播种前要作前处理。

科学的田间管理可保证较高的产草量和较长的利用期。紫花苜蓿苗期生长缓慢,杂草丛生影响苜蓿生长,应加强中耕锄草、使用除草剂、收割等措施。缺磷时苜蓿产量低,应在播前整地时施足磷肥,以后每年在收割头茬草后再适量追施一次磷肥。

紫花苜蓿的收割时期根据目的来定,调制青干草或青贮饲料时在初花期收获,青饲时从现蕾期开始利用至盛花期结束。收割次数因地制宜,中原地区可收 4～6 次,北方地区可收割 2～3 次,留茬高度一般 4～5 厘米,最后一茬可稍高,以利越冬。

苜蓿既可青饲,也可制成干草、青贮饲料饲喂。不同刈割时期的紫花苜蓿干草喂肉牛的效果不同。现蕾至盛花期刈割的苜蓿干草对肥育牛的增重效果差异不大，成熟后刈割的干草饲料报酬显著降低（表 4-1）。

表 4-1　不同生长期苜蓿干草对肉牛增重的影响　　千克

生长期	每增重 50 千克需干草量	每亩干草产量	每亩获得牛体增重量
现蕾期	814	680.5	41.8
1/10 开花期	1 043	886.3	41.5
盛花期	1 081.5	945.3	43.4
成熟期	1 955	955.3	24.5

2. 沙打旺

沙打旺也叫直立黄芪，抗逆性强、适应性广、耐旱、耐寒、耐瘠薄、耐盐碱、抗风沙，是黄土高原的当家草种。播种前应精细整地和进行地面处理，清除杂草，保证土墒，施足底肥，平整地面，使表土上松下实，确保全苗壮苗。撒播播种量每亩 2.5 千克。沙打旺一年四季均可播种，一般选在秋季播种好。

沙打旺在幼苗期生长缓慢，易被杂草抑制，要注意中耕除草。雨涝积水应及时开沟排除。有条件时，早春或刈割后灌溉施肥能增加产量。

沙打旺再生性差，1 年可收割两茬，一般用作青饲料或制作干草，不宜放牧。最好在现蕾期或株高达 70～80 厘米时进行刈割。若在花期收获，茎已粗老，影响草的质量，留茬高度为 5～10 厘米。当年亩产青草 300～1 000 千克，两年后可达 3 000～5 000 千克，管理不当 3 年后衰退。沙打旺有苦味，适口性不如苜蓿，不可长期单独饲喂，应与其他饲草搭配。沙打旺与玉米或其他禾本科作物和牧草青贮，可改善适口性。

3. 红豆草

最适于石灰性壤土，在干旱瘠薄的沙砾土及沙性土壤上也能生长。耐寒性不及苜蓿。不宜连作，须隔 5～6 年再种。清除杂草，深耕施足底肥，尤其是磷、钾肥和优质有机肥。单播行距30～60厘米，播深3～4厘米。生产干草单播行距20～25厘米，以开花至结荚期刈割最好。混播时可与无芒雀麦、苇状羊茅等混种。年可刈割2～4次，均以第一次产量最高，占全年总产量的50%。一般红豆草齐地刈割不影响分枝，而留茬5～6厘米更利于红豆草再生。红豆草的饲用价值可与紫花苜蓿媲美，苜蓿称为“牧草之王”，红豆草为“牧草皇后”。青饲红豆草适口性极好，效果与苜蓿相近，肉牛特别喜欢吃。开花后品质变粗变老，营养价值降低，纤维增多，饲喂效果差。

豆科还有许多优质牧草，如小冠花、百脉根、三叶草等。

(二)禾本科牧草

1. 无芒雀麦

适于寒冷干燥气候地区种植。大部分地区宜在早秋播种。无芒雀麦竞争力强，易形成草层块，多采取单播。条播行距20～40厘米，播种量1.5～2.0千克/亩，播深3～4厘米，播后镇压。栽培条件良好，鲜草产量可达3 000千克/亩以上，每次种植可利用10年。每年可刈割2～3次，以开花初期刈割为宜，过迟会影响草质和再生。无芒雀麦叶多茎少，营养价值很高，幼嫩无芒雀麦干物质中所含蛋白质不亚于豆科牧草。可青饲、青贮或调制干草。

2. 苇状羊茅

耐旱、耐湿、耐热，对土壤的适应性强，是肥沃和贫瘠土壤、酸性和碱性土壤都可种植的多年生牧草。苇状羊茅为高产型牧草，要注意深耕和施足底肥。一般春、夏、秋播均可，通常以秋播为多，播量为0.75～1.25千克/亩，条播行距30厘米，播深2～3厘米，播后镇压。在幼苗期要注意中耕除草，每次刈割后也应中耕除草。青饲在拔节后至抽穗期刈割；青贮和调制干草则在孕穗至开花期刈割。每隔30～40天刈割1次，每年刈割3～4次。每亩可产鲜草2 500～4 500千克。苇状羊茅鲜草青绿多汁，可整草或切短喂牛，与豆科牧草混合饲喂效果更好。苇状羊茅青贮和干草，都是牛越冬的好饲草。

3. 象草

象草又名紫狼尾草，为多年生草本植物。栽培时要选择土层深厚、排水良好的土壤，结合耕翻，每亩施厩肥1 500～2 000千克作基肥。春季二三月份间，选择粗壮茎秆作种用，每3～4节切成一段，每畦栽两行，株距50～60厘米。种茎平放或芽朝上斜插，覆土6～10厘米。每亩用种茎100～200千克，栽植后灌水，10～15天即可出苗。生长期注意中耕锄草，适时灌溉和追肥。株高100～120厘米即可刈割，留茬高10厘米。生长旺季，25～30天刈割1次，年可刈割4～6次，亩产鲜草0.5万～1.5万千克。象草茎叶干物质中含粗蛋白质10.6%，粗脂肪2%，粗纤维33.1%，无氮浸出物44.7%，粗灰分9.6%。适期收割的象草，鲜嫩多汁，适口性好，肉牛喜欢吃。适宜青饲、青贮或调制干草。

禾本科牧草还有黑麦草、羊草、披碱草、鸭茅等优质牧草，均是肉牛优良的饲草。

(三)青饲作物

利用农田栽培农作物或饲料作物，在其结实前或结实期收割作为青饲料饲用，是解决青饲料供应的一个重要途径。常见的有青割玉米、青割燕麦、青割大麦、大豆苗等。一般青割作物用于直接饲喂或青贮。青割作物柔嫩多汁，适口性好，营养价值比收获籽实后的秸秆高得多，尤其是青割禾本科作物其无氮浸出物含量丰富，用作青贮效果很好，生产中常把青割玉米作为主要的青贮原料。青割燕麦、青割大麦常用来调制干草。青割幼嫩的高粱和苏丹草中含有氰苷，肉牛采食后会在体内转变为氰氢酸而中毒。为防止中毒，宜在抽穗期收割，也可调制成青贮或干草，使毒性减弱或消失。

二、干草晒制

人工栽培牧草及饲料作物、野青草在适宜时期收割加工调制成干草，降低了水分含量，减少了营养物质的损失，有利于长期贮存，便于随时取用，可作为肉牛冬春季节的优质饲料。

(一)干草的收割

青饲料要适时收割，兼顾产草量和营养价值。收割时间过早，营养价值虽高，但产量会降低，而收割过晚会使营养价值降低。所以，适时收割牧草是调制优质干草的关键。一般禾本科牧草及作物，如黑麦草、苇状羊茅、大麦等，应在抽穗期至开花期收割；豆科牧草，如紫花苜蓿、三叶草、红豆草等，在开花初期到盛花期收割；另外收割时还要避开阴雨天气，避免晒制时雨淋使营养物质大量损失。

(二)干草的调制

适当的干燥方法，可防止青饲料过度发热和长霉，最大限度地保存干草的叶片、青绿色泽、芳香气味、营养价值以及适口性，保证干草安全贮藏。要根据本地条件采取适当的方法，生产优质的干草。

1. 平铺与小堆晒制结合

青草收割后采用薄层平铺曝晒 4～5 小时，使草中的水分由 85%左右减到约 40%，细胞呼吸作用迅速停止，减少营养损失。水分从 40%减到 17%非常慢，为避免长久日晒或遇到雨淋造成营养损失，可堆成高 1 米、直径 1.5 米的小垛，晾晒 4～5 天，待水分降到15%～17%时，再堆于草棚内以大垛贮存。在南方多雨地区，可建简易干草棚，在棚内进行小堆晒制。

2. 压裂草茎干燥法

用牧草压扁机把牧草茎秆压裂，破坏茎的角质层膜和表皮及维管束，让其充分暴露在空气中，加快茎内的水分散失，可使茎秆的干燥速度和叶片基本一致。一般在良好的空气条件下，干燥时间可缩短1/3～1/2。此法适合于豆科牧草和杂草类干草调制。

3. 草架阴干法

在多雨地区收割苜蓿时，用地面干燥法调制不易成功，可以采用木架或铁丝架晾晒，其中干燥效果最好的是铁丝架干燥，其取材容易，能充分利用太阳热和风，在晴天经10天左右即可获得水分含量为12%～14%的优质干草。据报道，用铁丝架调制的干草，比地面自然干燥的营养物质损失减少17%，消化率提高2%。由于色绿、味香，适口性好，肉牛采食量显著提高。铁丝架的用材主要为立柱和铁丝。立柱由角钢、水泥柱或木柱制成，直径为10～20厘米，长180～200厘米。每隔2米立一根，埋深40～50厘米，呈直线排列(列柱)，要埋得直，埋得牢，以防倒伏。从地面算起，每隔40～45厘米拉一横线，分为三层。最下一层距地面留出40～45厘米的间隔，以利通风。用塑料绳将铁丝绑在立柱上，以防挂草后沉重坠落。每两根立柱加拉一条对称的跨线，以防被风刮倒。大面积牧草地可在中央立柱，小面积或细长的地可在地边立柱。立柱要牢固，铁丝要拉紧和绑紧，以防松弛和倾倒。其做法可参照图4-1。

4. 人工干燥法

(1)常温鼓风干燥法　收割后的牧草田间晾到含水50%左右时，放到设有通风道的草棚内，用鼓风机或电风扇等吹风装置，进行常温吹风干燥。先将草堆成1.5～2米高，经过3～4天干燥后，

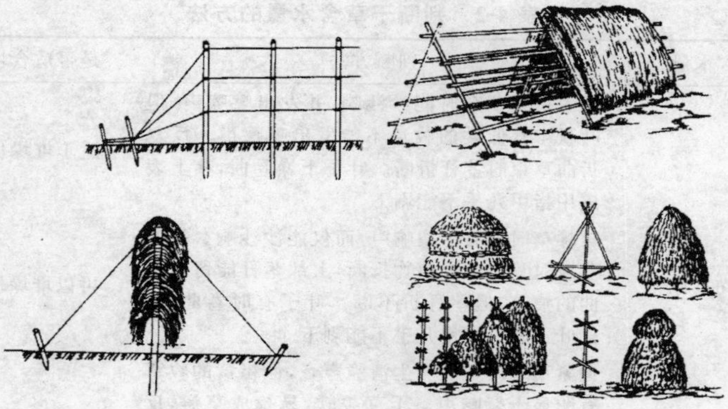

图 4-1　晒制干草的草架

再堆高 1.5～2 米，可继续堆高，总高不超过 4.5～5 米。一般每立方米草每小时鼓入 300～350 $米^3$ 空气。这种方法在干草收获时期，白天、早晨和晚间的相对湿度低于 75%，温度高于 15℃时可以使用。

(2)高温快速干燥法　将牧草切碎，放到牧草烘干机内，通过高温空气，使牧草快速干燥。干燥时间取决于烘干机的种类、型号及工作状态，从几小时到几十分钟，甚至几秒钟，使牧草含水量从 80%左右迅速降到 15%以下。有的烘干机入口温度为 75～260℃，出口为 25～160℃；有的入口温度为 420～1 160℃，出口为 60～260℃。虽然烘干机内温度很高，但牧草本身的温度很少超过 30～35℃。这种方法牧草养分损失少。

(三)干草的贮藏与包装

1.干草的贮藏

调制好的干草如果没有垛好或含水量高，会导致干草发霉、腐烂。堆垛前要正确判断含水量，具体判断标准见表 4-2。

表 4-2　判断干草含水量的方法

干草含水量(%)	判断方法	是否适合堆垛
15～16	用手搓揉草束时能沙沙响，并发出嚓嚓声，但叶量丰富低矮的牧草不能发出嚓嚓声。反复折曲草束时茎秆折断。叶子干燥卷曲，茎上表皮用指甲几乎不能剥下	适于堆垛保藏
16～18	搓揉草时没有干裂响声，而仅能沙沙响。折曲草束时只有部分植物折断，上部茎秆能留下折曲的痕迹，但茎秆折不断。叶子有时卷曲，上部叶子软。表皮几乎不能剥下	可以堆垛保藏
19～20	握紧草束时不能产生清脆声音，但粗黄的牧草有明显干裂响声。干草柔软，易捻成草辫，反复折曲而不断。在拧草辫时挤不出水来，但有潮湿感觉。禾本科草表皮剥不掉。豆科草上部茎的表皮有时能剥掉	堆垛保藏危险
23～25	搓揉没有沙沙的响声。折曲草束时，在折曲处有水珠出现，手插入干草里有凉的感觉	不能堆垛保藏

现场常用拧扭法和刮擦法来判断，即手持一束干草进行拧扭，如草茎轻微发脆，扭弯部位不见水分，可安全贮存；或用手指甲在草茎外刮擦，如能将其表皮剥下，表示晒制尚不充分，不能贮藏，如剥不下表皮，则表示可将干草堆垛。干草安全贮存的含水量，散放为 25%，打捆为 20%～22%，铡碎为 18%～20%，干草块为 16%～17%。含水量高不能贮存，否则会发热霉烂，造成营养损失，随时可能引起自燃，甚至发生火灾。

干草贮藏有露天堆垛、草棚堆垛和压捆等方法，贮藏时应注意：

(1)防止垛顶塌陷漏雨　干草堆垛后 2～3 周内，易发生塌顶现象，要经常检查，及时修整。一般可采用草帘呈屋脊状封顶，小型圆形垛可采用尖顶封顶、麦秸泥封顶、农膜封顶和草棚等形式。

(2)防止垛基受潮　要选择地势高燥的场所堆垛，垛底应尽量避免与泥土接触，要用木头、树枝、石头等垫起铺平并高出地面40～50厘米，垛底四周要挖排水沟。

(3)防止干草过度发酵与自燃　含水量在17%～18%以上时由于植物体内酶及外部微生物的活动常引起发酵，使温度上升至40～50℃。适度发酵可使草垛坚实，产生特有的香味，但过度发酵会使干草品质下降，应将干草水分含量控制在20%以下。发酵产热温度上升到80℃左右时接触新鲜空气即可引起自燃。此现象在贮藏30～40天时最易发生。若发现垛温达到65℃以上时，应立即采取相应措施，如拆垛、吹风降温等。

(4)减少胡萝卜素的损失　堆或垛外层的干草因受阳光的照射，胡萝卜素含量最低，中间及底层的干草，因挤压紧实，氧化作用较弱，胡萝卜素的损失较少。贮藏青干草时，应尽量压实，集中堆大垛，并加强垛顶的覆盖。

(5)准备消防设施，注意防火　堆垛时要根据草垛大小，将草垛间隔一定距离，防止失火后全军覆没。为防不测，提前应准备好防火设施。

2. 干草的包装

有草捆、草垛、干草块和干草颗粒等4种包装形式。

(1)草捆　常规为方形、长方形。目前我国的羊草多为长方形草捆，每捆约重50千克。也有圆形草捆，如在草地上大规模贮备草时多为大圆形草捆，其直径可达1.5～2米。

(2)草垛　是将长草吹入拖车内并以液压机械顶紧压制而成。呈长方形，每垛重1～6吨。适于在草场上就地贮存。由于体积过大，不便运输。这种草垛受风吹日晒雨淋的面积较大，若结构不紧密，可造成雨雪渗漏。

(3)干草块　是最理想的包装形式。可实行干草饲喂自动化，减少干草养分损失，消除尘土污染，采食完全，无剩草，不浪费，有利于提高牛的进食量、增重和饲料转化效率，但成本高。

(4)干草颗粒　是将干草粉碎后压制而成。优点是体积小于其他任何一种包装形式,便于运输和贮存,可防止牛挑食和剩草,消除尘土污染。

另外,也有采用大型草捆包塑料薄膜来贮存干草的。

(四)干草的品质鉴别

干草品质鉴定方法有感官(现场)鉴定、化学分析与生物技术法,生产上常通过感官鉴定判断干草品质的好坏。

1.感官鉴定

(1)颜色气味　干草的颜色是反映品质优劣最明显的标志,颜色深浅可作为判断干草品质优劣的依据。优质青干草呈绿色,绿色越深,营养物质损失越小,所含的可溶性营养物质、胡萝卜素及其他维生素越多,品质也越好。茎秆上每个节的茎部颜色是干草所含养分高低的标记,如果每个节的茎部呈现深绿色部分越长,则干草所含养分越高;若是呈现淡的黄绿色,则养分越少;呈现白色时,则养分更少,且草开始发霉;变黑时,说明已经霉烂。适时刈割的干草都具有浓厚的芳香气味,能刺激肉牛的食欲,增加适口性,若干草具有霉味或焦灼的气味,品质不佳。

(2)叶片含量　干草中叶片的营养价值较高。优良干草要叶量丰富,有较多的花序和嫩枝。叶中蛋白质和矿物质含量比茎多1～1.5倍,胡萝卜素多10～15倍,粗纤维含量比茎少50%～100%,叶营养物质的消化率比茎高40%。干草中的叶量越多,品质就越好。鉴定时可取一束干草,看叶量的多少,优良的豆科青干草叶量应占干草总重量的50%以上。

(3)牧草形态　初花期或初花期前刈割的干草中含有花蕾、未结实花序的枝条较多,叶量也多,茎秆质地柔软,适口性好,品质也佳。若刈割过迟,干草中叶量少,带有成熟或未成熟种子的枝条数目多,茎秆坚硬,适口性、消化率都下降,品质变劣。

(4)含水量　干草的含水量应为15%～18%。

(5)病虫害情况　有病虫害的牧草调制成的干草营养价值较低,且不利于家畜健康,鉴定时查其叶片上是否有病斑出现,是否带有黑色粉末等,如果发现带有病症,不能饲喂家畜。

2. 干草分级

现将一些国家的干草分级标准(表4-3至表4-6)介绍如下,作为评定干草品质的参考。

内蒙古自治区制定的青干草等级标准如下:

一等:以禾本科草或豆科草为主体,枝叶呈绿色或深绿色,叶及花序损失不到5%,含水量15%～18%,有浓郁的干草香味,但由再生草调制的优良青干草,可能香味较淡。无沙土,杂类草及不可食草不超过5%。

二等:草种较杂,色泽正常,呈绿色或淡绿。叶及花序损失不到10%,有香草味,含水量15%～18%,无沙土,不可食草不超过10%。

三等:叶色较暗,叶及花序损失不到15%,含水量15%～18%,有香草味。

四等:茎叶发黄或变白,部分有褐色斑点,叶及花序损失大于20%,香草味较淡。

五等:发霉,有霉烂味,不能饲喂。

表4-3　国外人工豆科干草的分级标准

等级	豆科(%)	有毒有害物(%)	粗蛋白质(%)	胡萝卜素(毫克/千克)	粗纤维(%)	矿物质(%)	水分(%)
1	≥90	—	≥14	≥30	≤27	≤0.3	≤17
2	≥75	—	≥10	≥20	≤29	≤0.5	≤17
3	≥60	—	≥8	≥15	≤31	≤1.0	≤17

表 4-4　国外人工禾本科干草的分级标准

等级	禾本科(%)	有毒有害物(%)	粗蛋白质(%)	胡萝卜素(毫克/千克)	粗纤维(%)	矿物质(%)	水分(%)
1	≥90	—	≥10	≥20	≤28	≤0.3	≤17
2	≥75	—	≥8	≥15	≤30	≤0.5	≤17
3	≥60	—	≥6	≥10	≤33	≤1.0	≤17

表 4-5　国外豆科和禾本科混播干草的分级标准

等级	豆科(%)	有毒有害物(%)	粗蛋白质(%)	胡萝卜素(毫克/千克)	粗纤维(%)	矿物质(%)	水分(%)
1	≥50	—	≥11	≥25	≤27	≤0.3	≤17
2	≥35	—	≥9	≥20	≤29	≤0.5	≤17
3	≥20	—	≥7	≥15	≤32	≤1.0	≤17

表 4-6　国外天然刈割草场干草的分级标准

等级	禾本科和豆科(%)	有毒有害物(%)	粗蛋白质(%)	胡萝卜素(毫克/千克)	粗纤维(%)	矿物质(%)	水分(%)
1	≥80	≤0.5	≥9	≥20	≤28	≤0.3	≤17
2	≥60	≤1.0	≥7	≥15	≤30	≤0.5	≤17
3	≥40	≤1.0	≥5	≥10	≤33	≤1.0	≤17

(五)干草的饲喂

优质干草可直接饲喂，不必加工。中等以下质量的干草喂前要铡短到 3 厘米左右，主要是防止第四胃易位和满足牛对纤维素的需要。为了提高干草的进食量，可以喂干草块。

肉牛饲喂干草等粗料，按每百千克体重计算以 1.5～2.5 千克干物质为宜。干草的质量越好，肉牛采食干草量越大，精料用量越少。按整个日粮总干物质计算，干草和其他粗料与精料的比例以 50∶50 最合理。

三、青贮调制

(一)青贮原理

青贮饲料是指在密闭的青贮设施(窖、壕、塔、袋等)中,或经乳酸菌发酵,或采用化学制剂调制,或降低水分而保存的青绿多汁饲料,白色青贮是调制和贮藏青饲料、块根块茎类、农副产品的有效方法。青贮能有效保存饲料中的蛋白质和维生素,特别是胡萝卜素的含量,青贮比其他调制方法都高;饲料经过发酵,气味芳香,柔软多汁,适口性好;可把夏、秋多余的青绿饲料保存起来,供冬春利用,利于营养物质的均衡供应;调制方法简单,易于掌握;不受天气条件的限制;取用方便,随用随取;贮藏空间比干草小,可节约存放场地;贮藏过程中不受风吹、雨淋、日晒等影响,也不会发生自燃等火灾事故。

青贮发酵是一个复杂的生物化学过程。青贮原料入窖后,附着在原料上的好气性微生物和各种酶利用饲料受机械压榨而排出的富含碳水化合物等养分的汁液进行活动,直至容器内氧气耗尽,1～3 天形成厌氧环境时才停止呼吸。乙酸菌大量繁殖,产生乙酸,酸浓度的增加,抑制了乙酸菌的繁殖。随着酸度、厌氧环境的形成,乳酸菌开始生长繁殖,生成乳酸。15～20 天后窖内温度由 33℃降到 25℃,pH 由 6 下降到 3.4～4.0,产生的乳酸达到最高水平。当 pH 下降至 4.2 以下时只有乳酸杆菌存在,下降至 3 时乳酸杆菌也停止活动,乳酸发酵基本结束。此时,窖内的各种微生物停止活动,青贮饲料进入稳定阶段,营养物质不再损失。一般情况下,糖分含量较高的原料如玉米、高粱等在青贮后 20～30 天就可以进入稳定阶段(豆科牧草需 3 个月以上),如果密封条件良好,这种稳定状态可继续数年。

玉米秸、高粱秸的茎秆含水量大，皮厚，极难干燥，因而极易发霉，及时收获制作青贮可避免霉变损失。

(二)青贮形式

1. 青贮窖青贮

青贮窖有地下式和半地下式两种，如图 4-2(a)(b)所示。

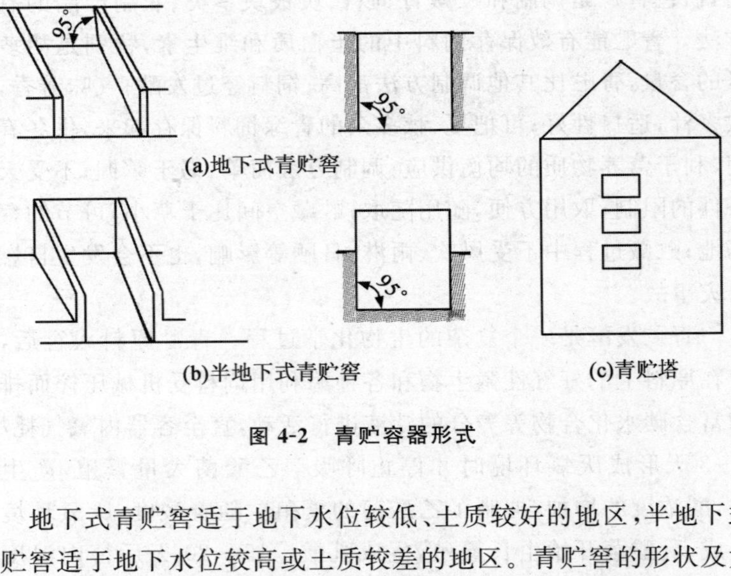

图 4-2　青贮容器形式

地下式青贮窖适于地下水位较低、土质较好的地区，半地下式青贮窖适于地下水位较高或土质较差的地区。青贮窖的形状及大小应根据肉牛的数量、青贮料饲喂时间长短以及原料的多少而定。原则上料少时宜做成圆形窖，料多时宜做成长方形窖。圆形窖直径与窖深之比为 1∶1.5。长方形窖的四壁呈 95°倾斜，即窖底的尺寸稍小于窖口，窖深以 2～3 米为宜，窖的宽度应根据牛群日需要量决定，以每日从窖的横截面取 4～8 厘米为宜，窖的大小以集中人力 2～3 天装满为宜。青贮窖最好有两个，以便轮换搞氨化秸秆用。大型窖应用链轨拖拉机碾压，宽一般取大于其链轨间距 2

倍以上，最宽 12 米，深 3 米。

窖址应选择在地势高燥、土质坚硬、地下水位低、靠近牛舍、远离水源和粪坑的地方。从长远及经济角度出发，不可采用土窖，宜修筑永久性窖，采用砖石或混凝土结构。土窖既不耐久，原料霉坏又多，极不合算。青贮窖的容量因饲料种类、含水量、原料切碎程度、窖深而变化，不同青贮饲料每立方米重量见表 4-7。

表 4-7 不同青贮饲料每立方米重量 千克

饲料名称	每立方米重量
叶菜类、紫云英	800
甘薯藤	700～750
甘薯块根、胡萝卜等	900～1 000
萝卜叶、苦荬菜	610
牧草、野青草等	600
青贮玉米、向日葵	500～550
青贮玉米秸	450～500

当全年喂青贮为主时，每头大牛需窖容 13～20 $米^3$，小牛以大牛的 1/2 来估算窖的容量，大型牛场至少应有 2 个以上的青贮窖。

2. 圆筒塑料袋青贮

选用 0.2 毫米以上厚实的塑料膜做成圆筒形，与相应的袋装青贮切碎机配套，如不移动可以做得大些，如要移动，以装满后两人能抬动为宜。塑料袋可以放在牛舍内、草棚内和院子内，最好避免直接晒太阳使塑料袋老化碎裂，要注意防鼠、防冻。

3. 草捆青贮

主要用于牧草青贮，将新鲜的牧草收割并压制成大圆草捆，装入塑料袋，系好袋口便可制成优质的青贮饲料。注意保护塑料袋，不要让其破漏。草捆青贮取用方便,在国外应用较多。

4.堆贮

堆贮是在砖地或混凝土地上堆放青贮的一种形式。这种青贮只要加盖塑料布,上面再压上石头、汽车轮胎或土就可以。但堆垛不高,青贮品质稍差。堆垛应为长方形而不是圆形,开垛后每天横切4～8厘米,保证让牛天天吃上新鲜的青贮。

另外,在国外也有用青贮塔,即为地上的圆筒形建筑,金属外壳,水泥预制件做衬里。长久耐用,青贮效果好,塔边、塔顶很少霉坏,便于机械化装料与卸料。青贮塔的高度应为其直径的2～3.5倍,一般塔高12～14米,直径3.5～6米。在塔身一侧每隔2米高开一个0.6米×0.6米的窗口,装时关闭,取空时敞开,如图4-2(c)所示。可用于制作低水分青贮、湿玉米粒青贮或一般青贮,青贮饲料品质优良,但成本高。

(三)青贮饲料的制作

1.青贮原料及其收获

许多青饲料均能青贮,以含糖量多的青饲料较好。从表4-8可以看出,含糖量高的禾本科作物或牧草容易青贮;豆科作物或牧草含蛋白高,易腐烂,难以青贮,须用其他含糖量高的禾本科青饲料与之混合青贮。

原料适时收割,可以获得最大营养物质产量,水分和可溶性碳水化合物含量适当,有利于乳酸发酵,易于调制优质青贮料。一般禾本科牧草宜在孕穗至抽穗期,豆科牧草宜在现蕾至开花初期进行收割。收获果穗后的玉米秸青贮,宜在玉米果穗成熟、玉米茎叶仅有下部1～2片叶黄时,立即收割玉米秸青贮;或玉米七成熟时,削尖青贮,但削尖时果穗上部要保留一张叶片。

表 4-8 一些青贮原料的含糖量

易于青贮的原料			不易青贮的原料		
饲料	青贮后 pH	含糖量(%)	饲料	青贮后 pH	含糖量(%)
玉米植株	3.5	26.8	草木樨	6.6	4.5
高粱植株	4.2	20.6	箭筈豌豆	5.8	3.62
菊芋植株	4.1	19.1	紫花苜蓿	6.0	3.72
向日葵植株	3.9	10.9	马铃薯茎叶	5.4	8.53
胡萝卜茎叶	4.2	16.8	黄瓜蔓	5.5	6.76
饲用甘蓝	3.9	24.9	西瓜蔓	6.5	7.38
芜菁	3.8	15.3	南瓜蔓	7.8	7.03

2. 原料含水率的调节

含水率是调制优质青贮的关键之一。普通青贮原料含水量为65%~75%。原料质地不同适宜含水量也有差别。质地粗硬的原料,含水量可高达75%~78%;收割早且幼嫩、多汁、柔软的原料,含水量以60%为宜。对含水量过高或过低的原料,青贮时均应处理或调节。通常是通过延长生育期、混贮、凋萎或添加干料等方法来进行调节。

青贮原料的含水量最好用分析方法测定。但生产实践中常难以测定,一般用手挤压大致判别:用手握紧一把切碎的原料,如水能从手指缝间滴出,其水分含量在75%~85%;如水从手指缝间渗出并未滴下来,松手后原料仍保持球状,手上有湿印,其水分在68%~75%;手松后若草球慢慢膨胀,手上无湿印,其水分在60%~67%,适于豆科牧草的青贮;如手松后草球立即膨胀,其水分约在60%以下,不宜作普通青贮,只适于幼嫩牧草低水分青贮。

3. 青贮的制作

青贮前,先将窖底及四周清扫干净,衬上塑料薄膜(水泥地面可免),将青贮原料切碎(愈短愈好,便于压实),添装到窖中,边装边压实，特别是窖的四周及四角处更要压实，一般小窖用人工踩实，大型窖则应从窖的一端开始压制，每天压制窖长方向 3～10 米，当所装原料高出窖口 60 厘米以上时，用无毒塑料薄膜(最好用双层)覆盖，塑料薄膜宜覆盖到窖口四周 1 米左右，使窖顶呈馒头状或屋脊状，以利排水和密封，然后在塑料薄膜上平铺一层薄土即可。封口时，撒上些尿素或碳铵，可减少表层饲料的霉败损失。大型青贮窖青贮制作见图 4-3。

图 4-3 大型青贮窖青贮制作示意图

封窖后 3～5 天内，应注意检查窖顶，及时填补窖顶下陷处及裂缝处，防止漏水、漏气。用禾本科植物制作的青贮，夏天一般在装窖 20 天以后就可开窖；纯豆科植物青贮，40 天以后才可开窖。长方形窖应从背风的一头开窖，每天切取 4 厘米以上。小窖可将顶部揭开，每天水平取料 5 厘米以上。取完料后再用塑料膜盖住，防止日晒雨淋和二次发酵损失。取出的青贮料应马上饲喂，冬季应放在室内或圈舍，解冻后再饲喂以免引起母牛流产。

4. 黄贮

将收获了籽实的作物秸秆切碎后喷水(或边切碎边喷水)，使秸秆含水量达到 40%。为了提高黄贮质量，可按秸秆重量的

0.2% 加入尿素，3%～5%加入玉米面，5%加入胡萝卜。胡萝卜可与秸秆一起切碎，尿素可制成水溶液均匀地喷洒于原料上。然后装窖、压实，覆盖后贮存起来，密封 40 天左右即可饲喂。

5. 尿素青贮

在一些蛋白质饲料缺乏的地区，制作尿素青贮是一种可行的方法。玉米青贮干物质中的粗蛋白含量较低，约为 7.5%，在制作青贮时，按原料的 0.5%加入尿素，这样含水 70%的青贮料干物质中即有 12%～13%的粗蛋白质，不仅提高了营养价值，还可提高牛的采食量，抑制腐生菌繁殖导致的霉变等。

制作尿素青贮时，先在窖底装 50～60 厘米厚的原料，按青贮原料的重量算出尿素需要量(可按 0.4%～0.6%的比例计算)，把尿素制成饱和水溶液(把尿素溶化在水中)，按每层应喷量均匀地喷洒在原料上，以后每装料 15 厘米厚，喷洒尿素溶液一次，如此反复直到装满窖为止，其他步骤与普通青贮相同(图 4-4)。

制作尿素青贮时，要求尿素水溶液喷洒均匀，窖存时间最好在 5 个月以上，以便于尿素渗透、扩散到原料中。饲喂尿素青贮量要逐日增加，经 7～10 天后达到正常采食量，并要逐渐降低精饲料中的蛋白质含量。

6. 青贮添加剂

(1)微生物添加剂　青绿作物叶片上天然存在的有益微生物(如乳酸菌)和有害微生物之比为 10∶1，采用人工加入乳酸菌有利于使乳酸菌尽快达到足够的数量，加快发酵过程，迅速产生大量乳酸，使 pH 下降，从而抑制有害微生物的活动。将乳酸菌、淀粉、淀粉酶等按一定比例配合起来，便可制成一种完整的菌类添加剂。使用这类复合添加剂，可使青贮的发酵变成一种快速、低温、低损失的过程，从而使青贮的成功更有把握。而且，当青贮打开饲喂时，稳定性也更好。

(2)不良发酵抑制剂　能部分或全部地抑制微生物生长。常

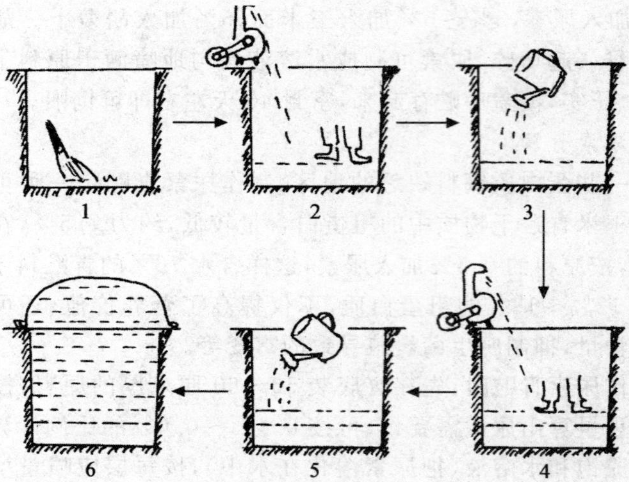

图 4-4　尿素青贮制作示意图

1. 清扫窖底　2. 装料 50～60 厘米，踩实　3. 喷入 1/M 尿素（M= 总层数）
4. 再装料 15 厘米，踩实　5. 喷入 1/M 尿素　6. 以后每装料 15 厘米踩实，喷入 1/M 尿素，装料到高出窖 1～1.5 米，用塑料薄膜密封

用的有无机酸（不包括硝酸和亚硝酸）、乙酸、乳酸和柠檬酸等，目前用得最多的是甲酸和甲醛。对糖分含量少、较难青贮的原料，可添加适量甲酸，禾本科牧草添加量为湿重的 0.3%，豆科牧草为 0.5%，混播牧草为 0.4%。

（3）好气性变质抑制剂　即抑制二次发酵的添加剂，丙酸、己酸、焦亚硫酸钠和氨等都属于此类添加剂。生产中常用丙酸及其盐类，添加量为湿重的 0.3%～0.5%时可很大程度地抑制酵母菌和霉菌的繁殖，添加量为 0.5%～1.0%时绝大多数的酵母菌和霉菌都被抑制。

（4）营养性添加剂　补充青贮饲料营养成分和改善发酵过程，常用：

①碳水化合物　常用的是糖蜜及谷类。它们既是营养成分，又能改善发酵过程。糖蜜是制糖工业的副产品，禾本科牧草或作物青贮时加入量为4%，豆科青贮为6%。谷类含有50%～55%的淀粉以及2%～3%的可发酵糖，淀粉不能直接被乳酸菌利用，但是，在淀粉酶作用下可水解为糖，为乳酸菌利用。例如，大麦粉在青贮过程中能产生相当于自身重量30%的乳酸。每吨青贮饲料可加入50千克大麦粉。

②无机盐类　青贮饲料中加石灰石不但可以补充钙，而且可以缓和饲料的酸度。每吨青贮饲料碳酸钙的加入量为4.5～5千克。添加食盐可提高渗透压，丁酸菌对较高的渗透压非常敏感而乳酸菌却较为迟钝。添加0.4%的食盐，可使乳酸含量增加，醋酸减少，丁酸更少，从而使青贮品质改善，适口性也更好。

虽然每一种添加剂都有在特定条件下使用的理由，但是，不应当由此得出结论：只有使用添加剂，青贮才能获得成功。事实上，只要满足青贮所需的条件，在多数情况下无须使用添加剂。

(四)青贮品质鉴定

青贮饲料品质的评定有感官（现场）鉴定法、化学分析法和生物技术法，生产中常用感官鉴定法。

1. 感官鉴定

通过色、香、味和质地来评定，评定标准见表4-9。

表4-9　青贮饲料感官鉴定标准

等级	颜色	酸味	气味	质地
优良	黄绿色，绿色	较浓	芳香酸味	柔软湿润，茎叶结构良好
中等	黄褐色，墨绿色	中等	芳香味弱，稍有酒精或酪酸味	柔软，稍干或水分稍多，结构变形
低劣	黑色，褐色	淡	刺鼻腐臭味	黏滑或干燥、粗硬、腐烂

2. 化学分析鉴定

(1)酸碱度　是衡量青贮饲料品质好坏的重要指标之一。实验室可用精密酸度计测定,生产现场可用精密石蕊试纸测定 pH。优良的青贮饲料,pH 在 4.4 以下,超过 4.4(低水分青贮除外)说明青贮发酵过程中,腐败菌活动较为强烈。

(2)有机酸含量　测定青贮饲料中的乳酸、醋酸和酪酸的含量是评定青贮料品质的可靠指标。优良的青贮料含有较多的乳酸,少量醋酸,而不含酪酸。品质差的青贮饲料,含酪酸多而乳酸少,见表 4-10。

一般情况下,青贮料品质的评定还要进行腐败和污染鉴定。青贮饲料腐败变质,其中含氮物质分解成氨,通过测定氨可知青贮料是否腐败。污染常是使青贮饲料变坏的原因之一,因此常将青贮窖内壁用石灰或水泥抹平,预防地下水的渗透或其他雨水、污水等流入。鉴定时可根据氨、氯化物及硫酸盐的存在来评定青贮饲料的污染度(表 4-10)。

表 4-10　青贮饲料化学分析鉴定分级　　%

等级	pH	乳酸	醋酸		酪酸		氨态氮/总氮
			游离	结合	游离	结合	
良好	3.8～4.4	1.2～1.5	0.7～0.8	0.1～0.15	—	—	<10
中等	4.5～5.4	0.5～0.6	0.4～0.5	0.2～0.3	—	0.1～0.2	15～20
低劣	5.5～6.0	0.1～0.2	0.1～0.15	0.05～0.1	0.2～0.3	0.8～1.0	>20

(五)青贮饲料饲喂

青贮原料发酵成熟后即可开窖取用,如发现表层呈黑褐色并有腐臭味以及结块霉变味时,应把表层弃掉。对于直径较小的圆形窖,应由上到下逐层取用,保持表面平整。对于长方形窖,宜从一端开始分段取用,先铲去约 1 米长的覆土,揭开塑料薄膜,由上到下逐层取用直到窖底。然后再揭去 1 米长的塑料薄膜,用同样方法取用。每次取料的厚度不应少于 9 厘米，不要挖窝掏取。每次取完后应用塑料薄膜覆盖露出的青贮料，以防雨雪落入及长时间暴露在空气中引起二次发酵，乳酸氧化为丁酸造成营养物质损失，甚至变质霉烂。

青贮饲料是肉牛的一种良好的粗饲料，一般占日粮干物质的 50％以下，初喂时有的牛不喜食，喂量应由少到多，逐渐适应后，即可习惯采食，喂青贮料后，仍需喂给精料和干草（一般 2～4 千克/天）。每天根据喂量，用多少取多少，否则容易腐臭或霉烂。劣质的青贮料不能饲喂，冰冻的青贮料应待冰融化后再喂。青贮饲料的日喂量对成年肥育牛每 100 千克体重为 4～5 千克。对犊牛，6 月龄以上一般能较好地采食，6 月龄前需要制备专用青贮饲料，3 月龄以前最好不喂青贮。

优良的青贮料，动物采食量和生产性能随青贮料消化率的提高而提高，仅喂带果穗青贮料可使肉牛的日增重维持在 0.8～1.0 千克。青贮饲料的饲养价值受牧草干物质、青贮添加物和牧草切短程度等的影响。

四、秸秆加工

目前我国加工调制秸秆与农副产品的方法很多，有物理、化学和生物学方法。物理法有切碎、粉碎、浸泡、蒸煮、射线照射等，化学法有碱化、氨化、酸化、复合处理等，生物法主要有微贮等，但应用效果较好的是化学方法。

（一）碱化

秸秆类饲料主要有稻草、小麦秸、玉米秸、谷草、高粱秸等，其中稻草、小麦秸和玉米秸是我国乃至世界各国的三大主要秸秆。这三类秸秆的营养价值很低，且很难消化，尤其是小麦秸。如果能将其进行碱化处理，不仅可提高适口性，增加采食量，而且可使消化率在原来基础上提高 50%以上，从而提高饲喂效果。

1. 石灰水碱化法

先将秸秆切短，装入水池、水缸等不漏水的容器内，然后倒入 0.6%的石灰水溶液，浸泡秸秆 10 分钟。为使秸秆全部被浸没，可在上面压一重物。之后将秸秆捞出，置于稍有坡度的石头、水泥地面或铺有塑料薄膜的地上，上面再覆盖一层塑料薄膜，堆放 1～2 天即可饲喂。注意选用的生石灰应符合卫生条件，各有害物质含量不超过标准。

2. 氢氧化钠碱化法

湿碱化法是将切碎的秸秆装入水池中，用氢氧化钠溶液浸泡后捞出，清洗，直至秸秆没有发滑的感觉，控去残水即可湿饲。池中氢氧化钠可重复使用(图 4-5)。

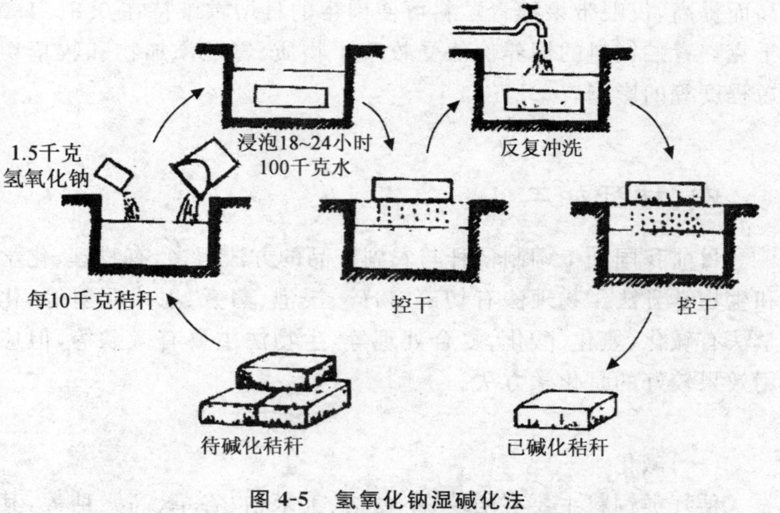

图 4-5　氢氧化钠湿碱化法

也有把秸秆切碎，按每百千克秸秆用 13%～25%氢氧化钠溶液 30 千克喷洒，边喷边搅拌，使溶液全部被吸收，搅匀后堆放在水泥、石头或铺有塑料薄膜的地面上，上面再罩一层塑料薄膜，几天后即可饲喂。

用氢氧化钠处理（碱化）秸秆，提高了采食量、消化率和牛的日增重，但碱化秸秆使牛饮水量增大，排尿量增加，尿中钠的浓度增加，用其施肥后容易使土壤碱化。

（二）氨化

秸秆经氨化后，可提高有机物消化率和粗蛋白含量；改善适口性，提高采食量和饲料利用效率；氨还可防止饲料霉坏，使秸秆中夹带的野草籽不能发芽繁衍。目前氨化处理常用液氨、氨水、尿素和碳铵等。

1. 液氨氨化

液氨又名无水氨，在常温常压下为无色气体，有强烈刺激气味，在常温下加压可液化，故通常保存于钢瓶中。

用液氨处理秸秆时，应先将秸秆堆垛，通常有打捆堆垛和散草堆垛两种形式。在高燥平坦的地面上，铺展无毒聚乙烯塑料薄膜，把打捆的或切碎的秸秆堆垛。在堆垛过程中，均匀喷洒一些水在草捆或散草上，使秸秆含水量约为 20%（一般每百千克秸秆再喷洒 8～11 千克水）。垛的大小可根据秸秆量而定，大垛可节省塑料薄膜，但易漏气，不便于补漏，且堆垛时间延长，容易引起秸秆发霉腐烂。一般掌握为垛高 2～3 米，宽 2～3 米，长度依秸秆量而定。用塑料薄膜把整垛覆盖，和地上的塑料膜在四边重合 0.5～1 米，然后折叠好，用泥土压紧。垛顶应堆成屋脊形或蒙古包形，便于排雨水，上面再压上木杠、废轮胎等重物。打捆堆垛时为使垛牢固，可用绳子纵横捆牢。最后将液氨罐或液氨车用多孔的专用钢管每隔 2 米插入草堆通氨，总氨量为秸秆量的 3%。通氨完毕，拔出钢管，立即用胶布，将塑膜破口贴封好（图 4-6）。

图 4-6　整捆堆垛氨化秸秆制作示意图

(a)地面砌一水泥平台，高 10～15 厘米，宽 2～4 米，长则按制作量而定　(b)把整捆麦秸用水喷洒(100 千克秸秆喷洒 8～11 千克水)，码垛高 2～3 米　(c)用厚无毒塑料薄膜密封，四周用石块和沙土把塑料薄膜边压紧密封，用带孔不锈钢管按每隔 2 米插入，接上高压气管，通入氨气。为避免风把塑料薄膜刮掉，每隔 1～1.5 米，用绳子两端各拴 5～10 千克石块，搭在草垛上，把垛压紧

液氨堆垛氨化秸秆时，要防鼠害及人畜践踏塑料膜而引起漏气。为避免这一点，也可用氨化炉处理(图 4-7)。

图 4-7　小型以煤为能源的氨化炉示意图

1. 不锈钢加热板　2. 板上放碳酸氢铵　3. 炉膛　4. 灰坑　5. 烟道　6. 带隔热层炉墙(氨化炉壁)　7. 带隔热层炉门(用电作能源更好操作)

氨化时间与温度有关(表 4-11),所以堆垛氨化在冬季需要密封 8 周以上,夏季密封 2 周以上。如用氨化炉,温度不能超过 70℃,否则会产生有毒物质 4-甲基异吡唑,氨化好后,将草车拉出,任其通风,放掉余氨晾干后贮存、饲喂。

表 4-11　环境温度与氨化时间

环境温度(℃)	氨化时间(天)	环境温度(℃)	氨化时间(天)
0～5	>56	20～30	7～21
5～15	28～56	30～45	3～7
15～20	14～28	70	0.5～1

2. 尿素和碳铵氨化

尿素和碳铵已成为我国广大农民普遍使用的化肥。它来源广,使用方便,效果仅次于液氨,被各地广泛采用。氨对人体有害,液氨处理不当时,会引起中毒甚至死亡,而且液氨运输、储存不便,应以尿素或碳铵氨化更安全,适应性更广。

尿素、碳铵氨化秸秆可用垛或窖的形式处理。其制作过程类似于制尿素青贮,不过秸秆的含水量应控制在 35%～45%;尿素的用量为 3%～5%,碳铵用量为 6%～12%。把尿素或碳铵溶于水中搅拌,待其完全溶解后,喷洒于秸秆上,搅拌均匀。边装窖边稍踩实,但不能全踩实,否则氨气流通不畅,不利于氨化,使氨化秸秆品质欠佳。用碳铵时,由于碳铵分解慢,受温度高低左右,以夏天采用较好。开窖(垛)后晾晒时间应长些,以使残余碳铵分解散失,避免牛多吃引起氨中毒。

氨化秸秆品质鉴别有感官鉴定、化学分析和生物技术法。生产中常用感官鉴定法进行现场评定,是通过检查氨化饲料的色泽、气味和质地,以判别其品质优劣。一般分为 4 个等级,如表 4-12 所示。

表 4-12　氨化饲料品质感官鉴定等级

等级	色泽	气味	质地
优良	褐黄	糊香	松散柔软
良好	黄褐	糊香	较柔软
一般	黄白或褐黑	无糊香或微臭	轻度黏性
劣质	灰白或褐黑	刺鼻臭味	黏结成块

氨化成熟的秸秆,需要取出在通风、干燥、洁净的水泥或砖铺地面上摊开、晾晒至水分低于 14%后贮存。切不可从窖中取出后马上饲喂,虽表面无氨味,但秸秆堆内部仍有游离氨气,须晒干再喂,以免氨中毒。

氨化秸秆可作为成年役牛或 1～2 岁阉牛的主要饲料,每日可喂 8～11 千克,根据体重大小有所不同;肉用或肉役兼用青年母牛,每日可喂 5～8 千克氨化秸秆;生长或肥育牛可根据体重和日增重给予氨化秸秆。例如,3%液氨处理的小麦秸、玉米秸、稻草喂黄牛,比未经氨化的日增重分别提高 13.8%、37%、16%,每增重 1 千克分别减少精料耗量 2.62 千克、0.49 千克、0.42 千克。

(三)复合化学处理

用尿素单独氨化秸秆时,秸秆有机物消化率不及用氢氧化钠或氢氧化钙碱化处理;用氢氧化钠或氢氧化钙单独碱化处理秸秆虽能显著提高秸秆的消化率,但发霉严重,秸秆不易保存。二者互相结合,取长补短,既可明显提高秸秆消化率与营养价值,又可防止发霉,是一种较好的秸秆处理方法。

复合化学处理与尿素青贮方法相同。根据中国农业大学研究成果:按秸秆含水量 40%计算出加水量,按每百千克秸秆干物质计算,分别加尿素和氢氧化钙 2～4 千克和 3～5 千克,溶于所加入的水中,将溶液均匀喷洒于秸秆上,封窖即可。

根据秸秆营养价值改进研究课题组(国家“八五”攻关课题)山西农业大学子课题组的研究:小麦秸按每百千克加入碱法造纸第一次废液 20 千克,均匀喷洒于麦秸上,或按 0.6%加入食盐,再通入 3 千克液氨,进行复合化学处理,可明显提高秸秆中粗蛋白质含量,提高消化率、采食量和日增重等,较普通氨化效果好。

(四)物理加工

1. 铡短和揉碎

将秸秆铡成 2～3 厘米长短,可使食糜通过消化道的速度加快,从而增加了采食量和采食率。以玉米秸为例,喂整株秸秆时,采食率不到 40%;将秸秆切短到 3 厘米时,采食率提高到 60%～70%;铡短到 1 厘米时,采食率提高到 90%以上。粗饲料常用揉碎机,如揉搓成柔软的“麻刀”状饲料,可把采食率提高到近 100%,而且保持有效纤维素含量。

2. 制粒

把秸秆粉制成颗粒,可提高采食量和增重的利用效率,但消化率并未提高。颗粒饲料质地坚硬,能满足瘤胃的机械刺激,在瘤胃内降解后,有利于微生物发酵及皱胃的消化。草粉的营养价值较低,若能与精料混合制成颗粒饲料,则能获得更好的效果(表 4-13)。

牛的颗粒饲料可较一般畜禽的大些。试验表明,颗粒饲料可提高采食量,即使在采食量相同的情况下,其利用效率仍高于长草。但制作过程所需设备多,加工成本高,各地可酌情使用。

表 4-13　颗粒饲料配方例　　克/千克

玉米秸	玉米粉	豆饼	棉籽饼	小麦麸	磷酸氢钙	食盐	碳酸氢钠
600	125	166	51	33	19	4	2

3. 麦秸碾青

将 30～40 厘米厚的青苜蓿夹在上下各有 30～40 厘米厚的麦秸中进行碾压，使麦秸充分吸附苜蓿汁液，然后晾干饲喂。这种方法减少了制苜蓿干草的机械损失和曝晒损失，较完整地保存了其营养价值，而且提高了麦秸的适口性。

第二节 精饲料与优质牛肉生产

精饲料一般指容重大、纤维成分含量低（干物质中粗纤维含量低于 18%）、可消化养分含量高的饲料，主要有谷物籽实（玉米、高粱、大麦等），豆类籽实，饼粕类（大豆饼粕、棉籽饼粕、菜籽饼粕等），糠麸类（小麦麸、米糠等），草籽树实类，淀粉质的块根、块茎类（薯类、甜菜），工业副产品（玉米淀粉渣、DDGS、啤酒糟、豆腐渣等），酵母类，油脂类，棉籽等饲料原料和多种饲料原料按一定比例配制的精料补充料。

精饲料能为肉牛提供能量和蛋白质，精料供给量应根据肉牛增重速度而定。精料量过大，淀粉含量高，淀粉的发酵速度较快，产酸量大，若超过瘤胃吸收速度和唾液中和能力，则使瘤胃 pH 迅速下降，当瘤胃 pH 低于 5.4 时，分解淀粉的微生物被抑制，转为乳酸发酵，乳酸吸收慢，造成瘤胃 pH 进一步下降，造成瘤胃酸中毒。产生的乳酸有 *L*-乳酸和 *D*-乳酸，因牛肝脏中缺乏 *D*-乳酸酶，*D*-乳酸难以被降解利用与排出，逐渐积累使酸中毒加剧。因此，高淀粉日粮需要添加缓冲剂或保证有效纤维含量。蛋白质降解率是影响育肥速度的关键因素之一。由于日粮蛋白质和氨基酸在瘤胃中大量降解，当增重速度高时，到达小肠的氨基酸的量可能不足以支持较高的育肥速度，故应增加小肠氨基酸特别是必需氨基酸的供应量，方法之一是使用蛋白质降解率低的饲料，如菜粕、棉粕、甲醛处理豆粕等。脂肪是高浓度能源物质，因此在日粮内添加脂肪能提高肉牛的能量进食量、满足肉牛高增重的能量需求。日粮中添加未保护脂肪以日粮脂肪含量6%为限度，若添加保护脂肪（酪蛋白甲醛法、氨基酸酰胺法、钙皂法）则以9%为限度，但保护脂肪的性质将影响牛肉的品质和经济性，且需要注意满足钙和镁的需要量。

精饲料在贮存、运输过程中保管不善，受热、受潮，各种微生物就会在饲料中生长繁殖并产生有毒有害物质，不仅使饲料品质下降，而且导致动物中毒，如饼粕类饲料受潮霉变后，产生大量的黄曲霉毒素、赤霉菌素等，对肉牛脏器有很强的致癌作用。尤其是黄曲霉毒素对肉牛的危害最大，可引起流产、死胎、胎儿畸形、犊牛生长发育迟缓，甚至中毒死亡。虽然成年肉牛的耐受力较强，但肉品中残留有毒物质。新农药和其他化学品的不断合成，其中有的尚未完成安全性试验即大量投放市场，甚至滥用或不合理地使用都会影响饲料质量和肉牛健康。随着工业化的迅速发展，工业三废（废水、废气和废渣）处理不当而污染环境和饲料，导致肉牛中毒性疾病的事件与日俱增。

一、精饲料原料种类与选购

精饲料原料种类主要有能量饲料、蛋白质饲料、矿物质饲料、维生素饲料以及饲料添加剂等，详见国家颁布的饲料原料目录。

应选用无毒、无害的饲料原料，同时应注意：不应使用未取得产品进口登记证的境外饲料和饲料添加剂；不应在饲料中使用违禁的药物或饲料添加剂；所使用的工业副产品饲料应来自生产绿色食品和无公害食品的副产品；严格执行《饲料和饲料添加剂管理条例》有关规定；严格执行《农业转基因生物安全管理条例》有关规定;栽培饲料作物的农药使用按 GB 4285 规定执行。

原料采购过程中要保证采购质量合格的原、副料,采购人员必须掌握和了解原、副料的质量性能和质量标准;订立明确的原料质量指标和赔偿责任合同,做到优质优价。在原料产地,要实地检查原料的感官特性、色泽、比重、粗细度及其生产工艺,充分了解供货方信誉度及原料质量的稳定程度等。要了解本厂的生产使用情况,熟知原料的库存、仓容和用量情况,防止造成原料积压或待料停产,出现生产与使用脱节的局面;原料进厂,须按批次严格检验产地、名称、品种、数量、等级、包装等情况,并根据不同原料确定不同检测项目。

二、精饲料加工与贮藏

肉牛的日粮由粗饲料和精料组成,在我国粗饲料与国外不同,基本上以农作物秸秆为主,质量较差,因而对精料补充料的营养、品质要求高。肉牛精料补充料的生产工艺流程如图 4-8 所示。

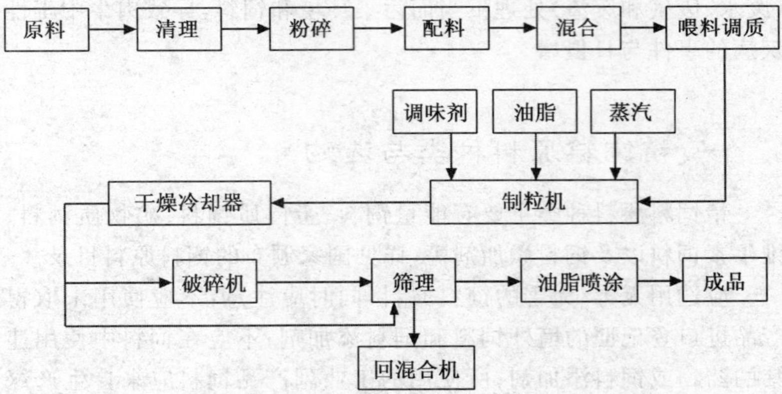

图 4-8　肉牛精料补充料生产工艺流程

(一)清理

在饲料原料中,蛋白质饲料、矿物性饲料及微量元素和药物等添加剂的杂质清理均在原料生产中完成,液体原料常在卸料或加料的管路中设置过滤器进行清理。需要清理的主要是谷物饲料及其加工副产品等,主要清除其中的石块、泥土、麻袋片、绳头、金属等杂物。有些副料由于在加工、搬运、装载过程中可能混入杂物,必要时也需清理。清除这些杂物主要采取的措施如下:利用饲料原料与杂质尺寸的差异,用筛选法分离;利用导磁性的不同,用磁选法磁选;利用悬浮速度不同,用吸风除尘法除尘。有时采用单项措施,有时采用综合措施。

(二)粉碎

饲料粉碎是影响饲料质量、产量、电耗和成本的重要因素。粉碎机动力配备占总配套功率的 1/3 或更多。常用的粉碎方法有击碎(爪式粉碎机、锤片粉碎机)、磨碎(钢磨、石磨)、压碎、锯切碎(对辊式粉碎机、辊式碎饼机)。各种粉碎方法在实际粉碎过程中很少单独应用,往往是几种粉碎方法联合作用。粉碎过程中要控制粉碎粒度及其均匀性。

(三)配料

配料是按照饲料配方的要求,采用特定的配料装置,对多种不同品种的饲用原料进行准确称量的过程。配料工序是饲料工厂生产过程的关键性环节。配料装置的核心设备是配料秤。配料秤性能的好坏直接影响着配料质量的优劣。配料秤应具有较好的适应性,不但能适应多品种、多配比的变化,而且能够适应环境及工艺形式的不同要求,具有很高的抗干扰性能。配料装置按其工作原理可分为重量式和容积式两种,按其工作过程又可分为连续式和分批式两种。配料精度的高低直接影响到饲料产品中各组分的含量,对肉牛的生产影响极大。其控制要点是:选派责任心强的专职人员把关。每次配料要有记录,严格操作规程,搞好交接班;配料秤要定期校验;每次换料时,要对配料设备进行认真清洗,防止交叉污染;加强对微量添加剂、预混料尤其是药物添加剂的管理,要明确标记,单独存放。

(四)混合

混合是生产配合饲料中,将配合后的各种物料混合均匀的一道关键工序,它是确保配合饲料质量和提高饲料效果的主要环节。同时在饲料工厂中,混合机的生产效率决定工厂的规模。饲料中的各种组分混合不均匀,将显著影响肉牛生长发育,轻者降低饲养效果,重者造成死亡。

常用混合设备有卧式混合机、立式混合机和锥形混合机。为保证最佳混合效果,应选择适合的混合机,如卧式螺带混合机使用较多,生产效率较高,卸料速度快。锥形行星混合机虽然价格较高,但设备性能好,物料残留量少,混合均匀度较高,并可添加油脂等液体原料,较适用于预混合;进料时先把配比量大的组分大部分投入机内后,再将少量或微量组分置于易分散处;定时检查混合均匀度和最佳混合时间;防止交叉污染,当更换配方时,必须对混合机彻底清洗;应尽量减少混合成品的输送距离,防止饲料分级。

(五)制粒

随着饲料工业和现代养殖业的发展,颗粒饲料所占的比重逐步提高。颗粒饲料主要是由配合粉料等经压制制成的颗粒状饲料。颗粒饲料虽然要求的生产工艺条件较高,设备较昂贵,成本有所增加,但颗粒配合饲料营养全面,免于动物挑食,能掩盖不良气味,减少调味剂用量,在贮运和饲喂过程中可保持均一性,经济效益显著，故得到广泛采用和发展。颗粒形状均匀，表面光泽，硬度适宜。颗粒直径断奶犊牛为 8 毫米，超过 4 个月的肉牛为 10 毫米，颗粒长度以直径的 1.5～2.5 倍为宜；含水率 9%～14%，南方在 12.5%以下，以便贮存；颗粒密度（比重）将影响压粒机的生产率、能耗、硬度等，硬颗粒密度以 1.2～1.3 克/厘米^3，强度以0.8～1.0 千克/厘米^2 为宜；粒化系数要求不低于 97%。

（六）贮存

精饲料一般应贮存于料仓中（图 4-9）。料仓应建在高燥、通风、排水良好的地方，具有防淋、防火、防潮、防鼠雀的条件。不同的饲料原料可袋装堆垛，垛与垛之间应留有风道以利通风。饲料也可散放于料仓中，用于散放的料仓，其墙角应为圆弧形，以便于取料，不同种类的饲料用隔墙隔开。料仓应通风良好，或内设通风换气装置。以金属密封仓最好，可把氧化、鼠害和雀害降到最低；防潮性好，避免大气湿度变化造成返潮；消毒、杀虫效果好。

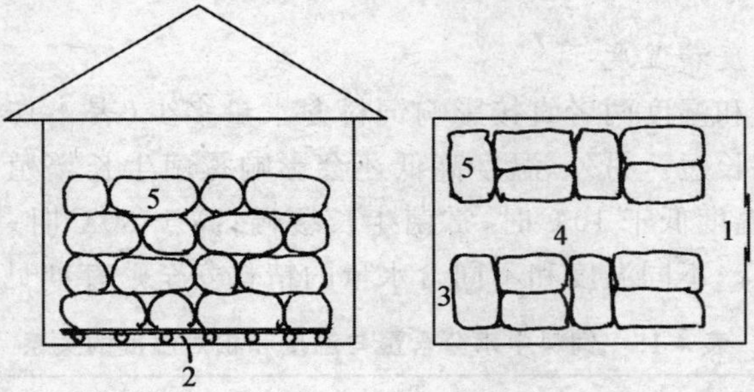

图 4-9　农户饲料仓储示意图

1. 密封防鼠门　2. 木制或金属制垫货架，使饲料与地面有 15～20 厘米的空隙　3. 料垛与墙间隔空隙不少于 15 厘米　4. 走道宽 1.2～1.5 米，便于运送饲料和质量监控　5. 袋装饲料

贮存饲料前，先把料仓打扫干净，关闭料仓所有窗户、门、风道等，用磷化氢或溴甲烷熏蒸料仓后，即可存放。

精饲料贮存期间的受损程度，由含水量、温度、湿度、微生物、虫害、鼠害等储存条件而定。

1. 含水量

不同精料贮存时对含水量要求不同(表 4-14)，水分大会使饲料霉菌、仓虫等繁殖。常温下含水量 15%以上时，易长霉，最适宜仓虫活动的含水量为 13.5%以上；各种害虫，都随含水量增加而加速繁殖。

表 4-14　不同精料安全贮存的含水量 %

精料种类	含水量	精料种类	含水量
玉米	≤12.5	燕麦	≤13
稻谷	≤13.5	米糠	≤12
高粱	≤13	麸皮	≤13
大麦	≤12.5	饼类	8～11

2. 温度和湿度

温度和湿度两者直接影响饲料含水量多少(表 4-15)，从而影响贮存期长短。另外，温度高低还会影响霉菌生长繁殖。在适宜湿度下，温度低于 10℃时，霉菌生长缓慢；高于 30℃时，则将造成相当危害。不同温度和不同含水量的精料安全贮存期见表 4-16。

表 4-15　饲料中水分含量与温度和相对湿度的关系 %

饲料种类	温度(℃)	相对湿度(%)					
		50	60	70	80	90	100
苜蓿粉	29	10.0	11.5	13.8	17.4		
米糠	21～27			14.0	18.0	22.7	38.0
大豆	25	8.0	9.3	11.5	14.5	18.8	

表 4-16 不同条件下精料安全贮存期 天

温度(℃)	水分含量(%)				
	14	15.5	17	18.5	20
10	256	128	64	32	16
15	128	64	32	16	8
21	64	32	16	8	4
27	32	16	8	4	2
32	16	8	4	2	1
38	8	4	2	1	0

3. 虫害和鼠害

在 28～38℃时最适宜害虫生长，低于 17℃时，其繁殖受到影响，因此饲料贮存前，仓库内壁、夹缝及死角应彻底清扫，并在 30℃左右温度下熏蒸磷化氢，使虫卵和老鼠均被毒死。

4. 霉变

霉菌生长的适应温度为 5～35℃，尤其在 20～30℃时生长最旺盛。防止饲料霉变的根本办法是降低饲料含水量或隔绝氧气，必须使含水量降到 13%以下，以免发霉。如米糠由于脂肪含量高达 17%～18%，脂肪中的解脂酶可分解米糠中的脂肪，使其氧化酸败不能作饲料；同时，米糠结构疏松，导热不良，吸湿性强，易招致虫螨和霉菌繁殖而发热、结块甚至霉变，因此米糠只宜短期存放。存放时间较长时，可将新鲜米糠烘炒至 90℃，维持 15 分钟，降温后存放。麸皮与米糠一样不宜长期贮存，刚出机的麸皮温度很高，一般在 30℃以上，应降至室温再贮存。

第三节　副料的选择及处理

一、糟渣类

(一)甜菜渣

甜菜渣是甜菜制糖时压榨后的残渣,新鲜甜菜渣含水量70%～80%,适口性好,易消化。干甜菜渣为灰色或淡灰色,略具甜味,呈粉或丝状,无氮浸出物含量可达56.5%,而粗蛋白质和粗脂肪少。粗纤维含量多,但较易消化。矿物质中钙多磷少,维生素中除烟酸含量稍多外,其他均低。甜菜渣中含有较多的游离有机酸,喂量过多易引起腹泻。每天的喂量为:肉牛40千克,犊牛和种公牛应少喂或不喂。饲喂时,应适当搭配一些干草、青贮料、饼粕、糠麸、胡萝卜,以补充其不足的养分。

(二)饴糖渣

饴糖渣的营养成分视原料和加工工艺而有所不同。一般来讲,饴糖渣含糖高,含粗纤维低,还含有一定量的粗蛋白和粗脂肪,饲用价值与谷类相近,高于糠麸。饴糖渣味甜香,消化率高,是饲料中的优良调味品。

(三)啤酒糟

啤酒糟是大麦提取可溶性碳水化合物后的残渣,故其成分除淀粉少外,其他与大麦组成相似,但含量按比例增加。干物质中粗蛋白质含量为22%～27%,氨基酸组成与大麦相似。粗纤维含量较高，矿物质、维生素含量丰富。粗脂肪高达5%～8%，其中亚油酸占50%以上。无氮浸出物39%～43%，以五碳糖类戊聚糖为主，多用于反刍动物饲料，效果较好。用于肉牛，可取代部分或全部大豆饼粕，可改善尿素利用效果，防止瘤胃不全角化和消化障碍。犊牛饲料中使用20%的啤酒糟也不影响生长。

(四)白酒糟

用富含淀粉的原料（如高粱、玉米、大麦等）酿造白酒，所得的糟渣副产品即为白酒糟。就粮食酒来说，由于酒糟中可溶性碳水化合物发酵成醇被提取，其他营养成分如蛋白质、脂肪、粗纤维与灰分等含量相应提高，而无氮浸出物相应降低。而且由于发酵使B族维生素含量大大提高，也产生一些未知生长因子。酒糟中各营养物质消化率与原料相比没有差异，因而其能值下降不多。但是在酿酒过程中，常常加入20%～25%的稻壳，这使粗纤维含量较高，营养价值大为降低。酒糟对肉牛有良好的饲用价值，可占精料总量的50%以下。

(五)豆腐渣

以大豆为原料制造豆腐的副产品。鲜豆腐渣水分含量高，可达78%～90%，干物质中粗蛋白和粗纤维含量高，维生素大部分转移到豆浆中。它和豆类一样含有抗胰蛋白酶等有害因子，故需煮熟后利用。鲜豆腐渣经干燥、粉碎后可作配合饲料原料，但加工成本高。鲜豆腐渣是牛良好的多汁饲料。

(六)粉渣

以豌豆、蚕豆、马铃薯、甘薯、木薯等为原料生产淀粉、粉丝、粉条、粉皮等食品的残渣。由于原料不同，其营养成分也有差异。鲜粉渣的含水量很高，可达80%～90%，因其中含有可溶性糖，易引起乳酸菌发酵而带酸味，pH 一般为 4.0～4.6，存放时间愈长，酸度愈大，且易被霉菌和腐败菌污染而变质，丧失饲用价值，故用作饲料时需进行干燥处理。干粉渣的主要成分为无氮浸出物，粗纤维含量较高，蛋白质、钙、磷含量较低。粉渣是肉牛的良好饲料，但不宜单喂，最好和其他蛋白质饲料、维生素类等配合饲喂。

(七)苹果渣

苹果渣主要是罐头厂的下脚料，其中大部分是苹果皮、核及不适于食用的废果。其成分特点是无氮浸出物和粗纤维含量高，而蛋白质含量较低，并含有一定量的矿物质和丰富的维生素。鲜苹果渣可直接喂牛，也可以晒干制粉后用作饲料原料。苹果渣营养丰富，适口性好，多用作肉牛饲料，可占精料的 50%。此外也可制成青贮料使用。编者曾以苹果渣代替 20%的精料饲喂肥育肉牛，日增重差异不显著，表明苹果渣可以替代部分精料，从而降低饲养成本。

二、粮食加工副产品

(一)米糠与脱脂米糠

稻谷的加工副产品称为稻糠，稻糠可分为砻糠、米糠和统糠。砻糠是粉碎的稻壳；米糠是糙米精制成大米时的副产品，由种皮、糊粉层、胚及少量的胚乳组成；统糠是米糠与砻糠的混合物；榨油后为脱脂米糠。

米糠的营养价值受大米加工精制程度的影响，精制程度越高，则米糠中混入的胚乳就越多，其营养价值也就越高。粗蛋白质含量比麸皮低，但比玉米高；粗脂肪含量可达 15%，脂肪酸多属不饱和脂肪酸；富含维生素 E，B 族维生素含量也很高，但缺乏维生素 A、维生素 D、维生素 C；粗灰分含量高，钙、磷比例极不平衡，磷含量高，锰、钾、镁含量较高；含有胰蛋白酶抑制因子，加热可使其失活，否则采食过多易造成蛋白质消化不良。此外，米糠中脂肪酶活性较高，长期贮存易引起脂肪变质。米糠用作牛饲料，适口性好，能值高，在肉牛精料中可用至 20%。

(二)小麦麸

小麦麸俗称麸皮，来源广，数量大，是我国北方畜禽常用的饲料原料，全国年产量可达 400 万～600 万吨。根据小麦加工工艺不同，小麦麸的营养质量差别很大。“先出麸”工艺是：麦子剥三层皮，头碾麸皮、二碾麸皮是种皮，其营养价值与秸秆相同，三碾麸皮含胚，营养价值高，这种工艺的麸皮是头碾麸皮、二碾麸皮和三碾麸皮及提取胚后的残渣的混合物，其营养远不及传统的“后出麸”工艺麸皮。小麦麸容积大，纤维含量高，适口性好，是肉牛优良的饲料原料。根据小麦麸的加工工艺及质量，肉牛精料中可用到 30%，但用量太高反而失去效果。

(三)大麦麸

大麦麸是加工大麦时的副产品，分为粗麸、细麸及混合麸。粗麸多为碎大麦壳，因而粗纤维高。细麸的能量、蛋白质及粗纤维含量皆优于小麦麸。混合麸是粗细麸混合物，营养价值也介于两者之间。可用于肉牛，在不影响热能需要时可尽量使用，对改善肉质有益，但生长期肉牛仅可使用 10%～20%，太多会影响生长。

(四)玉米糠

玉米糠是玉米制粉过程中的副产品之一，主要包括种皮、胚和少量胚乳，可作为肉牛的良好饲料。玉米品质对成品品质影响很大，尤其含黄曲霉毒素高的玉米，玉米糠中毒素的含量约为原料玉米的 3 倍之多，这一点应注意。

(五)高粱糠

高粱糠是加工高粱的副产品,其消化能和代谢能都比小麦麸高,但因其中含有较多的单宁,适口性差,易引起便秘,故喂量应控制。在高粱糠中,若添加5%的豆饼,再与青饲料搭配喂牛,则其饲用价值将得到明显提高。

(六)谷糠

谷糠是谷子加工小米的副产品,其营养价值随加工程度而异,粗加工时,除产生种皮和秕谷外,还有许多颖壳,这种谷糠粗纤维含量很高,可达23%以上,而蛋白质只有7%左右,营养价值接近粗饲料。

三、多汁饲料

块根块茎类多汁饲料包括木薯、甘薯、马铃薯、胡萝卜、饲用甜菜、芜菁甘蓝、菊芋及南瓜等,这类饲料含水量高,容积大,但以干物质计其能值类似于谷实类,且粗纤维和蛋白质含量低,故应属于能量饲料。

(一)甘薯

甘薯又名红薯、白薯、番薯、地瓜等,是我国种植最广、产量最大的薯类作物。新鲜甘薯是一种高水分饲料,含水量约70%,作为饲料除了鲜喂、熟喂外,还可以切成片或制成丝再晒干粉碎成甘薯粉使用。甘薯的营养价值比不上玉米,其成分特点与木薯相似,但不含氢氰酸。甘薯粉中无氮浸出物占80%,其中绝大部分是淀粉,可作为反刍家畜良好的热能来源。蛋白质含量低,且含有胰蛋白酶抑制因子,但加热可使其失活,提高蛋白质消化率。鲜甘薯忌冻，必须贮存在10～15℃的环境下才比较安全。保存不当时，会生芽或出现黑斑。黑斑甘薯有苦味，牛吃后易引发喘气病，严重者死亡。甘薯制成甘薯粉后便于贮藏，但仍需注意勿使其发霉变质。

（二）马铃薯

马铃薯又称土豆、地蛋、山药蛋、洋芋等，我国主要产区是东北、内蒙古及西北黄土高原，华北平原也有种植。马铃薯块茎中含淀粉80%，粗蛋白质11%左右。马铃薯中含有有毒的龙葵素（茄素），采食过多会使家畜中毒。另外还含有胰蛋白酶抑制因子，妨碍蛋白质的消化。成熟而新鲜的马铃薯块茎中毒素含量不多（0.005%～0.01%），对肉牛适口性好。当马铃薯贮存不当而发芽变绿时，龙葵素就会大量生成，一般在块茎青绿色皮上、芽眼及芽中最多。所以应科学保存，尽量避免其发芽、变绿，对已发芽变绿的块茎，喂前注意除去嫩芽及发绿部分，并进行蒸煮，且煮过的水不能利用。

（三）胡萝卜

胡萝卜产量高、易栽培、耐贮藏、营养丰富，是家畜冬、春季重要的多汁饲料。胡萝卜的营养价值很高，大部分营养物质是无氮浸出物，并含有蔗糖和果糖，故有甜味。胡萝卜素尤其丰富，为一般牧草饲料所不及。胡萝卜还含有大量的钾盐、磷盐和铁盐等。一般来说，颜色愈深，胡萝卜素和铁盐含量愈高，红色的比黄色的高。生产中，在青饲料缺乏季节，向干草或秸秆比重较大的日粮中添加一些胡萝卜，可改善日粮口味，调节消化机能。对于种牛，饲喂胡萝卜供给丰富的胡萝卜素，对于公畜精子的正常生成及母畜的正常发情、排卵、受孕与怀胎，都有良好作用。胡萝卜熟喂，其所含的胡萝卜素、维生素C及维生素E会遭到破坏，最好生喂，一般肉牛日喂15～20千克。

第四节 肉牛全混合日粮加工技术

全混合日粮(total mixed ration,TMR)是根据肉牛在不同生长发育和生产阶段的营养需要,按营养专家设计的日粮配方,用特制的搅拌机将粗饲料、青饲料、青贮饲料和精料补充料按比例充分进行搅拌、切割、混合加工而成的一种营养相对平衡的混合饲料。

一、全混合日粮的配制原则

(一)注意适口性和饱腹感

肉牛日粮配制时必须考虑饲料原料的适口性,要选择适口性好的原料,确保肉牛采食量。同时,要兼顾肉牛是否能够有饱腹感,并满足肉牛最大干物质采食量的需要。

(二)满足营养需要

肉牛全混合日粮的配制要符合肉牛饲养标准,并充分考虑实际生产水平。要满足一定体重阶段预计日增重的营养需要,喂量可高出饲养标准的1%～2%,但不应过剩。

(三)适宜的精粗比例

肉牛日粮精粗饲料比例根据粗饲料的品质优劣和肉牛生理阶段以及育肥时期不同而有所区别。一般按精粗比(30～70):(70～30)搭配,确保中性洗涤纤维(NDF)占日粮干物质至少达28%,其中粗饲料的NDF占日粮干物质的21%以上,酸性洗涤纤维(ADF)占日粮18%以上。

(四)原料组成多样化

肉牛日粮原料品种要多样化,不要过于单调,要多种饲料搭配,便于营养平衡、全价。尽量采用当地资源,充分利用下脚料、副产品,以降低饲养成本。

(五)饲料种类保持稳定

避免日粮组成骤变,造成瘤胃微生物不适应,从而影响消化功能,甚至导致消化道疾病。所用饲料要干净卫生,注意各类饲料的用量范围,防止含有有害因子的饲料用量超标。

二、全混合日粮的制作技术

(一)设施与加工设备

1.设施

(1)饲料搅拌站　要靠近干草棚和精饲料库,搭建防雨遮阳棚,檐高>5 米,棚内面积>300 米^2;15 厘米加筋水泥地面处理,内部设有精饲料堆放区、副饲料处理及堆放区(图 4-10)。部分牛场需在搅拌站堆放青贮饲料,应加大搅拌站面积;各种饲料组分采用人工添加或装载机添加时要考虑地面落差,采用二次搬运的牛场搅拌站设计同样要考虑这一问题。

(2)干草棚　干草棚檐高不低于 5 米,面积据饲喂肉牛数量而定,地面硬化(图 4-11)。

(3)精料加工车间及精料库　自配料的标准化养殖场需要精饲料加工车间,购买精料补充料的养殖小区可根据饲养规模建设精料库。

(4)青贮设施　青贮设施有青贮塔、青贮窖、青贮壕、青贮袋或用塑料膜打包青贮等,目前新建规模化养殖场多采用地上青贮窖

图 4-10　某牛场的饲料搅拌站

图 4-11　某牛场的干草棚

(图 4-12),很适合于移动式 TMR 饲料搅拌车抓取青贮料。

(5)舍门　采用移动式 TMR 搅拌车的养殖场,舍门高度至少 3 米,宽度至少 3 米。采用固定式 TMR 搅拌车,舍门高度至少 2 米,宽度至少 2 米。

(6)饲喂通道　采用移动式 TMR 搅拌车的养殖场,圈舍饲喂

图 4-12 地上青贮窖

通道宽度为 3.8～4.5 米，采用固定式 TMR 搅拌车的养殖场，圈舍饲喂通道宽度为 1.2 ～1.8 米。

(7)饲槽 高度适宜，方便上料，底面光滑、耐用、无死角，便于清扫。通常采用平地式饲槽。

2. 加工设备

(1)粉碎机 玉米、豆粕等籽实类饲料原料粉碎时选用的锤片式饲料粉碎机应符合《锤片式饲料粉碎机》(JB/T 9822.1)要求。

(2)铡草机 苜蓿、野干草、农作物秸秆等粗饲料原料铡短时选用的铡草机应符合《铡草机技术条件》(JB/T 9707.1)要求，通常用于铡短干草和制作青贮饲料。块根块茎类饲料切碎时选用的青饲料切碎机应符合 JB/T 7144.1 要求。

(3)饲料混合机 玉米、豆粕等籽实类饲料原料粉碎后混合加工精料补充料选用的饲料混合机应符合《饲料混合机技术条件》(JB/T 9820.2)要求。

(4)TMR 搅拌车 TMR 搅拌车据外形分立式和卧式，据动力分移动式(自走式、牵引式)和固定式(图 4-13)。选择 TMR 设备时要考虑:①以日粮结构组成决定立式和卧式。②以牛舍结构和道路决定固定式和移动式。③以养殖规模决定搅拌车大小:200 头以下 4～6 米^3,200～500 头 8～10 米^3,500～800 头 10～12 米^3,800～1 000 头 14～18 米^3。④以经济状况确定全自动、牵引式。

移动式

固定式

图 4-13 TMR 搅拌车

(二)全混合日粮设计

1. 确定营养需要

如根据肉牛分群(生理阶段和生产水平)、体重和膘情等情况,以肉牛饲养标准(见附录)为基础,适当调整肉牛营养需要。根据营养需要确定 TMR 的营养水平,预测其干物质采食量,合理配制肉牛日粮。

2. 饲料原料选择及其成分测定

根据当地饲草饲料资源情况及可采购原料,选择质优价廉的原料;原料粗蛋白、粗脂肪、粗纤维、水分、钙、总磷和粗灰分的测定分别按照 GB/T 6432、GB/T 6433、GB/T 6434、GB/T 6435、GB/T 6436、GB/T 6437 和 GB/T 6438 进行。无条件测定的可参考饲料营养价值成分表。

3. 配方设计

根据确定的肉牛 TMR 营养水平和选择的饲料原料，分析比较饲料原料成分和饲用价值，设计最经济的饲料配方。

4. 日粮优化

在满足营养需要的前提下，追求日粮成本最小化。精料补充料干物质最大比例不超过日粮干物质的 60%。保证日粮降解蛋白质(RDP)和非降解蛋白质(UDP)相对平衡，适当降低日粮蛋白质水平。添加保护性脂肪和油籽等高能量饲料时，日粮脂肪含量(干物质基础)不超过 6%。

(三)饲料原料的准备

1. 原料管理

饲料及饲料添加剂按照 NY 5048《无公害食品　奶牛饲养饲料使用准则》执行。精料补充料应符合 SB/T 10261《奶牛精料补充料》要求。饲料原料贮存过程中应防止雨淋、发酵、霉变、污染和鼠(虫)害。

2. 原料准备

玉米青贮：调制青贮饲料，要严格控制青贮原料的水分(65%～70%)，原料含糖量要高于 3%，切碎长度以 2～4 厘米较为适宜，快速装窖和封顶，窖内温度以 30℃为宜。

干草类：干草类粗饲料要粉碎，长度 3 ～4 厘米。

糟渣类：水分控制在 65%～80%。

精料补充料：直接购入或自行加工。

3. 原料质量控制

采用感官鉴定法和化学分析法进行。青贮饲料质量按照青贮饲料质量评定标准评定。精料补充料质量根据 SB/T 10261《奶牛精料补充料》评定。其他参照 NY 5048《无公害食品　奶牛饲养饲料使用准则》执行。

4. 饲料卫生

清除原料中的金属、塑料袋(膜)等异物。符合饲料卫生标准(GB 13078)要求。

(四)TMR制作技术

1. 搅拌车装载量

根据搅拌车说明书，掌握适宜的搅拌量，避免过多装载，影响搅拌效果。通常装载量占总容积的70%～80%为宜。

2. 原料添加顺序

遵循先干后湿、先精后粗、先轻后重的原则。一般添加顺序为精料、干草、副饲料、全棉籽、青贮、湿糟渣类等。如果是立式饲料搅拌车应将精料和干草添加顺序颠倒。添加过程中，防止铁器、石块、包装绳等杂质混入搅拌车，造成车辆损伤。

3. 搅拌时间

掌握适宜搅拌时间的原则是确保搅拌后TMR中至少有20%的粗饲料长度大于3.5厘米。一般情况下，最后一种饲料加入后搅拌5～8分钟即可，一个工作循环总用时在25～40分钟。

4. 水分控制

根据青贮及副饲料等的含水量，控制TMR水分。冬季水分要求45%左右，夏季可在45%～55%。

三、全混合日粮的质量监控

(一)感官鉴定

搅拌好的全混合日粮精粗饲料混合均匀，松散不分离，色泽均匀，新鲜、不发热，无异味，不结块。方法是随机从TMR中取一些，用手捧起，估测其总重量及不同粒度的比例。一般3.5厘米以上的粗饲料部分超过日粮总重量的15%为宜。

(二)宾州筛过滤法

宾州筛是由美国宾夕法尼亚州立大学发明的，用来估计日粮组分粒度大小。宾州筛由三个叠加式的筛子和底盘组成(图 4-14)。筛用粗糙塑料做成，长颗粒不至于斜着滑过筛孔。可用来检查搅拌设备运转是否正常，搅拌时间、上料次序等操作是否科学等问题，从而制定正确的全混合日粮调制程序。各层应保持比例，与日粮组分、精饲料种类、加工方法、饲养管理条件等有关。目前正在进行研究，以尽快确定适合我国饲料条件的不同牛群的 TMR 制作粒度推荐标准(表 4-17)。

图 4-14　宾州筛过滤法

表 4-17　全混合日粮的粒度推荐值　　%

饲料种类	一层	二层	三层	四层
育肥牛 TMR	15～18	20～25	40～45	15～20
后备牛 TMR	40～50	18～20	25～28	4～9
繁殖母牛 TMR	50～55	15～20	20～25	4～7

测定步骤：从日粮随机取样放上筛，水平摇动 2 分钟，直到只

有长颗粒留在上筛。

(三)化学分析

饲料采样方法按 GB/T 14699 执行。砷按 GB/T 13079 执行。铅按 GB/T 13080 执行。汞按 GB/T 13081 执行。镉按 GB/T 13082 执行。氟按 GB/T 13083 执行。六六六、滴滴涕按 GB/T 13090 执行。沙门氏菌按 GB/T 13091 执行。霉菌按 GB/T 13092 执行。黄曲霉毒素 B_1 按 GB/T 8381 执行。

第五章

肉牛的饲养管理

饲养管理是影响肉牛育肥速度最重要的因素，若长期饲料不足、营养水平低，必然降低育肥速度和肉品质量，严重时损害肉牛的健康。对育肥肉牛应尽量减少活动量，以减少活动消耗，提高饲料报酬。外界温度对育肥速度有一定的影响，肉牛最适宜的气温是10～16℃。当外界温度升高时，肉牛呼吸频率加快，采食自动减少，若瘤胃温度得不到控制，则瘤胃消化率下降，日增重下降。若同时高湿度，则影响更严重。在我国许多地区，由于夏季炎热，日增重普遍下降，其中重庆、武汉、南京等地尤为严重。肉牛耐寒，气温在－13℃时开始对采食有负面影响，低于－15℃时日增重下降，尤其低温高湿、大风对日增重影响较大。日粮组成不仅影响育肥速度，而且影响牛肉的质量。一般而言，粗饲料的数量和质量，尤其是日粮中纤维素含量对育肥速度和牛肉品质影响不大，但其中的粗纤维能维持正常反刍、瘤胃正常发酵和胃肠正常功能。精饲料含有丰富的碳水化合物，可促进育肥速度的提高。在确保肉牛正常反刍的前提下，饲喂大量的精料会改变消化过程，增加丙酸的形成，降低乙酸的含量，促进肉牛脂肪的沉积，增加肉的风味和嫩度。因此，应根据肉牛的体重、日增重以及体况等创造适宜的环境和良好的饲养条件，进行科学的饲养管理，这样不仅能降低饲料消耗，而且能提高日增重 15%～20%，缩短育肥周期 20%～30%，肉品质也随之提高。

第一节　繁殖母牛的饲养管理

牛群繁殖母牛按照生理状况分为妊娠母牛、哺乳母牛和空怀母牛。要根据各阶段母牛的生理特点和营养需要进行饲养与管理。

一、妊娠母牛的饲养管理

处于妊娠阶段的母牛，不仅本身生长发育需要营养，而且要满足胎儿生长发育的营养需要和为产后泌乳进行营养贮积。所以，应加强妊娠母牛的饲养管理，使其能正常产犊和哺乳。饲养管理的重点在于保持适宜体况，做好保胎工作。

（一）妊娠母牛的饲养

1. 妊娠前期

妊娠前期是指母牛从受胎到怀孕 26 周的阶段。母牛妊娠初期，由于胎儿生长发育较慢，其营养需求较少，一般按空怀母牛进行饲养，以优质青粗饲料为主，适当搭配少量精料补充料。但这并不意味着妊娠前期可以忽视营养物质的供给，若胚胎期胎儿生长发育不良，出生后就难以补偿，增重速度减慢，饲养成本增加。对怀孕母牛保持中上等膘情即可。

(1)放牧 妊娠前期的母牛,青草季节应尽量延长放牧时间,一般可不补饲,枯草季节应据牧草质量和牛的营养需要确定补饲草料的种类和数量。牛如果长期吃不到青草,维生素A缺乏,可用胡萝卜或维生素A添加剂来补充,冬季每头每天喂0.5～1千克胡萝卜,另外应补足蛋白质、能量饲料及矿物质的需要。精料补加量0.8～1.1千克/(头·日),精料配比(%):玉米50、糠麸10、油饼粕30、高粱7、石粉2、食盐1,另加维生素A 10 000国际单位/千克。

(2)舍饲 应以青粗料为主,参照饲养标准合理搭配精饲料。以蛋白质量低的玉米秸、麦秸为主时,要搭配1/3～1/2优质豆科牧草,再补加饼粕类,没有优质牧草时,每千克补充精料加15 000～20 000国际单位维生素A。饲喂次数每昼夜3次,每次喂量不可过多,以免压迫胸腔和腹腔。自由饮水,水温不低于10℃,严禁饮过冷的水。

2. 妊娠后期

妊娠后期一般指怀孕27周到分娩时的阶段。此阶段主要以青粗饲料为主,适当搭配少量精料补充料。母牛妊娠最后3个月胎儿增重最多,这时期的增重占犊牛初生重的70%～80%,需要从母体吸收大量营养,一般在母牛分娩前,至少要增重45～70千克,才能保证产犊后的正常泌乳与发情。从妊娠第五个月起,应加强饲养,对中等体重的妊娠母牛,除供给平常日粮外,每日需补加1.5千克精料,妊娠最后两个月,每天应补加2千克精料,但不可将母牛喂得过肥,以免影响分娩。

(1)放牧 除了临近产期的母牛,其他母牛可以放牧。临近产期的母牛行动不便,放牧易发生意外,最好改为留圈饲养,并给予适当照顾,给予营养丰富、易消化的草料。

(2)舍饲 以青粗料为主,合理搭配精饲料。妊娠后期禁喂棉籽饼、菜籽饼、酒糟等饲料,变质、腐败、冰冻的饲料不能饲喂,以防引起流产。饲喂次数可增加到 4 次。每次喂量不可过多，以免压迫胸腔和腹腔。自由饮水，水温不低于 10℃。

(二)妊娠母牛的管理

1. 定槽

除放牧母牛外，一般舍饲母牛配种受胎后即应专槽饲养，以免与其他牛抢槽、抵撞，造成流产。

2. 圈舍卫生

每日坚持打扫圈舍，保持妊娠母牛圈舍清洁卫生，对圈舍及饲喂用具要定期消毒。

3. 刷拭

每天至少 1 次，每次 5 分钟，以保持牛体卫生。

4. 运动

妊娠母牛要适当运动，以增强母牛体质，促进胎儿生长发育，防止难产。妊娠期最后 2 个月牵牛走上、下坡，以保胎位正常。

5. 料水卫生

保证饲草料、饮水清洁卫生，不能喂冰冻、发霉饲料。不饮脏水、冰水。清晨不饮、空腹不饮、出汗后不急饮。

6. 注意观察

妊娠后期的母牛尤其应注意观察，发现临产征兆，估计分娩时间，准备接产工作。认真做好产犊记录。

7. 放牧饲养

把预产期临近和已出现临产征兆的母牛留在牛圈待分娩。放牧人员应携带简单的接产用药和器械。

8. 转群

产前 15 天，将母牛转入产房，自由活动。母牛分娩时，应左侧位卧倒，用 0.1%高锰酸钾清洗外阴部，出现异常则进行助产。

二、哺乳母牛的饲养管理

(一)分娩前后的护理

临近产期的母牛行动不便，应停止放牧和使役。这期间母牛消化器官受到日益庞大的胎胞挤压，有效容量减少，胃肠正常蠕动受到影响，消化力下降，应给予营养丰富、品质优良、易于消化的饲料。产前半个月，最好将母牛移入产房，由专人饲养和看护，并准备接产工作。母牛分娩前乳房发育迅速，体积增加，腺体充实，乳房膨胀；阴唇在分娩前一周开始逐渐松弛、肿大、充血，阴唇表面皱纹逐渐展开；在分娩前 1～2 天阴门有透明黏液流出；分娩前 1～2 周骨盆韧带开始软化，产前 12～36 小时荐坐韧带后缘变得非常松软，尾根两侧凹陷；临产前母牛表现不安，常回顾腹部，后蹄抬起碰腹部，排粪尿次数增多，每次排出量少，食欲减少或停止。上述征兆是母牛分娩前的一般表现，由于饲养管理、品种、胎次和个体间的差异，往往表现不一致，必须全面观察、综合判断、正确估计。

正常分娩母牛可将胎儿顺利产出，不需人工辅助，对初产母牛、胎位异常及分娩过程较长的母牛要及时进行助产，以保证母牛及胎儿安全。

母牛产犊后应喂给温水，水中加入一小撮盐(10～20 克)和一把麸皮，以提高水的滋味，诱牛多饮，防止母牛分娩时体内损失大量水分、腹内压突然下降和血液集中到内脏产生“临时性贫血”。

母牛产后易发生胎衣不下、食滞、乳房炎和产褥热等症，应经常观察，发现病牛，及时请兽医治疗。

(二)舍饲泌乳母牛的饲养管理

母牛分娩前一个月和产后 70 天，是非常关键的 100 天，饲养的好坏，对母牛的分娩、泌乳、产后发情、配种受胎，犊牛的初生重和断奶重，犊牛的健康和正常发育都十分重要。在此阶段，热能需要量增加，蛋白质、矿物质、维生素需要量均增加，缺乏这些物质，会引起犊牛生长停滞、下痢、肺炎和佝偻病等，严重时会损害母牛健康。

母牛分娩后的最初几天，尚处于身体恢复阶段，应限制精料及块根块茎类料的喂量，此期饲养如果过于丰富，特别是精饲料给量过多，母牛食欲不好，消化失调，易加重乳房水肿或发炎，有时钙磷代谢失调而发生乳热症等，这种情况在高产母牛尤其常见，对产犊后的母牛须进行适度饲养。体弱母牛产后 3 天内只喂优质干草，4 天后可喂给适量的精饲料和多汁饲料，根据乳房及消化系统的恢复状况逐渐增加给料量，但每天增加料量不超过 1 千克，乳房水肿完全消失后可增至正常。正常情况下产后 6～7 天可增至正常量，并注意各种营养平衡。

泌乳母牛每日饲喂 3 次，日粮营养物质消化率比 2 次饲喂高 3.4%，但两次饲喂可降低劳动消耗，也有人提议饲喂 4 次，生产中一般以日喂 3 次为宜。注意变换饲草料时不宜太突然，一般要有 7～10 天的过渡期。不喂发霉、腐败、含有残余农药的饲草料，并注意清除混入草料中的铁钉、金属丝、铁片、玻璃、农膜、塑料袋等异物。每天刷拭牛体，清扫圈舍，保持圈舍、牛体卫生。夏防暑、冬防寒。拴系缰绳长短适中。

(三)放牧带犊母牛的饲养管理

有放牧条件的应以放牧为主饲养泌乳母牛。放牧期间的充足运动和阳光浴及牧草中所含的丰富营养，可促进牛体的新陈代谢，改善繁殖机能，提高泌乳量，增进母牛和犊牛的健康。青绿饲料中含有丰富的粗蛋白质，含有各种维生素、酶和微量元素，经过放牧，牛体内血液中血红素的含量增加，机体内胡萝卜素和维生素 D 贮备较多，可提高抗病力。

应该近牧，参考放牧远近及牧草情况，在夜间牛圈中适当补饲。

放牧饲养应注意放牧地最远不宜超过 3 千米；建立的临时牛圈应避开水道、悬崖、低洼地和坡下等处；放牧地距水源要近，清除牧坡中有毒植物。放牧牛一定要补充食盐，但不能集中补，以 2～3 天补一次为好，一般每头牛 20～40 克。放牧人员随身携带蛇药、少量的常用外科药品等。

三、空怀母牛的饲养管理

繁殖母牛在配种前应具有中上等膘情，过度过肥往往影响繁殖。在日常饲养实践中，倘若喂给过多精料而又运动不足，易使牛群过肥造成不发情，在肉用母牛饲养中，这是最常见的，必须加以注意。但在饲料缺乏、母牛瘦弱的情况下，也会造成母牛不发情而影响繁殖。实践证明，如果母牛前一个泌乳期内给以足够的平衡日粮，同时劳役较轻，管理周到，能提高母牛的受胎率。瘦弱的母牛配种前 1～2 个月加强饲养，适当补饲精料，也能提高受胎率。

母牛发情，应及时配种，防止漏配和失配。对初配母牛，应加强管理，防止野交早配。经产母牛产犊后 3 周要注意其发情情况，对发情不正常或不发情者，要及时采取措施。一般母牛产后 1～3 个情期，发情排卵比较正常，随着时间的推移，犊牛体重增大，消耗增多，如果不能及时补饲，往往母牛膘情下降，发情排卵受到影响，常见造成暗发情(卵巢排卵，但发情征兆不明显)，因此产后多次错过发情期，则情期受胎率会越来越低。如果出现这些情况，要及时进行直肠检查，慎重处理。

母牛空怀的原因有先天和后天两个方面。先天不孕一般是由于母牛生殖器官发育异常，如子宫颈位置不正、阴道狭窄、幼稚病等，这类情况较少，在育种工作中淘汰那些隐性基因的携带者即可解决。后天性不孕主要是由于营养缺乏、饲养管理和使役不当及生殖器官疾病所致。具体应根据不同情况加以处理。

成年母牛因饲养管理不当而造成不孕，恢复正常营养水平后，大多能够自愈。犊牛期由于营养不良以致生长发育受阻，影响生殖器官正常发育造成的不孕，则很难用饲养方法来补救。若育成母牛长期营养不足，则往往导致初情期推迟，初产时出现难产或死胎，并影响以后的繁殖力。

晒太阳和加强运动可以增强牛群体质，提高牛的生殖机能。牛舍内通风不良，空气污浊，含氨量超过 0.02 毫克/米^3，夏季闷热，冬季寒冷，过度潮湿等恶劣环境极易危害牛体健康，敏感的母牛很快停止发情。因此改善饲养管理条件十分重要。

肉用繁殖母牛以放牧饲养成本最低，目前国内外多采用此方式，但也是有一定缺点的饲养方式。

应做好每年的检疫防疫、发情及配种记录。

第二节　犊牛的饲养管理

犊牛在哺乳期内其胃的生长发育经历了一个成熟过程，出生最初 20 天的犊牛，瘤胃、网胃和瓣胃的发育极不完全，没有任何消化功能；7 天以后开始尝试咀嚼干草、谷物和青贮料，出现反刍行为，瘤胃内的微生物区系开始形成，瘤胃内壁的乳头状突起逐渐发育，瘤胃和网胃开始增大；到 3 月龄时，小牛 4 个胃的比例已接近成年牛的规模，5 月龄时，前胃发育基本成熟。人为的干预，可改变这个过程，使其缩短。

一、新生犊牛的饲养管理

（一）清除口鼻黏液

犊牛出生后，首先清除口鼻内黏液及躯体上的黏液。对已吸入黏液的犊牛，造成呼吸困难者，可握住犊牛的两后肢将其提起，头部向下，并拍打其胸部，使之吐出黏液，开始呼吸，见图 5-1。躯体上的黏液，正常分娩母牛会立即舔食，否则需擦拭。母牛舔食既有助于犊牛呼吸，唾液中的溶菌酶还可预防疾病，而且黏液中的催产素可促进母牛的子宫收缩，排出胎衣，加强乳腺分泌活动。

图 5-1　把倒产犊牛倒提，拍打背部促使咳出胎水

（二）断脐

先用手在距犊牛脐部 10～12 厘米处充分揉搓脐带 1～2 分钟，再用消毒剪刀在远端剪断，用 5%碘酒充分消毒，见图 5-2。

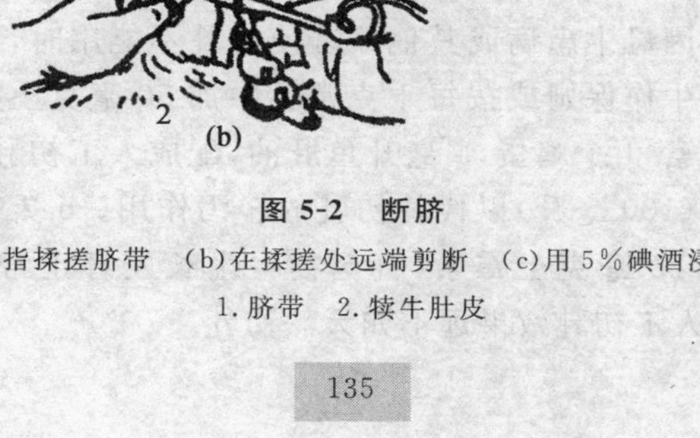

图 5-2　断脐

（a）大拇指揉搓脐带　（b）在揉搓处远端剪断　（c）用 5%碘酒浸 1 分钟

1. 脐带　2. 犊牛肚皮

脐带在生后1周左右干燥脱落，当发现不干燥并有炎症时可用碘酒消毒，不干且肿胀可定为脐炎，应请兽医治疗。接下来，称重并登记犊牛初生重、父母号、毛色和性别。最后应让其尽早吮吸初乳。

（三）早喂初乳

犊牛出生后要尽快让其吃上初乳。初乳是母牛产犊后5～7天内所分泌的乳汁，其色深黄而黏稠，成分和7天后所产常乳差别很大，尤其第一次初乳最重要，第一次初乳所含干物质约为常乳的2倍，其中维生素A是常乳的8倍，蛋白质是常乳的4倍（表5-1）。这些营养物质是初生犊牛正常生长发育必不可少的，并且其他食物难以取代。因为，初乳中含有大量免疫球蛋白，具有抑制和杀死多种病原微生物的功能，使犊牛获得免疫；而初生犊牛的小肠黏膜又能直接吸收这些免疫球蛋白，这种特性随着时间的推移而迅速减弱，大约在犊牛生后36小时即消失。其次初乳中含有丰富的盐类，其中镁盐比常乳高1倍，使初乳具有轻泻性，犊牛吃进充足的初乳，有利于排出胎便。另外，初乳酸度高，进入犊牛的消化道能抑制肠胃有害微生物的活动。

综上所述，犊牛出生后应尽量早喂和多喂初乳。用清洁干布擦净身上黏液，称初生重后，只要能自行站立，应引导犊牛接近母牛乳房寻食母乳，若有困难，则需人工辅助哺乳。如果母牛分娩后死亡，可以从其乳房中把初乳全部挤出温热后（切不可超过40℃）喂给犊牛。因母牛患病或其他原因使初乳不能用时，可用同期产犊的其他母牛作保姆或按每千克常乳中加50毫克土霉素或等效的其他抑菌素，1个鸡蛋，4毫升鱼肝油，配成人工初乳代替，并喂一次蓖麻油（100毫升）以代替初乳的轻泻作用。5天以后只维持每千克奶加25毫克土霉素，直至犊牛生长发育正常为止（21～30天）。但人工初乳效果远不如天然初乳。

表 5-1　初乳与常乳营养含量的比较

项目	初乳	常乳
干物质(%)	22.6	12.4
脂肪(%)	3.6	3.6
蛋白质(%)	14.0	3.5
球蛋白(%)	6.8	0.5
乳糖(%)	3.0	4.5
胡萝卜素(毫克/千克)	900～1 620	72～144
维生素 A(单位/千克)	5 040～5 760	648～720
维生素 D(单位/千克)	32.4～64.8	10.8～21.6
维生素 E(微克/千克)	3 600～5 400	504～756
钙(克/千克)	2～8	1～8
磷(克/千克)	4.0	2.0
镁(克/千克)	40.0	10.0
酸度(°T)	48.4	20.0

二、哺乳期犊牛的饲养管理

(一)哺乳期犊牛的饲养

1. 饲喂常乳

可采用随母哺乳法、保姆牛法和人工哺乳法。

(1)随母哺乳法　让犊牛和其生母在一起,从哺喂初乳至断奶一直自然哺乳,见图 5-3(a)。为促进犊牛发育和减轻母牛泌乳负担,有利于产后母牛正常发情,可在母牛栏旁边设一犊牛补饲栏,单独给犊牛补草料,见图 5-3(b)。

(2)保姆牛法　选择健康无病、气质安静、乳及乳头健康、产奶量中下等的乳用牛做保姆牛，按其产奶量安排1～3头其母缺乳或母亲已死亡的犊牛调教其相认后，自由哺乳。犊牛栏内要设置饲槽及饮水器，以利于补饲。调教保姆牛接受犊牛的办法可采用把保姆牛的尿或生殖道分泌物或其亲犊的尿涂于寄养犊的臀部和尾巴上。注意安全，对脾气燥的母牛第一次让寄养犊吮乳时把后肢捆绑，多次吮乳之后，证明保姆牛已承认寄养犊时，可停止捆绑。

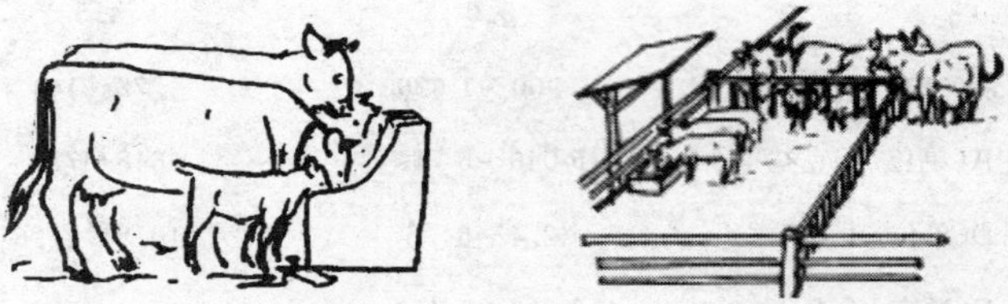

(a)　　(b)

图 5-3　随母哺乳

(a)犊牛随母吃草料　(b)犊牛补饲栏，栅栏间隙宽25～30厘米，高1米，犊牛能通过，但母牛不能通过

(3)人工哺乳法　对找不到合适的保姆牛或乳牛场淘汰犊牛的哺乳多用此法(图5-4)。新生犊牛结束5～7天的初乳期后，哺喂常乳。

犊牛的哺乳量可参考表5-2。哺乳时，可先将装有牛乳的奶壶放在热水锅中进行加热消毒，不能直接在锅内煮沸，以防乳清蛋白在锅底沉淀糊锅，降低奶的营养价值，并增加有害因子，待冷却至38～40℃时哺喂，1周龄内每天喂奶3～4次，1～3周龄每天喂奶3次；4周龄以上每天喂2次。

图 5-4　人工哺乳示意图

1.奶壶　2.颈枷　3.饲槽

表 5-2　肉用犊牛的喂奶量　　千克

牛别	周龄						全期用奶
	1～2	3～4	5～6	7～9	10～13	≥14	
小型牛	3.7～5.1	4.2～6.0	4.4	3.6	2.6	1.5	400
大型牛	4.5～6.5	5.7～8.1	6	4.8	3.5	2.1	540

2～3 周龄以内的犊牛，宜用带橡皮奶嘴的奶壶喂奶（图 5-5），用小刀在橡皮奶嘴顶端割一“十”字形裂口，使犊牛吃奶时必须用力吮吸奶嘴才能吸到乳汁。当犊牛用力吮吸橡皮奶嘴时，由于分布在口腔的神经感受器受到刺激，可使食管沟反射完全，闭合成管状，乳汁由食管沟全部流入皱胃。同时，由于吮吸速度较慢，乳汁在口腔中能充分与唾液混匀，到皱胃时凝成疏松的乳块利于消化。若把橡皮奶头剪成孔状或裂口过大，则吸奶毫不费劲，会使犊牛饮奶过急，食管沟往往闭合不全，乳汁溢入瘤胃，使犊牛生病。奶在口腔中未能和唾液充分混合，到皱胃凝成较坚硬的凝乳块，难于消化甚至堵塞皱胃与十二指肠连接的幽门，使皱胃内容物不能下移，造成皱胃扩张、小肠梗塞导致死亡。改用桶喂（图 5-6）时用手顶着犊牛嘴，控制吮乳速度，使每头牛吃奶时间不短于半分钟，最好在 1 分钟以上。

喂奶前应该把犊牛拴系，使其不能互相舔吮，每次喂奶之后，要用干净毛巾将犊牛口、鼻周围残留的乳汁擦干，一直拴系到其吸

图 5-5　用奶壶饲喂

图 5-6 用桶饲喂

吮反射停止后再放开(约 10 分钟)。犊牛吃奶后若互相吸吮,常使被吮部位发炎或变形,会将牛毛咽到胃肠中缠成毛团,堵塞肠管,危及生命。若形成恶癖,则可用细竹条(切忌用粗棒)抽打嘴头,多次即可纠正。

要经常观察犊牛的精神状态及粪便。健康的犊牛,体形舒展,行为活泼,被毛顺而有光泽;若被毛乱而蓬松,垂头拱腰,行走蹒跚,咳嗽,流涎,叫声凄厉,则是有病的表现;若粪便变白、变稀,这是最常见的消化不良的表现,此时只需减少 20%～40%喂奶量,并在奶中加入 30%的温开水饲喂,配合减慢吮乳速度,即可很快痊愈,不必施用药品。

2.早期断奶

为了减少犊牛用奶量,降低成本,把哺乳期缩短到 3 个月以下,即早期断奶。最短的哺乳期是喂 3 天初乳之后改用代用乳,但目前多采用 5 周龄断奶,总用奶量为 100 千克左右的方法。哺乳期越短,喂犊牛的代用乳质量要求越高,成本也就随之而增加。例如,吃 7 天初乳后断奶,人工代乳粉的配方是:脱脂乳粉 69%,脂肪 24%,乳糖 5.3%,磷酸钙 1.2%,每千克代乳粉加入 35 毫克四环素及适量维生素 A 和维生素 D。使用时,每千克代乳粉中加 7.5 千克水,按正常喂奶量喂给犊牛,也可干喂。具体断奶方案见

表 5-3，代乳料配方参考表 5-4。

表 5-3　犊牛早期断奶方案　　千克/天

项目	日龄						
	0～7	8～14	15～21	22～35	36～63	64～91	92～180
牛奶	3.5～4.0	4.0～5.0	3.5～4.0	2.0～2.5	0	0	0
代乳料	0	0	随意采食		1.4～2.5	2.0～3.0	0
犊牛料	0	0	0	0	0	0	2.5～3.5
青干草	自由采食						

表 5-4　犊牛代乳料　　%

<table>
<tr><th>配方</th><th>熟谷物</th><th>熟黄豆</th><th>熟豆粕</th><th>糠麸类</th><th>乳清粉</th><th>脱脂奶粉</th><th>乳化脂肪</th><th>糖蜜</th><th>酵母蛋白粉</th><th>磷酸氢钙</th><th>食盐</th><th>维生素 A（IU/千克）</th><th>微量元素</th><th>鲜奶香精（毫克/千克）</th><th>适用范围</th></tr>
<tr><td>1</td><td></td><td></td><td></td><td></td><td>20</td><td>40</td><td>20</td><td>8</td><td>10</td><td>1</td><td>1</td><td rowspan="4">10～20</td><td rowspan="4">适量</td><td rowspan="4">10～20</td><td>30 日龄内</td></tr>
<tr><td>2</td><td>31</td><td>40</td><td></td><td></td><td>15</td><td></td><td></td><td>8</td><td>3</td><td>2</td><td>1</td><td rowspan="2">90 日龄内</td></tr>
<tr><td>3</td><td>33</td><td></td><td>32</td><td></td><td>15</td><td></td><td>10</td><td>5</td><td>3</td><td>2</td><td>1</td></tr>
<tr><td>4</td><td>33</td><td></td><td>35</td><td>10</td><td>5</td><td></td><td>5</td><td>0</td><td>10</td><td>1</td><td>1</td><td>>90 日龄</td></tr>
</table>

注：IU 即国际单位。

具体干喂方法是从 15 日龄开始在代乳料中拌入少量奶，引诱犊牛采食，待犊牛会吃后停止加奶。早期断奶的犊牛，在饲喂人工乳或代乳料初期，易发生消化不良甚至下痢。为减少这些疾病的发生，必须在 7～15 日龄接种瘤胃微生物，即把成年牛反刍时的口腔内食物取出，塞少许到犊牛口中，见图 5-7。对初生重过小或瘦弱的犊牛，可延长哺乳期。气温过低的季节，也宜延长哺乳期。理想犊牛日增重见表 5-5。

图 5-7 瘤胃微生物接种

(a)取成年牛反刍物 (b)把成年牛反刍物抿少量到犊牛口中

表 5-5 理想犊牛日增重 千克

种类	哺乳期	性别	0～30日龄	31～60日龄	61～90日龄	91～120日龄	121～150日龄	151～180日龄
大型牛	哺乳6个月	公	0.90	1.10	1.20	1.30	1.30	1.35
		母	0.80	0.85	0.90	0.95	1.00	1.05
	哺乳35天早期断奶	公	0.90	0.40	0.50	0.60	0.70	0.80
		母	0.80	0.35	0.45	0.55	0.65	0.70
改良牛	哺乳6个月	公	0.70	0.85	0.90	1.00	1.00	1.05
		母	0.60	0.65	0.65	0.70	0.75	0.80
	哺乳35天早期断奶	公	0.70	0.30	0.40	0.45	0.55	0.60
		母	0.60	0.25	0.35	0.40	0.50	0.55
良种黄牛	哺乳6个月	公	0.65	0.80	0.85	0.95	0.95	1.00
		母	0.50	0.55	0.60	0.65	0.65	0.70
	哺乳35天早期断奶	公	0.65	0.30	0.35	0.40	0.50	0.60
		母	0.50	0.25	0.30	0.35	0.45	0.45
非良种黄牛	哺乳6个月	公	0.45	0.55	0.60	0.65	0.65	0.70
		母	0.40	0.45	0.45	0.50	0.50	0.55
	哺乳35天早期断奶	公	0.45	0.20	0.25	0.30	0.35	0.40
		母	0.40	0.18	0.23	0.28	0.32	0.35

3. 及时补饲

为满足犊牛营养需要和早期断奶,应及时补饲,从 7～10 日龄开始训练采食干草,在犊牛栏草架上放置优质干草,供其随意采食,促进犊牛发育。从 7 日龄起训练采食精饲料,开始时喂完奶后将料涂在牛嘴唇上诱其舔食,经 2～3 天后,可在犊牛栏内放置饲料盘,任其自由采食,当犊牛每天采食超过 0.5 千克则按培育方案及抽查日增重来决定日补料量,8 周龄前不宜多喂青贮饲料,也不宜喂秸秆,可以补给少量切碎的胡萝卜等块根块茎类饲料。

4. 注意饮水

牛奶中的水不能满足犊牛正常代谢的需要,必须让犊牛尽早饮水,开始在两次喂奶之间饮 36～37℃的温开水,10～15 日龄后可改饮常温水,5 周龄后可在运动场内备足清水,任其自由饮用。

(二)哺乳期犊牛的管理

1. 去角

去角的适宜时间在生后 7～10 天,常用的去角方法有电烙法、去角钳夹除法和固体苛性钠法(烧碱腐蚀法)等(图 5-8)。电烙法是将 200～300 瓦电烙铁,把烙头砸扁,使宽刚与角生长点相称,加热到恒温度,牢牢地压在角基部直到其下部组织烧灼成白色为止,烙时不宜太久,以防烧伤下层组织。苛性钠法应在角刚鼓出但未硬时在晴天且哺乳后进行,具体方法是先剪去角基部的毛,再用凡士林涂一圈,以防苛性钠药液流出,伤及头部和眼部,然后用棒状苛性钠蘸水涂擦角基部,直到表皮有微量血渗出为止,处理后把犊牛另拴系,以免其他犊牛舔伤处,或犊牛摩擦伤处增加渗出液,延缓痊愈。伤口得 1～3 天才干,所以随母哺乳的犊牛最好采用电烙法,以免腐蚀母牛乳房皮肤。

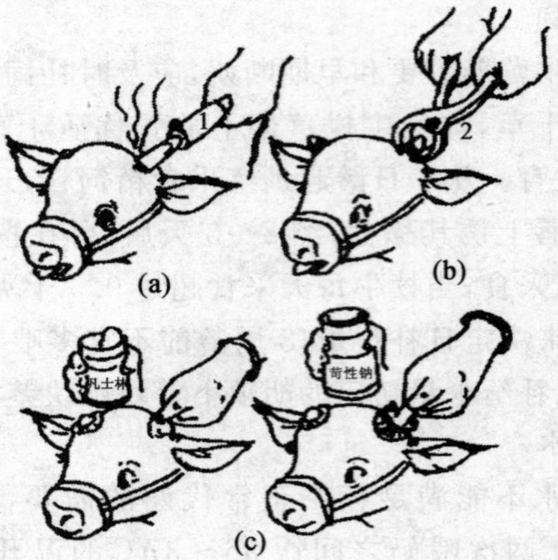

图 5-8　去角

(a)电烙法　(b)去角钳夹除法　(c)烧碱腐蚀法

1. 电烙铁　2. 去角钳

2. 编号

给牛编号便于管理，记录于档案之中，有利于育种工作的进行(图 5-9)。

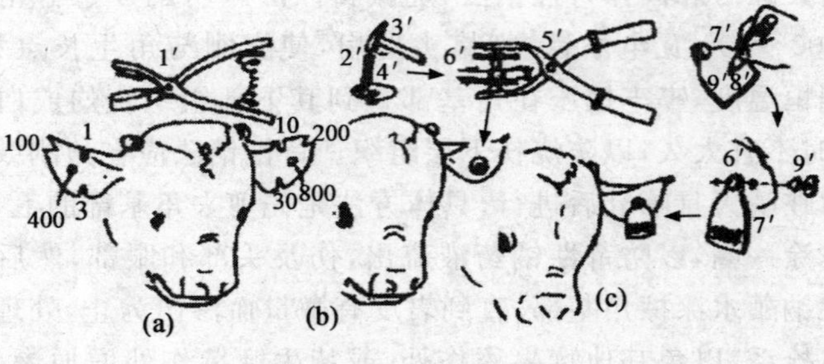

图 5-9　给牛打号

(a)剪耳法　(b)金属耳标法　(c)塑料耳标法

1′. 剪号钳　2′. 数字钢錾　3′. 小铁锤　4′. 金属耳标　5′. 耳标钳

6′. 牛耳朵　7′. 塑料耳标　8′. 塑料染色笔　9′. 塑料耳标栓

养牛数量少时可以给牛命名，从牛毛色和外形的微少差异，把牛清楚区分，但数量多时，把牛区分开就困难了。所以把编号可靠地显示在牛的身上（也称为打号）。给牛编号最常用的方法是按牛的出生年份、牛场代号和该牛出生的顺序号等。习惯头两个号码为出生年，第 3 位代表分场号，以后为顺序号，例如 981103 表示 98 年出生 1 分场顺序 103 号牛。有些在数码之前还列字母代号，表示性别、品种等。生产上常用的编号方法有：

剪耳法：是用剪号钳在牛的耳朵不同部位剪上豁口，以表示牛的编号。小型牛场可采用此法，在犊牛断奶之前进行。剪口要避开大血管，减少流血，剪后用 5%碘酒处理伤口。缺点是容纳数码位数少，远处难看清，以及不美观。

金属耳标法：通常用合金铝冲压成阴阳两片耳标，用数字钢錾在阴阳两片外侧面分别打上牛的编号，然后把阴片中心管穿过牛耳朵下半部毛较稀、无大血管之处，在耳朵另一侧把阳片中心管插入对侧穿过来的阴片中心管中，再用专用耳号钳端突起夹住两侧耳标中心孔用力挤压，使阴阳两片中心管口撑大变形而固定，手术处用 5%碘酒消毒。此法美观、经济，但金属耳标面积小，所以不抓住牛，很难看清编号。

塑料耳标法：用耐老化耐有机溶剂的塑料制成软的耳标，用塑料染色笔把牛的编号写到耳标正面，然后把耳标卡在耳标钳上，打在牛耳下侧血管稀少处。此法由于塑料可制成不同色彩，使其标志更鲜明，并可利用不同颜色代表一定内容。由于面积大，所以数码字也大，一般距离 2 米处也能看清，故使用较广。缺点是放牧牛时最易丢失，应及时补挂。

热烙打号法：在犊牛阶段（近 6 月龄），把牛绑定牢靠，把烧热的号码铁按在牛尻部把皮肤烫焦，痊愈后留下不长毛的号码。这种方法牛很痛苦，挣扎时常把皮肤烫成一片而不显字迹。烫后若感染发炎，也使字迹模糊。但此法编的号能终身存在于牛体，成本低，字体随牛生长而变大，几米以外均可看清，所以使用也较多。

冷冻打号法：是以液态氮把铜制号码降温到－197℃，把犊牛侧卧，把计划打号处（通常在体侧或臀部平坦处）尽量用刷子清理干净。用酒精湿润后把已降温的字码按压在该处。冷冻打号牛不感痛苦，易得清晰的字迹，但操作繁琐，成本较高。冷冻打号所需按压时间见表 5-6。

表 5-6　肉牛冷冻打号所需按压时间（压力 10 千克）　　秒

月龄	剪毛	不剪毛
2～3	10	20
4～6	12	25
7～12	15	30

3. 分栏分群管理

肉用犊牛大都随母哺乳，少数来源于乳牛场淘汰的公犊若采用人工哺乳，则应按年龄分栏饲养，以便喂奶与补饲。

4. 夏防暑、冬防寒

冬季天气严寒、风大，特别在我国北方，要注意人工饲喂的犊牛舍的保暖，防止穿堂风。若是水泥或砖石地面，应铺垫些麦秸、锯末等，舍温不可低于 0℃（没有穿堂风，可不低于－5℃），夏季炎热时在运动场应有凉棚，以免中暑。

5. 刷拭

犊牛基本上在舍内饲养，其皮肤易被粪及尘土所黏附而形成皮垢，这样不仅降低皮毛的保温与散热力，也会使皮肤血液循环受阻，易患病，所以每日至少刷拭一次，保持犊牛身体干净清洁。

6. 运动

运动对促进犊牛的采食量和健康发育都很重要，随母哺乳的犊牛 3 周龄后可安排跟母牛放牧，人工哺乳的犊牛应安排适当的运动场。犊牛从生后8～10日龄起，即可开始在犊牛舍外的运动场做短时间的运动，以后逐渐延长时间。如果犊牛出生在温暖的季节，开始运动日龄还可早些。活动时间的长短应据气候及犊牛日龄来掌握，冬天气温低的地方及雨天不要使1月龄以下的幼犊到室外活动。

7.消毒、防疫

犊牛舍或犊牛栏要定期进行消毒，可用2%苛性钠溶液进行喷洒，同时用高锰酸钾液冲洗饲槽、水槽及饲喂工具。对犊牛要进行防疫注射。打扫牛舍，保持舍内清洁卫生。

8.建立档案

后备母犊应建立档案，记录其系谱、生长发育情况（体尺、体重）、防疫及疫病治疗情况等。

第三节　育成牛的饲养管理

五六月龄断奶以后直到两岁半左右的正在生长发育的牛，习惯称之为育成牛。育成牛正处于生长发育较快的阶段，一般到18月龄时，其体重应该达到成年时的70%以上。育成阶段生长发育是否正常，直接关系到牛群的质量，必须给予合理的饲养管理。

一、繁殖场育成牛的饲养管理

（一）育成母牛的饲养管理

1.育成母牛的饲养

育成母牛在不同年龄阶段其生理变化与营养需求不同。断奶至周岁的育成母牛，在此时期将逐渐达到生理上的最高生长速度，而且在断奶后幼牛的前胃相当发达，只要给予良好的饲养，即可获得最高的日增重。组织日粮时，宜采用较好的粗料与精料搭配饲喂。粗料可占日粮总营养价值的50%～60%，混合精料占40%～50%，逐渐变化，到周岁时粗料逐渐加到70%～80%，精料降至20%～30%。用青草作粗料时，采食量折合成干物质增加20%，在放牧季节可少喂精料，多食青草。舍饲期中应多用干草、青贮和根茎类饲料，干草喂量(按干物质计算)约为体重的1.2%～2.5%，青贮和根茎类可代替干草量的50%。不同的粗料要求搭配的精料质量也不同，用豆科干草作粗料时，精料需含8%～10%的粗蛋白质，若用禾本科干草作粗料，精料蛋白质含量应为10%～12%，用青贮作粗料，则精料应含12%～14%粗蛋白质，以秸秆为粗料，要求精料蛋白质水平更高，达16%～20%。

周岁以上育成母牛消化器官的发育已接近成熟，其消化力与成年牛相似，饲养粗放些，能促进消化器官的机能，至初配前，粗料可占日粮总营养价值的85%～90%。如果吃到足够的优质粗料，就可满足营养需要，如果粗料品质差，要补喂些精料。在此阶段由于运动量加大，所需营养也加大，配种后至预产前3～4个月，为满足胚胎发育、营养贮备，可增加精料，与此同时，日粮中还须注意矿物质和维生素A的补充，以免造成胎儿不健康和胎衣不下。

无论对任何品种的育成牛，放牧均是首选的饲养方式。放牧的好处是使牛获得充分运动，从而提高了体质。除冬季严寒，枯草期缺乏饲草的地区外，应全年放牧饲养。另外，放牧饲养还可节省青粗饲料的开支，使成本下降。6月龄以后的育成牛必须按性别分群放牧。无放牧条件的城镇、工矿区、农业区的舍饲牛也应分出公牛分群饲养。按性别分群是为了避免野交杂配和小母牛过早配种。野交乱配会发生近亲交配和无种用价值的小牛交配，使后代退化；母牛过早交配使其本身的正常生长发育受到损害，成年时达不到应有的体重，其所生的犊牛也长不成大个，使生产蒙受不必要的损失。

牛数量少，没有条件公母分群时可对育成牛作部分附睾切割，保留睾丸并维持其正常功能(相当于输精管切割)。因为在合理的营养条件下,公牛增重速度和饲料转化效率均较阉牛高得多,胴体瘦肉量大,牛肉的滋味和香味也均较阉牛好。饲养公牛作为菜牛的成本低收益多。附睾切割手术可请当地兽医进行。

放牧青草能吃饱时,育成牛日增重大多能达到 400～500 克,通常不必回圈补饲。但乳用品种牛代谢较高,单靠牧食青草难以达到计划日增重;牧草返青后开始放牧时,嫩草含水分过多,能量及镁缺乏,以及初冬以后牧草枯萎、营养缺乏等情况下,必须每天在圈内补饲干草或精料(表 5-7、表 5-8),补饲时机最好在牛回圈休息后,夜间进行。夜间补饲不会降低白天放牧采食量,也免除回圈立即补饲,使牛群养成回圈路上奔跑所带来的损失。

表 5-7　各种牛的育成牛日补料量　　千克

饲养条件		肉用品种及改良牛	
		大型牛	小型牛(包括非良种牛)
放牧	春天开牧头 15 天*	0.5	0.3
	16 天到当年青草季	0	0
	枯草季	1.2	1.0
舍饲	粗料为青草	0	0
	粗料为青贮	0.5	0.4
	粗料为氨化秸秆、野青草、黄贮、玉米秸	1.2	0.8
	粗料为麦秸、稻草	1.7	1.5

* 秸秆、氨化秸秆为主日粮时,每千克精料加入 8 000～10 000 单位维生素 A。

表 5-8　育成牛料配方例　　千克

玉米	高粱	棉仁饼	菜籽饼	胡麻饼	糠麸	食盐	石粉	适用范围
67	10	2	8	0	10	2	1	青草、放牧青草、野青草、氨化秸秆等
62	5	12	8	0	10	1.5	1.5	青贮等日粮
52	5	12	8	10	10	1.5	1.5	放牧枯草,玉米秸等日粮

冬天最好采取舍饲，以秸秆为主稍加精料，可维持牛群的健康和近于正常日增重。若放牧，则需多用精料。春天牧草返青时不可放牧，以免牛"跑青"而累垮。并且刚返青的草不耐践踏和啃咬，过早放牧会加快草的退化，不但当年产草量下降，而且影响将来的产草量，有百害而无一利。待草平均生长到超过10厘米，即可开始放牧。最初放牧15天，通过逐渐增加放牧时间来达到可开牧让牛科学地"换肠胃"，避免其突然大量吃青草，发生臌胀、水泻等严重影响牛健康的疾病。

食盐及矿物元素准确配合在饲料中，每天每头牛能食入合理的数量则效果最好。放牧牛往往不需补料，或无补料条件，则食盐及矿物元素的投喂不好解决；各种矿物元素不能集中喂，尤其是铜、硒、碘、锌等微量元素所需甚少，稍多会使牛中毒，缺乏时明显阻碍生长发育，可以采购适于当地的"舔砖"来解决。最普通的食盐"舔砖"只含食盐，已估计牛最大舔入量不致中毒；功能较全的，则除食盐外还含有各种矿物元素，但使用时应注意所含的微量元素是否适合当地。还有含尿素、双缩脲等增加粗蛋白的特种舔砖，一般把舔砖放在喝水和休息地点让牛自由舔食。舔砖有方的和圆的，每块重5～10千克。

放牧牛还要解决饮水的问题，每天应让牛饮2～3次，水饮足，才能吃够草，因此饮水地点距放牧地点要近些，最好不要超过5千米。水质要符合卫生标准。按成年牛计算（6个月以下犊牛算0.2头成年牛，6个月至2岁半平均算0.5头牛），每头每天需喝水10～50千克，吃青草饮水少，吃干草、枯草、秸秆饮水多，夏天饮水多，冬天饮水少。若牧地没有泉水溪水等，也可利用径流砌坑塘积蓄雨水备用。

放牧临时牛圈要选在高旷，易排水，坡度小（2%～5%），夏天有荫凉，春秋则背风向阳暖和之地，不得选在悬崖边、悬崖下、雷击区、径流处、低洼处、坡度过大等处。

放牧牛群组成数量可因地制宜，水草丰盛的草原地区可100～200头一群，农区、山区可50头左右一群。群大可节省劳动力，提高生产效率，增加经济效益。群小则管理细，在产草量低的情况下，仍能维持适合于牛特点的牧食行走速度，牛生长发育较一致。周岁之前育成牛、带犊母牛、妊娠最后2个月母牛及瘦弱牛，可在草较丰盛、平坦和近处草场（山坡）放牧。为了减少牧草浪费和提高草地（山坡）载畜量，可分区轮牧，每年均有一部分地段秋季休牧，让优良牧草有开花结籽、扩大繁殖的机会。每片牧地先牧马、接着牧牛，最后牧羊，可减少牧草的浪费。还要及时播种牧草，更新草场。

舍饲牛上下槽要准时，随意更动上下槽时间会使牛的采食量下降，饲料转化率降低。每日3次上槽效果较2次好。

舍饲可分几种形式，小围栏每栏10～20头牛不等，平均每头牛占7～10米^2。栏杆处设饲槽和水槽，定时喂草料，自由饮水，利用牛的竞食性使采食量提高，可获得群体较好的平均日增重，但个体间不均匀，饲草浪费大。定时拴系饲喂是我国采用最广泛的方法。此法可针对个体情况来调节日粮，使生长发育均匀，节省饲草。但劳动力和厩舍设施投入较大。还有大群散放饲养，全天自由采食粗料，定时补精料，自由饮水。此法与小围栏相似，但由于全天自由采食粗料，使饲养效果更好，省人工，便于机械化，但饲草浪费更大。我国很少采用此法。

2.育成母牛的管理

（1）分群　育成母牛最好在6月龄时分群饲养。公母分群，即与育成公牛分开，同时应按育成母牛年龄进行分阶段饲养管理。

（2）定槽　圈养拴系式管理的牛群，采用定槽是必不可少的，使每头牛有自己的牛床和食槽。

(3)刷拭　圈养每天刷拭1～2次,每次5分钟。

(4)转群　育成母牛在不同生长发育阶段,生长强度不同,应根据年龄、发育情况分群,并按时转群,一般在12月龄、18月龄、定胎后或至少分娩前2个月共3次转群。同时称重并结合体尺测量,对生长发育不良的进行淘汰,剩下的转群。最后一次转群是育成母牛走向成年母牛的标志。

(5)初配　在18月龄左右根据生长发育情况决定是否配种。配种前一个月应注意育成母牛的发情日期,以便在以后的1～2个情期内进行配种。放牧牛群发情有季节性,一般春夏(4～8月份)发情,应注意观察,生长发育达到适配时(体重达到品种平均的70%)予以配种。

(6)防疫　春秋驱虫,按期检疫和防疫注射。

(7)防暑防寒　在气温达30℃时,应考虑搭凉棚、种树等,更要从牛舍建筑上考虑防暑,在北方地区要考虑防寒,整体来看,防暑重于防寒。

(二)育成公牛的饲养管理

1.育成公牛的饲养

育成公牛的生长比育成母牛快,因而需要的营养物质较多。尤其需要以补饲精料的形式提供营养,以促进其生长发育和性欲的发展。对种用后备育成公牛的饲养,应在满足一定量精料供应的基础上,喂以优质青粗饲料,并控制喂给量以免草腹,非种用后备牛不必控制青粗料,以便在低精料下仍能获得较大日增重。

育成种公牛的日粮中,精、粗料的比例依粗料的质量而异。以青草为主时,精、粗料的干物质比例约为55∶45;青干草为主时,其比例为60∶40。从断奶开始,育成公牛即与母牛分开。育成种公牛的粗料不宜用秸秆、多汁与糟渣类等体积大的粗料，最好用优质苜蓿干草，青贮可少喂些，6 月龄后日喂量应以月龄乘以 0.5 千克为准，周岁以上日喂量限量为 8 千克，成年为 10 千克，以避免出现草腹。另外，酒糟、粉渣、麦秸之类，以及菜籽饼、棉籽饼等不宜用来饲喂育成种公牛。维生素 A 对睾丸的发育，精子的密度和活力等有重要影响，应注意补充。冬春季没有青草时，每头育成种公牛可日喂胡萝卜 0.5～1 千克，日粮中矿物质要充足。

2. 育成种公牛的管理

(1)分群　与母牛分群饲养管理。育成公牛与育成母牛发育不同，对管理条件要求不同，而且公母混养，会干扰其成长。

(2)穿鼻　为便于管理进行穿鼻和戴上鼻环。穿鼻用的工具是穿鼻钳，穿鼻的部位在鼻中隔软骨最薄的地方。穿鼻时将牛保定好，用碘酒将工具和穿鼻部位消毒，然后从鼻中隔正直穿过，在穿过的伤口中塞进绳子或木棍，以免伤口长住。伤口愈合后先戴一小鼻环，以后随年龄增长，可更换较大的鼻环。不能用缰绳直接拉鼻环，应通过角绊或笼头牵拉，以避免把鼻镜拉豁，失去控制。

(3)刷拭　育成公牛上槽后进行刷拭，每天至少一次，每次 5 分钟，保持牛体清洁。

(4)试采精　从 12～14 月龄后即应试采精，开始从每月 1～2 次采精，逐渐增加到 18 月龄的每周 1～2 次，检查采精量、精子密度、活力及有无畸形，并试配一些母牛，看后代有无遗传缺陷并决定是否作种用。

(5)运动　育成公牛的运动关系到它的体质，因为育成公牛有活泼好动的特点。加强运动，可以提高体质，增进健康。

(6)防疫　定期对育成公牛进行防疫注射，预防传染病。

二、育肥场育成牛的饲养管理

(一)育肥场育成牛的饲养

1. 日粮

在育肥场的育成牛，其年龄一般在6～12月龄，正是骨骼、肌肉、瘤胃等组织和器官发育速度最快的阶段，此期要加强饲养，以获得最快的生长速度和最大的经济效益。精料补充料由玉米、麸皮、豆粕、棉籽粕、菜籽粕、酒糟、矿物质和维生素等组成。粗饲料以玉米秸秆、玉米青贮和优质干草为主。秸秆类饲料长度为2～3厘米。

2. 饲喂

干物质采食量一般为体重的2.5%～3.5%。精料补充料可按体重的1.2%～1.5%补充，粗饲料可自由采食，自由饮水。有条件情况下采取全混合日粮饲喂效果更佳。

3. 饲养

饲养方式可采取拴系饲养和围栏饲养，以小群围栏饲养效果较好。北方冬季寒冷，应注意饮水槽的保温。

(二)育肥场育成牛的管理

1. 分群

6月龄以后开始按照性别、体重、大小和强弱等进行分群管理。

2. 刷拭

上槽后进行刷拭，每天至少一次，每次5分钟，保持牛体清洁。

3. 防疫

春秋驱虫，按期检疫和防疫注射。

4. 防暑防寒

在气温达30℃时，应考虑防暑，北方地区要考虑防寒。

第四节 育肥牛的饲养管理

一、育肥方式

所谓育肥，就是必须使日粮中的营养成分高于牛本身维持和正常生长发育所需的营养，使多余的营养以脂肪的形式沉积于体内，获得高于正常生长发育的日增重，缩短出栏年龄，达到育肥的目的。对于幼牛，其日粮营养应高于维持营养需要（体重不增不减、不妊娠、不产奶、维持牛体基本生命活动所必需的营养）和正常生长发育所需营养；对于成年牛，只要大于维持营养需要即可。

提高日增重是肉牛育肥的核心问题。日增重会受到不同生产类型、不同品种、不同年龄，不同的营养水平、不同的饲养管理方式的直接影响，同时确定日增重的大小也必须考虑经济效益、牛的健康状况。过高的日增重，有时也不太经济。在我国现有生产条件下，最后 3 个月育肥的日增重以 1.0～1.5 千克更经济。

肉牛肥育方式的划分方法很多，按牛的年龄可分为幼牛肥育和成年牛肥育；按性别可分为公牛肥育、母牛肥育和阉牛肥育；按肥育所采用的饲料种类分为干草肥育、秸秆肥育和糟渣肥育等；按饲养方式可分为放牧肥育、半舍半牧肥育和舍饲肥育；按肥育时间可分为持续肥育和吊架子肥育（后期集中肥育）；按营养水平分为一般肥育和强度肥育。

持续肥育是指在犊牛断奶后就转入肥育阶段，给以高水平营养进行肥育，一直到出栏体重时出栏。持续肥育较好地利用了牛生长发育快的幼牛阶段，日增重高，饲料利用率也高，出栏快，出栏肉质好。

吊架子肥育，又称后期集中肥育，是在犊牛断奶后，按一般饲养条件进行饲养，达到一定年龄和体况后，充分利用牛的补偿生长能力，在屠宰前集中 3～4 个月进行强度肥育。这种方法很不合算，若吊架子阶段较长，肌肉生长发育受阻过度时，即使给予充分饲养，最后体重也很难与合理饲养的牛相比，而且胴体中骨骼、内脏比例大，脂肪含量高，瘦肉比例较小，肉质欠佳。

虽然牛的肥育方式较多，划分方法各异，但在实际生产中往往是各种肥育类型相互交叠应用。

二、幼牛育肥

(一)犊牛育肥

将犊牛进行育肥，即指用较多数量的奶饲喂犊牛，并把哺乳期延长到 4～7 月龄，断奶后屠宰。因犊牛年幼，其肉质细嫩，肉色全白或稍带浅粉色，味道鲜美，带有乳香气味，故有“小白牛肉”之称，其价格高出一般牛肉 8～10 倍。国外牛奶生产过剩的国家，常用廉价牛奶生产这种牛肉。在我国，进行小白牛肉生产可满足星级宾馆饭店对高档牛肉的需要，是一项具有广阔发展前景的产业。

1. 犊牛在育肥期的营养需要

犊牛育肥时，由于其前胃正在发育，对营养物质的要求也就严格。初生时所需蛋白质全为真蛋白质，肥育后期真蛋白质仍应占粗蛋白质的 90%以上，消化率应达 87%以上。

2. 犊牛育肥方法

优良肉用品种、肉乳兼用和乳肉兼用品种犊牛，均可采用下述育肥方法生产优质牛肉，但由于代谢类型和习性的不同，乳用品种犊牛在育肥期较肉用品种犊牛的营养需要高约 10%。才能取得相同的增重。

(1)优等白肉生产　初生犊牛采用随母哺乳或人工哺乳方法饲养，保证及早和充分吃到初乳，3 天后完全人工哺乳，4 周龄前每天按体重的 10%～12%喂奶，5～10 周龄喂奶量为体重的 11%，10 周龄后奶量为体重的 8%～9%。

单纯以奶作为日粮，在幼龄期只要认真注意奶的消毒、奶温，特别是喂奶速度等，均不会出现消化不良问题，但 15 周龄后由于瘤胃发育、食管沟闭合不如幼龄，所以更必须强调喂奶速度要慢。从开始人工喂奶到出栏，喂奶容器的外形与颜色必须一致，以强化食管沟的闭合反射。发现粪便异常时，可减奶，掌握好喂奶速度，恢复正常时，逐渐恢复喂奶量。可于奶中加入抗生素来抑制和治疗痢疾，但一般出栏前 5 天(具体可根据休药期确定)必须停止，以免肉中有抗生素残留。育肥方案见表 5-9。5 周龄以后采取拴系饲养。一般 120 天，体重 150 千克出栏。

表 5-9　利用荷斯坦公犊全乳生产白肉

周龄	体重(千克)	日增重(千克)	日喂奶量(千克)	日喂次数
0～4	40～59	0.6～0.8	5～7	3～4
5～7	60～79	0.9～1.0	7～8	3
8～10	80～100	0.9～1.1	10	3
11～13	101～132	1.0～1.2	12	3
14～16	133～157	1.1～1.3	14	3

(2)一般白肉生产　单纯用牛奶生产白肉成本太高，可用代乳料饲喂 2 月龄以上的肥犊，以节省成本。但用代乳料会使肌肉颜色变深，所以代乳料的组成必须选用含铁低的原料，并注意粉碎的细度。犊牛消化道中缺乏蔗糖酶，淀粉酶量少且活性低，故应减少谷实用量，所用谷实最好经膨化处理，以提高消化率，减少拉稀等消化不良发生。选用经乳化的油脂，以乳化肉牛脂肪(经 135℃以

上灭菌)效果为佳。代乳料最好煮成粥状(含水 80%~85%)晾到 40℃饲喂。出现拉稀或消化不良,可加喂多酶、淀粉酶等治疗,同时适当减少喂量。用代乳料增重效果不如全乳。饲养方案见表 5-10,代乳料配方见表 5-11。

表 5-10　用全乳和代乳料生产白肉

周龄	体重(千克)	日增重(千克)	日喂奶量(千克)	日代乳料(千克)	日喂次数
0~4	40~59	0.6~0.8	5~7	—	3~4
5~7	60~77	0.8~0.9	6	0.4(配方 1)	3
8~10	78~96	0.9~1.0	4	1.1(配方 1)	3
11~13	97~120	1.0~1.1	0	2.0(配方 2)	3
14~17	121~150	1.0~1.1	0	2.5(配方 2)	3

表 5-11　生产白肉的代乳料配方　　%

配方号	熟豆粕	熟玉米	乳清粉	糖蜜	酵母蛋白粉	乳化脂肪	食盐	磷酸氢钙	赖氨酸	蛋氨酸	多维	微量元素	鲜奶香精或香兰素
1	35	12.2	10	10	10	20	0.5	2	0.2	0.1	适量	适量	0.01~0.02
2	37	17.5	15	8	10	10	0.5	2	0	0			

说明:配方 1 可加土霉素药渣 0.25%,两配方的微量元素不含铁。

育肥期间日喂 3 次,自由饮水,夏季饮凉水,冬春季饮温水(20℃左右),严格控制喂奶速度、奶的卫生及奶的温度等,以防消化不良,若消化不良可酌情减少喂料量并进行药物治疗。让犊牛充分晒太阳及运动,若无条件则要补充维生素 D 500~1 000 国际单位/天。5 周龄后拴系饲养,尽量减少运动。做好防暑保温工作,经 180~200 天的育肥期,体重达到 250 千克时可出栏。因出栏体重小,提供净肉少,成本较高,价格昂贵。

处于强烈生长发育阶段的育成牛,只要进行合理的饲养管理,就可以生产大量仅次于"小白牛肉"的品质优良、成本较低的"小牛肉"。

(二)育成牛育肥

1.育成牛育肥期营养需要

育成牛体内沉积蛋白质和脂肪能力很强,充分满足其营养需要,可以获得较大的日增重。肉牛去势育成牛育肥期的营养需要见表 5-12。

表 5-12　肉牛去势育成牛育肥期每日营养需要

体重(千克)	日增重(千克)	干物质(千克)	粗蛋白(克)	钙(克)	磷(克)	综合净能(兆焦)	胡萝卜素(毫克)
150	0.9	4.5	540	29.5	13.0	21.1	25
	1.2	4.9	645	37.5	15.5	26.3	27
200	0.9	5.3	600	30.5	14.5	25.9	29.5
	1.2	6.0	700	38.5	17.0	32.3	33
250	0.9	6.1	650	31.5	16.0	31.4	33.5
	1.2	6.9	755	39.5	18.5	39.1	37.5
300	0.9	6.9	700	32.5	17.5	37.0	37.5
	1.2	7.8	805	40.0	20.0	46.0	43
350	0.9	7.6	750	33.5	19.0	42.1	41.5
	1.2	8.7	855	41.0	21.5	52.3	48.0
400	0.8	8.0	765	32.0	19.5	44.3	44.0
	1.0	8.6	830	37.0	21.0	58.7	47.0
450	0.7	8.3	775	31.0	20.5	45.9	45.5
	0.9	8.9	845	35.5	22.0	51.9	49.2

2.育成牛育肥方法

(1)幼龄强度育肥、周岁出栏　犊牛断奶后立即育肥,在育肥期给予高营养,使日增重保持在 1.2 千克以上,周岁体重达 400 千克以上,结束育肥(表 5-13)。

育肥时采用舍饲拴系饲养，不可放牧，因放牧行走消耗营养多，日增重难以超过1千克。育肥牛定量喂给精料和主要辅助饲料，粗饲料不限量，自由饮水，尽量减少运动、保持环境安静。育肥期间每月称重，据体重变化调整日粮，气温低于0℃和高于25℃时，气温每升、降5℃应加喂10%的精料。公牛不必去势，利用公牛增重快，省饲料的特点获得更好的经济效益，但应远离母牛，以免被异性干扰降低其育肥效果。若用育成母牛育肥，日粮需要量较公牛多20%左右，可获得相同日增重。

对乳用品种育成公牛作强度育肥时，可以得到更大的日增重和出栏重。但乳用品种牛的代谢类型不同于肉用品种牛，所以每千克增重所需精料量较肉用品种牛高10%以上，并且必须在高日增重下，牛的膘情才能改善(即日增重应取1.2千克以上)。

用强度育肥法生产牛肉，肉质鲜嫩，而且成本较犊牛育肥低，每头牛提供的牛肉比育肥犊牛增加40%～60%，是经济效益最大、采用最广泛的一种育肥方法，但此法精料消耗多，宜在饲草料资源丰富的地方应用。

表5-13　肉用育成公牛强度育肥日粮

月龄	体重(千克)	日增重(千克)	不同粗料的配合料日量(千克)		
			青草和作物青割	干草、玉米秸、谷草、氨化秸秆	麦秸、稻草、豆秸
7	180～216	1.2	3.0	3.3	3.9
8	216～252	1.2	3.2	3.6	4.2
9	252～288	1.2	3.4	3.9	4.6
10	288～324	1.2	3.6	4.2	5.0
11	324～360	1.2	3.7	4.4	5.3
12	360～400	1.2	3.9	4.6	5.7

注：青粗饲料不限量。

(2)一岁半及两岁半出栏　将犊牛自然哺乳至断奶，接着充分利用青草及农副产品饲喂到14～20月龄，体重达到250千克以上进入育肥，经 4～6 个月育肥，体重达 500～600 千克时出栏。育肥前利用廉价饲草使牛的骨架和消化器官得到较充分的发育，进入育肥期后，对饲草料品质的要求较低，从而使育肥费用减少，而每头牛提供的肉量却较多，这个方法是目前生产上用得较多，适应范围较广，粮食用量较少，经济效益较好的一种育肥方法。

我国大部分地区越冬饲草比较缺乏，而大部分牛都在春季产犊，所以一岁半出栏较两岁半出栏少养一个冬季，能减少越冬饲草的消耗量，并且其生产的牛肉质量较好，效益也较好。但在饲草料质量不佳、数量不足的地区，只能采用两岁半出栏的方法。

在华北山区，一岁半出栏（生产模式见表 5-14、表 5-15）比两岁半出栏体重虽低 60 千克，精料多耗 160 千克，但少耗 880 千克干草和 1 100 千克青草，并节省一年人工和各种设施消耗，相同条件下生产周转效率高于两岁半出栏 60%以上，总效益较好。

育成牛可采用舍饲与放牧两种育肥方法，放牧时以利用小围栏全天放牧，就地饮水和补料效果较好，避免放牧行走消耗营养而使日增重降低。放牧回圈后不要立即补料，待数小时后再补，以免减少采食量。气温高于 30℃时可早晚和夜间放牧，舍饲育肥以日喂 3 次效果较好。

表 5-14　改良牛及良种黄牛 4 月出生公牛 30 月龄出栏舍饲育肥（华北地区）

<table>
<tr><td colspan="2">日龄</td><td>0～180</td><td>181～365</td><td>366～565</td><td>566～730</td><td>731～900</td></tr>
<tr><td rowspan="2">日粮</td><td>青粗料</td><td rowspan="2">随母哺乳补草补料</td><td>青草、干草、玉米秸、玉米秸青贮</td><td>放牧青草</td><td>玉米秸、玉米秸青贮</td><td>青草</td></tr>
<tr><td>配合料</td><td>青草时不用料，其他草用 1 号料 1.5～2.0 千克</td><td>不补料</td><td>1 号料 1.5～2.0 千克</td><td>3 号料 3～3.5 千克</td></tr>
<tr><td colspan="2">日增重（千克）</td><td>0.65</td><td>0.5</td><td>0.5</td><td>0.5</td><td>1.0</td></tr>
<tr><td colspan="2">体重（千克）</td><td>25～140</td><td>141～232</td><td>233～332</td><td>333～415</td><td>416～600</td></tr>
</table>

说明：本表是描述春天出生来年正常生长发育到第三年秋育肥，两年半左右出栏。精料配方见表 5-16。

表 5-15　改良牛及良种黄牛 4 月出生公牛 18 月龄出栏舍饲育肥(华北地区)

日龄		0～180	181～365	366～430	431～500	501～550	551～585
一、有完善的防暑降温措施							
日粮	青粗料	随母哺乳补草补料	青草、干草、玉米秸、玉米秸青贮	青草	青草	干草、玉米秸、玉米秸青贮	
	配合料(千克)		青草用 3 或 4 号料 1.7～2.7,其他草用 14 号料 3.0～3.4	3 或 4 号料 2.7	3 或 4 号料 4.0	14 号料 5.4～5.7	
日增重(千克)		0.65	1.0	1.0	1.2	1.2	
体重(千克)		25～140	141～325	326～390	391～475	476～540	
二、防暑降温措施不完善							
日粮	青粗料	随母哺乳补草补料	青草、干草、玉米秸、玉米秸青贮	青草	青草	干草、玉米秸、玉米秸青贮	干草、玉米秸、玉米秸青贮
	配合料(千克)		青草用 3 或 4 号料 1.7～2.7,其他草用 14 号料 2.1～3.4	3 或 4 号料 2.7	3 或 4 号料 1.6～1.8	14 号料 5.1～5.4	14 号料 5.4～5.7
日增重(千克)		0.65	1.0	1.0	0.7	1.2	1.2
体重(千克)		25～140	141～325	326～390	391～440	441～500	501～540

说明:本表是描述春天出生来年夏秋育肥一岁半左右出栏。精料配方见表 5-16。

表 5-16　精料混合料配方参考　　%

编号	玉米	棉籽饼	麦麸	胡麻饼	豆饼	石粉	磷酸氢钙	食盐	维生素 A(国际单位/千克)	小苏打
1	72				25		2	1	1 000	
2	67				30		2	1	1 000	
3	67.3		19.1	9.2	1.9	1.5		1		

续表 5-16

编号	玉米	棉籽饼	麦麸	胡麻饼	豆饼	石粉	磷酸氢钙	食盐	维生素 A（国际单位/千克）	小苏打
4	68.5		19.5	9.5		1.5		1		
5	68.12		19.4	9.39	1	1		1		
6	68.87		19.8	9.35		1		1	胡萝卜 1 千克	
7	58.87		24.5	14.16	0.49	1		1		
8	51.70		21.4	12.43	12.4	1		1		
9	69		19.7	9.3		1		1		
10	74		15.6	8.4		1		1		
11	73.6		15.7	8.7		1		1		
12	83.32		14.6			1		1		
13	38.5	29	30			1		1		0.5
14	32	51	14.5			1		1		0.5
15	50	25	22.5			1		1		0.5
16	49.4	15.2	11.3		22.6			1		0.5
17	36	47	14.5			1		1		0.5
18	68	15.5	14			1		1		0.5
19	64.7	20.5	13.3					1		0.5
20	46	15	11		25.5	1		1		0.5
21	47.6	26.9	23			1		1		0.5
22	64	19.5	15					1		0.5
23	49	29	19.5			1		1		0.5

三、成年牛育肥

用于育肥的成年牛大多是役牛、奶牛和肉用母牛群中的淘汰牛，一般年龄较大，产肉率低，肉质差，经过育肥，使肌肉之间和肌纤维之间脂肪增加，肉的味道改善，并由于迅速增重，肌纤维、肌肉束迅速膨大，使已形成的结缔组织网状交联松开，肉质明显变嫩，经济价值提高。

（一）成年牛育肥期营养需要

成年牛已停止生长发育，其育肥主要是增加脂肪的沉积，需要能量充足，其他营养物质用来满足维持基本生命活动的需要以及恢复肌肉等组织器官最佳状态的需要。所以除能量外，其他营养物质需要略少于育成牛。肉用成年母牛育肥营养需要见表 5-17，乳用品种牛相同增重情况，需要增加 10%左右的营养。在同等条件下，公牛能量给量可低于母牛 10%～15%，阉牛则低于母牛 5%～10%。

（二）成年牛育肥方法

育肥前对牛进行健康检查，病牛应治愈后育肥；过老、采食困难的牛不要育肥；公牛应在育肥前 10 天去势，母牛在配种后立即育肥。成年牛育肥期以 3 个月左右为宜，不宜过长，因其体内沉积脂肪能力有限，满膘时就不会增重，应根据牛膘情灵活掌握育肥期长短。膘情较差牛，先用低营养日粮，过一段时间后调整到高营养再育肥，按增膘程度调整日粮。生产实际中，在恢复膘情期间（即育肥第 1 个月）往往增重很高，饲料转化效率较之正常也高得多。有草坡的地方可先行放牧育肥 1～2 个月，再舍饲育肥 1 个月。成年牛育肥方案见表 5-18。

表 5-17　肉用成年母牛育肥期每日营养需要

体重（千克）	日增重（千克）	干物质（千克）	粗蛋白（克）	钙（克）	磷（克）	综合净能（兆焦）	胡萝卜素（克）
350	0.6	6.42	650	26	15.0	38.9	35.0
	1.0	7.94	790	36	18.0	49.7	43.5
	1.4	9.46	930	46	20.5	65.7	52.0
400	0.6	7.05	700	27	16.5	43.6	39.0
	1.0	8.70	840	37	19.0	55.7	48.0
	1.4	10.35	970	47	21.5	73.8	56.9
450	0.6	7.67	750	28.5	17.5	48.0	42.0
	1.0	9.45	880	38	20.5	61.3	52.0
	1.4	11.23	1 020	47.5	23.0	81.3	62.0
500	0.6	8.27	790	29.5	19	52.3	45.5
	1.0	10.10	930	39	21.5	67.0	55.5
	1.4	12.09	1 060	48.5	24.0	88.7	66.5
550	0.6	8.87	840	31	20.0	56.1	49.0
	1.0	10.40	940	37.5	22.0	73.0	57.5
	1.4	11.93	1 040	44.5	24.0	95.2	65.5
600	0.6	9.46	880	32	21.5	59.9	52.0
	1.0	10.54	950	36.5	23.0	77.9	58.0
	1.4	11.62	1 020	41.0	24.0	98.5	64.0
650	0.6	10.03	920	33	23.0	63.5	55.0
	1.0	11.18	990	37.5	24.0	82.7	61.5
	1.4	12.33	1 060	42.0	25.0	107.6	68.0

表 5-18 肉用成年牛育肥方案

育肥天数	体重（千克）	日增重（千克）	精料（千克/天）	甜菜渣（千克/天）	玉米青贮（千克/天）	胡萝卜（千克/天）	干草（千克/天）
0～30	600～618	0.6	2.0～2.5	6.0	9.0	2.0	不限量
31～60	618～648	1.0	5.7～6.0	9.0	6.0	2.0	
61～90	648～685	1.2	8.0～9.0	12.0	3.0	2.0	

四、高档牛肉生产

高档牛肉是指按照特定的饲养程序，在规定的时间完成肥育，并经过严格屠宰程序分割到特定部位的牛肉。一般分为高档红肉和大理石花纹肉。生产红肉和大理石花纹肉，目标是追求好的肉质，为此，需要对公牛进行去势。在生产中，以高档红肉为生产目的时，公牛去势时间在 10～12 月龄，以生产大理石花纹肉为目的时公牛去势时间在 4～6 月龄。

(一)大理石花纹肉生产

大理石花纹肉是指脂肪沉积到肌肉纤维之间，形成明显的红白相间状似大理石花纹的牛肉。这种牛肉香、鲜、嫩，是中西餐均宜的牛肉。

1. 育肥牛的选择

(1)品种　瘦肉型品种难以生产大理石状牛肉，我国良种黄牛却易于达到，如晋南牛、秦川牛、鲁西牛、南阳牛、郏县红牛和延边牛等，欧洲品种中以安格斯和海福特等品种较佳，见表 5-19。

我国纯外来品种架子牛尚欠缺，改良牛具备外来品种与我国本地黄牛的共同特点。所以可选用改良牛，从表 5-19 可估计，最易生产五花肉的改良牛为安格斯，其次为西门塔尔、海福特和短角等品种的改良牛，低代数的较优。

表 5-19 几个品种的肉用性状

项目	生长速度	皮下脂肪	大理石状	眼肌面积	嫩度	肉色	风味	腔油
中国良种黄牛			+++		++	++	+++	
乳用荷斯坦牛	++							
西门塔尔牛	++	+	++	+	+	+	++	
夏洛来牛	+	+		++				+
安格斯牛	+	+	++		++	++	++	
海福特牛	++		++	+	+	+	++	
皮埃蒙特牛	++	++		++	++	++	++	++
抗旱王牛	+	+	+			+	+	
圣格鲁迪牛	+	+	+			+	+	+
短角牛	+		++		++	++	+	

注：+号越多者越佳。

(2)年龄　因为牛的生长发育规律是脂肪沉积与年龄呈正相关，即年龄越大沉积脂肪的可能性越大，而肌纤维间脂肪是最后沉积的。所以生产大理石花纹肉应该选择年龄在 1 周岁到 3 周岁之间。年龄再大虽然更易于形成五花肉，但年龄与嫩度、肌肉与脂肪颜色有关，一般随年龄增大肉质变硬，颜色变深变暗，脂肪逐渐变黄。

(3)性别　一般母牛沉积脂肪最快，阉牛次之，公牛沉积最迟而慢，肌肉颜色以公牛深，母牛浅，阉牛居中。饲料转化效率以公牛最好，母牛最差。综合效益，年龄较轻时，公牛不必去势，年龄偏大时，公牛去势(育肥期开始之前 10 天)，母牛则年龄稍大亦可(母牛肉一般较嫩，年龄大些可改善肌肉颜色浅的缺陷)。不同性别其膘情与大理石花纹形成并不一样。公牛必须达到满膘以上，即背脊两侧隆起极明显，“象臀”状极明显，后肋也充满脂肪时，已达到相当水平。

2. 育肥牛的饲养

(1)日粮　育肥分三期进行，即育肥前期(7～12月龄)、育肥中期(13～22月龄)和育肥后期(23～28月龄)。育肥前期为了保证骨骼和瘤胃的生长发育，日粮粗蛋白质含量为13%～15%，消化能含量为12.6～13.4兆焦/千克，钙0.5%～0.7%，磷0.25%～0.4%，维生素A含量2 000～3 000国际单位/千克，精料补充料饲喂量占体重的1.0%～1.2%。粗饲料自由采食。粗饲料种类以优质青绿饲料、青贮饲料和青干草为宜。

育肥中期为了促进肌肉的生长发育，日粮粗蛋白质含量为14%～16%，消化能含量为13.8～14.2兆焦/千克，钙0.4%～0.6%，磷0.25%～0.35%，维生素A含量2 000～3 000国际单位/千克，精料补充料饲喂量占体重的1.3%～1.4%。粗饲料自由采食。粗饲料种类以颜色较浅的干秸秆为宜。

育肥后期为了促进脂肪的沉积和保证肉与脂肪的颜色，日粮粗蛋白质含量为11%～13%，消化能含量为14.0～14.5兆焦/千克，钙0.3%～0.5%，磷0.25%～0.30%，精料补充料饲喂量占体重的1.5%～1.6%。粗饲料自由采食。粗饲料种类以颜色较浅的干秸秆为宜。

(2)饲养方式　饲养方式有：小围栏自由采食；小围栏定时饲喂；定时上槽拴系饲喂，下槽运动场休息、饮水；全天拴系定时饲喂等。

①小围栏饲喂　按牛大小每栏6～12头牛，由于牛的竞食性，可获最大的采食量，因而牛的日增重较高，采取自由采食时牛的增重均匀，但草料浪费较大，因草料长时间在槽中被牛唾液沾和后，牛即不爱吃。小围栏定时上槽虽然可以避免上述缺点，但由于牛的竞争特性，造成少数牛吃食不足，育肥增重效果不均匀，少数牛拖后出栏。小围栏设施的投资也较大。

②定时上槽拴系饲喂，下槽运动场休息、饮水　此法由于每头

牛固定槽位，竞食性发挥差些，使干物质采食量达不到最高，但草料浪费少，牛的育肥增重均匀。缺点是费工（上槽拴牛、下槽放牛耗时），牛群大，牛在运动场中奔跑和牴架的概率大于小围栏。所以肉的嫩度受负面影响。由于运动场面积不能小，土地投入成本加大。

③全天拴系饲养　这种方法节省劳动力，而且牛的运动量减少到最低，因而饲料效率最高，可获得品质优良的牛肉，可按个体牛的情况作饲料量调整，且土地与牛舍投入均节省。但由于牛在育肥期间缺少活动因而抗病力较差，随体膘增加而食欲下降较其他饲养方式明显，全育肥期可能获得的平均日增重略逊于小围栏。按我国国情，编者认为此种饲养方式综合效益最佳。全天拴系时必须给牛饲槽安装自动饮水器或饲喂后饲槽中添水，或砌饲槽与水槽并列，让牛随时能饮到清洁的水。由于牛长期缺乏阳光直接照射，所以日粮中必须配足维生素 D。牛舍的清洁卫生、牛的防疫检疫及健康观察要更细心严格。公牛育肥还要注意缰绳的松紧适度，避免牛互相爬跨造成摔、跌、伤残等严重损失。

(3)饲喂方法

①日喂次数　以自由采食最好，以日喂两次最差。日喂 2 次相当于人为限制了牛的采食，因为牛的瘤胃容积所限，2 次饲喂平均瘤胃充满的时间最少，而自由采食则全天充满时间最长，达到充分采食。若延长饲喂时间，则往往造成牛连续长时站立，增加能量消耗，降低饲喂效果。在高精料日粮下，自由采食明显地降低消化道疾病的发病率。例如，瘤胃酸中毒，日喂 2 次时，由于精料集中两次食入，瘤胃中峰值精料量高，短时激烈的发酵，产生有机酸量大，这峰值使瘤胃 pH 降到 5 以下造成酸中毒，而全天自由采食则不会出现发酵的明显峰值，使耐受日精料量高，效果好。所以日喂 3 次远较日喂 2 次好（精料发酵造成有机酸量峰值几乎下降 1/3），

日喂4次较3次好，不过日喂4次则饲养员劳动负荷过大，必得采用两班制（即饲养员增加1倍）使所得饲养效果的经济效益为零或负。全天自由采食则常造成草料浪费使成本增加。故在我国目前状况下，综合效益最佳可采取3次饲喂，顾及饲养员休息和健康，以采取3次不均衡上槽，每天总上槽时间为5～6小时。

②饲喂方法　目前饲喂方法有几种。其一是先喂青粗饲料后喂副料和精料，即过去我国农村饲喂役牛的方法。此法在精料副料少的时候效果好。但日喂副料精料量大时，牛的食欲降低，牛等待吃副料和精料，并不好好吃粗料，使总采食量下降，下槽后剩料多，造成浪费。先喂精料和副料后喂粗料则可避免上述缺点，但是又存在新的问题，当牛食欲欠佳时，光吃了精料和副料不再吃青粗料，造成精粗比严重失调，导致消化失调、紊乱、酸中毒等，经济损失大。最好的方法是把粗料和青粗料副料混合成“全混合日粮”饲喂，这种处置可减轻牛挑食、待食，牛采食速度快，采食量大，由于各种饲料混合和食入，不会产生精粗饲料比例失调，由于每顿食入日粮性质、种类、比例均一致，瘤胃微生物能保持最佳的发酵（消化）区系，使饲料转化率达到最佳水平。

3.育肥牛的管理

（1）生产记录　认真完善生产记录、出入牛场的牛称重记录、日粮监测和消耗记录、疾病防治记录、气候和小气候记录、噪声（牛舍内）监测记录等，作为改善经营管理，出现意外时弄清原因的依据。

（2）生产监测　认真执行疾病防治、环境、草料等监测工作。

（3）分群　牛群必须按性别、年龄和体重等进行分群，以便快速育肥。

（4）隔离观察　新购进牛，要在隔离牛舍观察10～15天，才能进入育肥牛舍。在隔离牛舍中驱虫和消除应激。经长途运输或驱赶的牛，当天和第二天可使用镇静剂来加快应激消除。按牛的应激程度和恢复情况酌情控制副料和精料投喂，一般头几天以不喂副料和精料为宜，待牛适应了新环境和新粗料以后，逐日增加副料和精料喂量，以便取得最优效果，避免应激和消化紊乱双重作用对牛造成的严重损失。

(5)消毒防疫　育肥牛舍每天饲喂后清理打扫一次，保持良好的清洁状态，牛体每天刷拭 1～2 次，夏天饲槽每周用碱液刷洗消毒一次。牛出栏后，牛床彻底清扫，用石灰水、碱液或菌毒灭消毒一次。

(6)其他　严格控制非生产人员进入牛舍(尤其是外来人员)，周围有疫情时，禁止外来人员进入；认真拟定生产计划，按计划预备长期稳定的青粗料、精料的采购和供应；制定日常生产(饲喂)操作规程，禁止虐待牛，不适合饲牧的人员立即调离；做好防暑和防寒工作，其中防暑至关重要；注意市场动态和架子牛产地情况，及早调整生产安排，以适应市场需求。

(二)高档红肉生产

1. 饲养

公牛在 10～12 月龄去势后进行育肥，育肥期分为育肥前期(去势到 14 月龄左右)和育肥后期(15～18 月龄)。

育肥前期日粮的粗蛋白质含量在 14%～16%，消化能维持在 13.4～14.3 兆焦/千克。精料补充料的干物质饲喂量为肉牛体重的 1.0%～1.3%，粗饲料自由采食。

育肥后期日粮的粗蛋白质含量维持在 12%～14%，消化能提高到 13.8～15.1 兆焦/千克。精料补充料的干物质饲喂量为肉牛体重的 1.3%～1.5%，粗饲料自由采食。

2. 管理

管理与上述大理石花纹肉生产时肉牛管理相同。

(三)牛肉质量控制

1.肌肉色泽

一般日粮长期缺铁,会使牛血液中铁浓度下降,导致肌肉中铁元素分离补充血液铁不足,使肌肉颜色变淡,但会损害牛的健康和妨碍增重,所以只能在计划出栏前30～40天内应用。肌肉色泽过浅(例如母牛),则可在日粮中使用含铁高的草料,例如西红柿、格兰马草、须芒草、阿拉伯高粱、菠萝皮(渣)、椰子饼、红花饼、玉米酒糟、燕麦、亚麻饼、土豆及绿豆粉渣、意大利黑麦草、燕麦麸、绛三叶、苜蓿等,也可在精料中配入硫酸亚铁等,使每千克铁含量提高到500毫克左右。

2.脂肪色泽

脂肪色泽越白与亮红色相衬,才越悦目,才能被评为高等级。脂肪越黄,感官越差,会使肉降等级。造成脂肪颜色变黄主要由于花青素、叶黄素、胡萝卜素沉积在脂肪组织中造成。牛随日龄增大,脂肪组织中沉积的上述色素物质增加,所以颜色变深。要取得肌肉内外脂肪近乎白色,可对年龄较大的牛(3岁以上),采用脂溶性色素少的草料作日粮。脂溶性色素物质较少的饲料是:干草、秸秆、白玉米、大麦、椰子饼、豆饼、豆粕、啤酒糟、粉渣、甜菜渣、糖蜜等,用这类饲料组成日粮饲喂3个月以上,可明显地使脂肪颜色变浅。一般育肥肉牛在出栏前30天最好少用富含色素的饲料,如胡萝卜,西红柿,南瓜,黄心、红心和花心的甘薯,黄玉米,青草青割,青贮,高粱糠,红辣椒,苋菜等,以免使脂肪色泽不佳。

3.牛肉风味

牛肉脂肪中饱和脂肪酸含量较多,为增加牛肉中不饱和脂肪酸的含量,特别是增加多不饱和脂肪酸的含量以提高牛肉的保健效果,可通过适量增加以亚麻油为原料的钙皂,加入饲料中来达到,一般用量不要超过精料的3%。在牛的配合饲料中注意平衡微量元素的含量，可以得到 1∶10 以上的增产效益，同时有利于提高牛肉的风味。

五、提高育肥效果的措施

对肉牛进行育肥时，除了选择品种、性别、体型外貌好的肉牛以外，还可以采取一些有力措施，提高饲料转化效率、促进肉牛增重。

(一)育肥季节的选择

育肥季节最好选在气温低于 30℃ 的时期，气温低，有利于增加饲料采食量和提高饲料消化率，同时减少蚊蝇以及体外寄生虫的滋扰，使牛有一个安静适宜的环境。春秋季节气候温和，牛的采食量大，生长快，育肥效果最好，其次为冬季。夏季炎热，不利于牛的增重，因此肉牛育肥季节最好错过夏季。必须在夏季育肥时，则应严格执行防暑措施，如利用电风扇通风，在牛身上喷洒冷水等。冬季育肥气温过低时，考虑采用暖棚防寒。

(二)分群分阶段育肥

对购入场内的肉牛应按性别、品种、体重、年龄、膘情进行分群饲养，也可方便喂料。肉牛育肥时要分阶段进行，做到在育肥前、中、后三个阶段喂料水平明确，也容易管理。

(三)驱虫

体内外寄生虫不仅消耗牛体营养，其代谢的有毒物质还会使牛出现病症，影响育肥效果，所以一般育肥前应进行驱虫，并且在每年春、秋两季分别驱虫一次。

(四)饲喂技术

拴系饲养、自由采食、自由饮水。尽量减少牛的运动量,降低能量消耗。每日喂 3 次,添草料要少量多次,先喂精料、再副料、后喂粗料,延长饲喂时间。

(五)环境

保持环境安静,尽量减少噪声,避免惊扰牛群,注意牛舍内湿度、温度和有害气体含量,创造有利于肉牛生长育肥的适宜环境。

(六)应用饲料添加剂

1.饲草料调味剂

按每百千克秸秆喷入 2～3 千克含糖精 1～2 克、食盐 100～200 克的水溶液,饲喂前喷洒,产生鲜草香味,可提高牛的采食量,从而提高日增重。

2.瘤胃素

当日粮中精料超过 35%时,按每头牛每日在精料加入瘤胃素 200 毫克(53～360 毫克),搅拌均匀、饲喂,可节约饲料 10%～11%,提高日增重 15%～20%。

3.矿物质添加剂

根据当地土壤矿物质含量情况,针对性地选用矿物质添加剂,舍饲可以均匀拌入精料中,放牧可购买舔砖补充,其育肥效果取决于矿物元素缺乏种类和缺乏程度。

4.维生素添加剂

肉牛育肥日粮中应补充维生素,水溶性维生素一般瘤胃可合成,而脂溶性维生素易缺乏,尤其饲喂以秸秆为主的日粮时。饲喂酒糟多的牛必须补充维生素,尤其维生素 A,可以采用粉剂拌入料中饲喂。

5.中草药饲料添加剂

我国天然中草药资源丰富。中草药含有多种微量养分和免疫因子，具有低毒、无残留、无副作用等特点，畜牧生产中可提高动物饲料转化效率，增强抵抗疾病的能力，减缓环境应激产生的负面作用。为生产高效、安全、无公害畜产品，目前科学工作者研究开发利用中草药资源以替代激素、抗生素和化学合成类药物等。中草药饲料添加剂可使肉牛得到充分休息，减少活动消耗的营养物质，促进营养物质的代谢和合成，提高增重，改善牛肉品质（郝洪障，1993；姬山宝，1996）。刘春龙等（2000）报道，给肉牛每日每头添加 100 克中草药添加剂（由神曲、麦芽、使君子、贯众、苍术、当归、甘草等组成），试验组肉牛每头日增重达 1.5 千克，比对照组提高 12.41%，经济效益明显。刘强等（2001）按肉牛精料 1.5%添加中草药（苍术、当归、甘草、神曲、山楂、陈皮等）使肉牛日增重达到 1.561 千克/头，提高了 9.93%，每千克增重节省精料 10.11%。日本韩日饲料公司在饲料中添加中草药（姜花、肉桂、薄荷、大蒜等）改善了牛肉品质，使肉汁不易从细胞中流失，保持肉质的香味。但中草药价格昂贵，投入产出比欠佳，如果牛肉与中草药的价格差改变，本法是极有前途的方法。

第五节　标准化肉牛场的经营管理

一、肉牛场的生产管理

生产管理主要包括生产计划管理、生产过程管理和员工绩效考核管理等。

(一)生产计划管理

主要包括配种产犊计划、牛群周转计划、产肉计划和饲料计划等。

1.配种产犊计划

(1)编制原则　最理想是年产一胎,即产犊后必须在3个月左右配种,配种后9个月产犊(牛预产期计算是根据其妊娠期为280天左右来推算的,一般用配种月份加9或减3,配种日期加6推算,定计划时仅考虑月份加9)。这样,每年1～3月份配种的母牛,产犊日期会在本年度的10～12月份。育成母牛则应在18月龄左右配种。

(2)所需材料　①牛场本计划年度实际配种产犊记录(表5-20),或根据肉牛场生产情况而综合反映每头母牛情况的牛群动态表(表5-21至表5-23)。②牛场远景规划和目前产犊分布是否需要调整。③本计划年度和下一计划年度在饲养管理上有否变化。④牛本身的健康状况。

(3)编制方法　实际配种和产犊情况由于各种原因,并不完全和上述原则一致,故首先应该根据本计划年度内的母牛配种产犊记录或母牛动态表所记录的情况列出本年度牛场实际配种产犊情况表。然后根据本年度实际配种(配准)情况即可推算出母牛在下一计划年度产犊的月份。根据编制原则,凡属本计划年度4～12月份配种(配准)的母牛,其产犊必定相应地在下一计划年度的1～9月份。本计划年度10～12月份产犊的母牛,其配种(配准)期限必定落在下一计划年度的1～3月份,其产犊则又该落在该年度的10～12月份。

育成母牛在18月龄应该配准。凡是在本计划年度初存栏的母牛犊,除中途淘汰之外,实际饲养的母犊的计划配种期必定在下一计划年度的上半年,具体配种期限应按照牛的实际出生月份来做计划，本计划年度上半年出生的母犊牛应在下一计划年度中的后半年配种。在本计划年度下半年出生的母犊，则在下一计划年度中还未到配种期。由于肉牛场并不是每生一头母犊均留下来做后备母犊，实际留下来能在本场配种的仅是其中一部分，所以制订本计划时仅根据本年度育成牛和犊牛动态表所提供的资料即可预算下一计划年度育成母牛的配种计划（表 5-24）。

由于生产上习惯把已产第一胎的母牛看作成母牛（实际母牛到 5 岁生长发育才停止，那时才是真正的成年牛）。所以育成母牛生下第一胎后，再配种时应归并在成年母牛数目内。

表 5-20　配种产犊记录

牛号	最后一次产犊日期	配种					预产日期	实际产犊日期	营养状况
		与配公牛	预定配种日期	实际配种日期					
				第一次	第二次	第三次			

表 5-21　某牛场成年母牛牛群动态表

牛号	品种	出生日期	胎次	上胎 305 天产奶量（千克）	本胎产犊日期	配种日期	预产期	干乳日期	备注

表 5-22　育成牛群动态表

牛号	品种	出生日期	转入日期	配种日期	预产期	转出日期	淘汰出售日期	死亡日期

表 5-23　母犊牛群动态表

牛号	品种	出生日期	转出日期	出售日期	淘汰出售日期	死亡日期

表 5-24　牛群配种产犊计划表

项目			月份												总计
			1	2	3	4	5	6	7	8	9	10	11	12	
本年度情况	配种	成年母牛													
		育成母牛													
		共计													
	产犊	成年母牛													
		育成母牛													
		共计													
下年度计划	配种	成年母牛													
		育成母牛													
		共计													
	产犊	成年母牛													
		育成母牛													
		共计													

2. 牛群周转计划

(1)基本材料 ①本年度初和年终的牛群头数和组成结构，牛群的组成结构是牛群中各种性别、年龄、用途不同的牛所占比例，一般可分为育肥牛、繁殖母牛、后备育成母牛、哺乳犊牛(包括公母犊)等，在不同生产方向及用途的牛场其牛群组成结构也不同，如以繁殖为主的牛场中，其繁殖母牛比例可达60%；在肉用为主的牛场中，可不饲养繁殖母牛，而采用易地育肥。②本年度预计出售和淘汰头数及时间。③牛群配种产犊计划。④预计购入头数及时间。

(2)编制方法 ①根据上述材料可综合得出计划年度内各月各类型牛的实有头数(表5-25)。②根据牛场现有的设备、劳动力、牛舍、饲料供应等条件调整各月牛群的组成结构。③进行牛只转组对应全面考虑，如牛场生产需要，牛群合理的组成结构，拟购入牛只的来源和淘汰头数等因素，其中关键性问题是犊牛和后备育成母牛的转组，并需考虑其性成熟期和可以配种时间。

表5-25 牛场牛群____年度周转计划表

月份	月初数	增殖数	转出数	死亡数	淘汰数	月末数
1						
2						
3						
4						
5						
6						
7						
8						
9						
10						
11						
12						
全年						

3. 产肉计划

编制肉牛的产肉计划时，要根据市场需求、各种牛源的育肥周期定出牛群育肥计划为依据，按牛群组别、月份以及育肥完毕后平均每头活重等项表示(表 5-26)。

表 5-26 牛场年产肉计划

组别	计划年内各月育肥头数												全年总计（头）	育肥期（月）	平均每头活重（千克）	活重总计（千克）
	1	2	3	4	5	6	7	8	9	10	11	12				
幼牛育肥																
成年牛育肥																
总计																

4. 饲料计划

为了使养牛生产在可靠的基础上发展，每个牛场都要制订饲料计划。编制饲料计划时，先要有牛群周转计划(各类牛饲养头数)、各类牛群饲料定额等资料，按照牛的生产计划定出每个月饲养牛的头日数×每头日消耗的草料数，再增加 5%～10%的损耗量，求得每个月的草料需求量，各月累加获得年总需求量，即为全年该种饲料的总需要量。

各种饲料的年需要量得出后，根据本场饲料自给程度和来源，按各月份条件决定本场饲草料生产(种植)计划及外购计划，即可安排饲料种植计划和供应计划(表 5-27)。

由于许多饲料原料的采购存在季节性，必须在原料价格较低时集中进行采购或订购。

表 5-27　牛场饲料计划

牛别	平均饲养头数	年饲养头日数	精料		粗料		青贮料		青绿多汁料		牛奶	
			定额	小计	定额	小计	定额	小计	定额	小计	定额	小计
育肥牛												
成年母牛												
青年母牛												
公犊牛												
母犊牛												
总计												
计划量												

(二)生产过程管理

在生产过程中，要实行岗位职责和制度化管理，以提高工作效率和经济效益。建立岗位责任制，就是对牛场的各个工种按性质不同，确定需要配备的人数和每个岗位的生产任务，做到分工明确，责任分明，奖惩兑现，达到充分合理利用劳力，不断提高劳动生产率的目的。每个岗位担负的工作任务必须与其技术水平、体力状况相适应，并保持相对稳定，以便逐步走向专业化，发挥其专长，不断提高业务技术水平。工作定额要合理，做到责、权、利相结合，贯彻按劳分配原则，完成任务的好坏直接与个人的经济利益挂钩，建立奖惩制度，并保证兑现。每个工种的职责要分明，同时要保证彼此间的密切联系和相互配合。因此，在养牛人员的配备中，必须有专人对每个牛群的主要饲养工作全面负责，其余人员则配合搞好其他各项工作。

1. 场长主要职责

贯彻执行国家有关发展养牛生产的路线、方针、政策。

负责制订年度生产计划和长远规划，审查本单位基本建设和投资计划，掌握生产进度，提出增产降耗措施。

制定各项畜牧兽医技术规程，并检查其执行情况。

对于违反技术规程和不符合技术要求的事项有权制止和纠正。

对重大技术事故，负责做出结论，并承担应负的责任。

负责拟定全场各项物资（饲料、兽药、肉品加工原料等）的调拨计划，并检查其使用情况。

组织肉牛场的员工进行技术培训和科学试验工作。

对生产方向、改革等重大问题向决策者提供决策建议。

每周亲自分析研究肉牛增重速度、牛群健康和母牛繁殖动态变化，发现问题，及时解决。

对肉牛场畜牧、兽医等技术人员的任免、调动、升级、奖惩，提出意见和建议。

执行劳动部各种法规，合理安排职工上岗、生活安排等。

做好员工思想政治工作、关心员工的疾苦，使员工情绪饱满地投入工作。

提高警惕，做好防盗、防火工作。

2. 畜牧技术人员的主要职责

根据牛场生产任务和饲料条件，拟订本场的肉牛生产计划和牛群周转计划。

制定牛的饲料配合方案及选种选配方案。

善于总结生产经验，传授新的科技知识。

填写好种牛档案，认真做好各项技术记录。

准确称量和记载牛的产肉量、日增重等。

对养牛生产中出现的事故，及时向场领导提出报告，并承担相应的责任。

3. 人工授精员的职责

每年年底制定翌年的逐月配种繁殖计划，每月末制订下月的逐日配种计划，同时参与制订选配计划。

负责做好发情鉴定、人工授精、妊娠诊断、不孕症的防治及进出产房的管理工作。

严格按技术操作规程进行无菌操作，不漏配。

严格执行选种选配计划，防止近亲配种。

认真做好发情、配种、妊娠、流产、产犊等各项记录，填写繁殖卡片等。建立发情鉴定和妊娠诊断制度。

经常检查精液活力和液氮贮量，发现问题及时上报，并积极采取措施；人工授精器械必须保持清洁。

整理、分析各种繁殖技术资料，掌握科技信息，推广先进经验。

人工授精员的考核：受配率达 80%以上；总受胎率达 95%以上，产犊率 90%以上；个体每次妊娠平均所需输精次数少于 1.6 次；牛群的平均产犊间隔在 13 个月以下；牛群中有繁殖障碍的个体不超过 10%；牛群中有 70%的个体在产后 60 天内出现发情。

4. 兽医职责

负责牛群卫生保健、疾病监控和治疗，贯彻防疫制度，做好牛群的定期检(免)疫工作。

每天对进出场的人员、车辆进行消毒检查，监督并做好每星期一下午牛场的大消毒工作。建立每天现场检查牛群健康的制度。

制订药品和器械购置计划。

认真细致地进行疾病诊治，填写病历。每次上槽巡视牛群，发现问题及时处理。

配合人工授精员做好产科病的及时治疗，减少不孕牛。

做好乳房炎的防治工作。

配合畜牧技术人员共同搞好饲养管理，预防疾病发生。

掌握科技动态，开展科研工作，推广先进技术。

对购进、销售活牛进行监卸监装，负责隔离观察进出场牛的健康状况、驱虫、编号，填写活牛健康卡，建立牛只档案。

按规定做好活牛的传染病免疫接种，并做好记录，包括免疫接种日期、疫苗种类、免疫方式、剂量、负责接种人姓名等。

遵守国家的有关规定，不得使用任何明文规定禁用药品。将使用的药品名称、种类、使用时间、剂量、给药方式等填入监管手册。

发现疫情立即报告有关人员，做好紧急防范工作。

要做到：场内不发生严重传染病；场内每头牛的平均年医疗费小于100元；牛群的体内外寄生虫病发病率接近零。

5. 肉品加工技术人员的职责

做好原料肉的收贮、制冷、保管及运输、加工、销售工作。

做好产品入库、出库的数量记录。要求数据准确，实事求是。

负责监督各车间产品质量。

按照食品卫生法及各种产品的国家标准进行生产。

发现质量问题及时向主管领导报告，并采取解决措施。

负责全厂质量管理与技术培训。

掌握科技动态，组织科技攻关，解决生产中存在的问题，不断开发新产品。

6. 配料员的职责

严格按照科技人员制定的饲料配方配合饲料，保质保量供应到车间。

搞好饲料的贮备、保管，不霉不烂。

保证饲料清洁、卫生，严禁饲料中混入铁钉等锐利异物和被有毒物质污染。

7. 养殖场押运员职责

押运员需经检验检疫机构培训考核合格，持外经贸部门颁发的押运员证书方可押运活牛。

负责做好活牛途中的饲养管理和防疫消毒工作，不得串车，不得沿途出售或随意抛弃病、残、死牛及饲料、粪便、垫料等物品，并做好运输记录。

活牛抵达出境口岸后押运员须向出境口岸检验检疫机构提交押运记录，押运途中所带物品和用具须在检验检疫机构监督下进行熏蒸消毒处理。

清理车内的粪便、杂物，洗刷车厢，配合进出境口岸、检验检疫机构实施消毒处理并加施消毒合格标志。

途中发现异常情况及时报告主管部门，做好事故处理工作。

8. 饲养员职责

(1)犊牛饲养员职责　饲养员应依章行事，一切行动为牛着想，体贴、关心、爱护牛，不允许虐待、打骂牛。

按时作息：早 6:00～9:00，下午 15:00～17:00，晚上 21:00～23:00。

引槽：先关闭其他门，盖好精料袋，添入饲草，再打开运动场门，赶牛入槽，定槽，拴槽，清扫过道。

喂奶：对哺乳的犊牛，按照场方的哺乳期和哺乳量计划的规定喂奶。

喂料：对不哺乳的犊牛，按照场方规定，做到定量饲喂精饲料。

注意喂奶技术：先把牛奶加热到 95℃，持续 3 分钟，凉到 38℃再喂牛，喂奶持续时间不少于 1 分钟，喂毕后擦干净牛嘴巴周围，及时纠正有吸吮恶癖的犊牛。

刷拭：对每一头牛按一定顺序（如按牛号或位置等）刷拭，保留头部不刷拭，重点刷拭臀部。

调教吃草料：犊牛 10 日龄后即开始调教吃草料，直至能正常采食为止。

瘤胃微生物接种：与调教吃草料同时，接种瘤胃微生物。

勤添饲草，在牛下槽时，牛槽内应剩有可吃的剩草。注意检查饲草料中有无铁钉、铁丝、碎玻璃、塑料布和霉烂的饲草料等，一经发现，立即去除。

牛下槽后，清除粪便，清扫牛床，关灯、关窗，经过检查后方可离开牛舍。

放水：对运动场的水槽放水。

定期清洗运动场上的水槽。

发现牛有发病等异常情况，立即报告有关人员，并协助有关人员解决。

协助有关人员驱虫、去角、防疫注射等。

犊牛饲养员考核：牛饲养定额为25～30头；犊牛平均日增重0.6千克以上；犊牛成活率达95%以上；牛体表部位无寄生虫等皮肤性疾病。

(2)育肥牛饲养员职责　饲养员应依章行事，一切行动为牛着想，体贴、关心、爱护牛，不允许虐待、打骂牛。

按时作息：早6:00～9:00，下午15:00～17:00，晚上21:00～23:00。

引槽：先关闭其他门，盖好精料袋，添入饲草，再打开运动场门，赶牛入槽，定槽，拴槽，清扫过道。

喂料：按照场方规定，做到定量饲喂精饲料。

刷拭：对每一头牛按一定顺序(如按牛号或位置等)刷拭，保留头部不刷拭，重点刷拭臀部。

勤添饲草，在牛下槽时，牛槽内应剩有可吃的剩草。注意检查饲草料中有无铁钉、铁丝、碎玻璃、塑料布和霉烂的饲草料等，一经发现，立即捡掉。

牛下槽后，清除粪便，清扫牛床，关灯、关窗，经过检查后方可离开牛舍。

发现牛有发病等异常情况，立即报告有关人员，并协助有关人员解决。

协助兽医进行驱虫、防疫注射。

放水：对运动场的水槽放水。

定期清洗运动场上的水槽。

育成牛饲养员考核：育肥牛饲养定额为50头；平均日增重1.20千克以上；牛体表部位无寄生虫等皮肤性疾病。

(3)成年母牛饲养员职责　饲养员应依章行事，一切行动为牛着想，体贴、关心、爱护牛，不允许虐待、打骂牛。

按时作息：早6：00～8：30，下午15：00～17：30，晚上21：00～23：00。

引槽：先关闭其他门，盖好精料袋，添入饲草，再打开运动场门，赶牛入槽，定槽，拴槽，清扫过道。

刷拭：对每一头牛按一定顺序(如按牛号或位置等)刷拭，保留头部不刷拭，重点刷拭臀部。

喂精饲料：做到依产奶量确定精饲料喂量，不得随意饲喂。

勤添饲草，在牛下槽时，牛槽内应剩有可吃的剩草。注意检查饲草料中有无铁钉、铁丝、碎玻璃、塑料布和霉烂的饲草料等，一经发现，立即去除。

放水：对运动场的水槽放水。

牛下槽后，清除粪便，清扫牛床，关灯、关窗，经过检查后方可离开牛舍。

发现牛发情、产犊、发病等情况，立即报告有关人员，并协助有关人员解决。

协助兽医进行驱虫、乳房炎检查等工作。

要勤俭节约饲草饲料，爱护公共财物，经常检修牛运动场等活动场所。

成年母牛饲养员考核：牛饲养定额为25～30头；成年牛死亡率低于3%；牛发病8小时内检出率为100%；对未检查出的发情牛负次要责任；对因饲喂冰冻饲草料、饮冰冻水而引起的流产负全部责任，对因其他原因引起的流产一般负次要责任。

(三)员工绩效考核管理

根据岗位职责进行绩效考核管理,严格执行奖惩制度,以提高劳动生产效率和经济效益。

二、肉牛场的技术管理

对养牛生产及牛产品加工的各个环节,提出基本要求,制定技术操作规程。要求职工共同遵守执行。可实行岗位培训。

(一)肉牛场工作日程

合理的工作日程是提高肉牛生产力的重要环节。当牛场的工作日程规定了以后,就要严格遵守,一切工作都要按表上规定的时间切实执行。如果随意打乱牛场的工作日程,就会使肉牛已经形成的条件反射遭到破坏,会使肉牛感到不安,因而也就会影响生产。

牛场的工作日程,依劳动组织形式、日增重和饲喂次数而不同。目前我国采用的饲养日程,大致有以下几种:2 次上槽和 3 次上槽。前者适合以繁殖为主的牛场,对总的营养物质和饲料量需要较少,可以保证牛只有充分的休息时间,相对也减轻了饲养员的劳动负担,能抽出更多的时间从事学习和技术革新。但对育肥牛场,宜采取 3 次上槽,既不增加饲养员过多的劳动负担,也不致影响肉牛的日增重。目前我国各地肉牛场多实行这种工作日程。比较理想的方式是采用全混合日粮自由采食,可使牛不挑食、不剩草料,生产性能高,但浪费比较严重,不太适合我国国情。

(二)肉牛场各月份管理工作的要点

1 月份:要调查牛群的年龄、膘情、健康状况等,摸清底数,指导工作。其次，要做好防寒保暖工作，尤其要注意弱牛、妊娠牛和犊牛的安全越冬。舍内要勤换垫草、勤除粪尿，保持清洁干燥，防止寒风贼风侵袭。尽可能饮温水，采取措施保证增重。

2 月份：继续搞好防寒越冬，积极开展春季防疫、检疫工作。

3 月份：进行彻底消毒。从环境到牛舍，都要彻底清扫、消毒。要抓住时机搞好植树造林、绿化牛场工作。

4 月份：加强管理，安排好饲料，防止发生断青绿饲料的现象，做好饲草料变动的过渡，以免发生消化失调、臌胀等，以提高育肥牛增重。繁殖母牛驱虫。

5 月份：应增喂青割饲料，如大麦苗、早苜蓿等，也可制作青贮饲料。检查干草贮存情况，露天干草要堆垛、密封好，防止雨季到来被淋湿而发生霉烂变质。在地沟和低湿处撒杀虫剂，消灭蚊蝇。

6 月份：天气渐热，要做好防暑降温的准备工作。本月牛可吃到大量青绿饲料，日粮要随之变更，逐渐减少精料定量。

7 月份：全年最热时期，重点工作应放在防暑降温上，做到水槽不断水，运动场不积水，日粮要求少而质量好，给牛创造一个舒适的条件，力争暑天增重不降低。青草季长的地区，可制作头茬青贮。

8 月份：雨季来临，除继续做好防暑降温工作外，要注意牛舍及周围环境的排水，保持牛舍、运动场清洁、干燥。

9 月份：检修青饲切割机和青贮窖，抓紧准备过冬的草料，制作青贮饲料，调制青干草。

10 月份：继续制作青贮。组织好人力、物力，争取在较短时间内保质、保量地完成青贮饲料工作。注意利用牛的生物学特性抓秋膘，以便获得最大的经济效益。

11 月份：从本月后半月起可开始正常配料。做好块根饲料胡萝卜等的贮存工作。继续抓膘，并作繁殖母牛群秋季驱虫。

12 月份：总结全年工作，制订下年的生产计划。做好防寒工作，牛舍门窗、运动场的防风墙要检修。冬季日粮要进行调整，适当增加精料喂量。

(三)技术指标

见表 5-28 和表 5-29。

表 5-28　一般肉牛育肥技术管理指标

育肥阶段	年龄	日增重(千克)	发病率(%)
犊牛期	0～6 月龄	0.8～1.2	5
育成期	7～12 月龄	1.3～2.0	3
育肥期	13 月龄至出栏	1.5～2.0	2

表 5-29　高档肉牛育肥技术管理指标

育肥阶段	年龄	日增重(千克)	发病率(%)
犊牛期	3～6 月龄	0.8～1.0	5
育成期	7～12 月龄	1.0～1.3	3
育肥前期	13～19 月龄	1.4～2.0	2
育肥后期	20 月龄至出栏	1.2～1.5	2

三、肉牛场的财务管理

(一)劳动定额管理

为了保证肉牛场有序、高效进行生产，需要统一组织、计划和调控。首先，肉牛场需要有科学合理的人员配置。规模较小的牛场不设置专门的职能机构，可采用直线制进行管理，即场长负责一切指挥和管理。规模较大的牛场，根据需要，可设置相应的其他管理人员，一般按场长、副场长、生产技术人员、兽医、财会人员、后勤人员、饲料加工人员、饲养人员和检验化验人员设置。在不违反国家有关劳动法规下，人员配置越少越好，小型牛场必须采用一人多职，简化机构，提高效率，冗员往往是肉牛场失败的主要原因之一。

制定合理的劳动定额，可做到具体分工，专人负责，有利于饲养员了解自己所管牛只的个体特性、生活习惯、生理机能和生产能力等，以便在了解牛只情况的基础上，进行针对性的饲养管理，可以有计划地提高每头牛的生产能力，并可充分发挥饲养人员的积极性和创造性。

制定劳动定额，主要指标应包括饲养头数、膘情等级、母牛的配种产犊率、犊牛成活率、日增重、饲料定额和成本定额等。然后根据完成定额的好坏，确定报酬。在规定各项定额时，应根据各地具体条件而有所区别。一般牛场可按成年母牛、妊娠母牛、犊牛、青年牛或肥育牛等不同牛群，分别组成养牛小组或包到个人。一般条件下，每人可管理育肥牛 50 头左右，成年母牛 25～30 头，断奶后育成牛 50 头左右，奶公犊 20 头左右。

总之，制定劳动定额时，必须从实际出发，以有利于调动饲养人员的积极性和提高劳动生产效率为原则。

(二)财务制度

严格遵守国家规定的财经制度，树立核算观念，建立核算制度，各生产单位、基层班组都要实行经济核算。

建立物资、产品进出、验收、保管、领发等制度。

年初年终向职代会公布全场财务预、决算，每季度汇报生产财务执行情况。

做好各项统计工作。

四、肉牛场的技术效益评价

(一)技术经济效果指标类

全员劳动生产率：产品(牛肉或其加工产品)产量或产值与年

平均在册职工总数之比。

直接劳动生产率:产品产量或产值与年均直接生产职工人数之比。

全员劳动利润额:年总产值减去全年消耗的生产资料价值(产品销售成本)及税金所留余额与年均在册职工总数之比。

每千克牛肉成本:(育肥牛饲养费用－副产品价值)/屠宰净肉。

每千克增重成本:牛群饲养费用减去副产品价值的余额与增重总量(千克)之比。

百元定额流动资金利润额:产品利润总额与定额流动资金(百元)之比。

百元固定资金利润额:产品利润总额与固定资金(百元)之比。

投资回收期:投资总额与年均利润增加额之比。

投资效果系数:年平均利润额与投资总额之比。

(二)技术经济分析指标类

劳动力利用率:全年参加养牛生产的人数与劳动力年均总人数之比。

职工年人均负担养牛头数:牛年均总头数与职工年均总人数之比。

其他指标:饲料利用指标、牛生产力指标、繁殖率指标等。

对牛产品加工生产分析可采用产品产量、产品销售量、产品总产值、净产值、产品品种数量、新产品比重、质量合格率、产品优质率等指标。

(三)肉牛场生产成本核算

肉牛生产的主要目的,是组织各种资源产出一定数量合格的肥牛,适时提供商品牛,并利用肉牛价格创造价值。为产品的产出而花费的资源价值称为投入;而生产的产品所创造的价值称为产值,即产出。经营得体,一年或一个生产周期的产出应大于投入,即从所得的产值中扣除成本后,应获得较多的盈余。只有这样生产才得以维持并不断扩大再生产。

成本是指组织和开展生产过程所带来的各项经费开支。各项经费开支,分现金开支和非现金开支。现金开支是成本的一部分,它是为进行生产购买资源投入时发生的,如购入架子牛、饲料、药品、用具等所支付的现金。成本的另一方面,还包括非现金开支或隐含的开支项目,如原有的畜舍、不计报酬的家庭劳力、利息、折旧费等,它们也是生产开支,实行成本核算时也应记入成本账。现金开支和非现金开支的总和,构成肉牛养殖场(户)经营的总成本,也只有包括这两类开支,才能充分如实地表述从事养牛经营所投入的成本。

盈利是对养牛场(户)的生产投入、技术和经营管理的一种报偿,是销售收入减去销售成本、税金之后的余额。销售收入的计算原则是:①实际销售的产品,如出栏的肉牛,是构成销售收入的第一要素。②自销的产品值。③其他销售值,如粪肥出售应计入销售值。④对存栏的架子牛、肥育牛等不能计入本年度的销售收入,也不能作价计算收入,应按实际成本结转在下年度。

一个养牛场(户)的盈利可能是正值,也可能是零甚至负值。负值说明其投入产出比低于当时市场上的平均投入产出比,零或负值时,连所耗费的实际成本也无法支付,其结果便等于破产;盈利是正值,说明所投入的生产要素得到了令人满意的报偿,要计算投入产出比或利润率=利润/投入量×100%,可比较客观地反映效益。

养牛场(户)的经营核算,是经常持久的经营管理活动,它是提高经营管理水平、正确执行国家有关财经政策和纪律、获取盈利、进行扩大再生产必不可少的重要环节。不仅应认识其重要性,而且应求其准确性和经常性。为此，养牛场(户)都应建立必要的账目。一般有一定规模的养牛场或农牧场都有会计人员，并建立了相应的会计业务和经营核算体系，但养牛户和小型养牛场多无专管会计员，有的账目不全或不准确，甚至经营管理者不重视，这都不利于经营核算。

根据养牛户的经济活动，其会计科目大体内容可分支出类(包括“固定资产”和“原材料”)、收入类(主要是“销售”)等作为设置账目的依据。

所谓“固定资产”，一般分为生产用与非生产用固定资产。前者包括畜舍、仓库建筑物、拖拉机、水电设备、种畜、农具等，即直接参加或服务于生产经营的固定资产。后者指不是直接用于生产或其他经营活动的固定资产，如住房等。

所谓“原材料”，是指能生产肥育肉牛或其他副产品的各种原料和材料。如饲草料等主要原料，疫苗、药品等辅助材料，还有燃料、维修材料、各种装物的器具、低值易耗的生产工具等。

养牛场账户可设下列主要科目：收入类，包括肥育肉牛收入、淘汰牛收入、粪肥收入、贷款、暂收款等。

支出类，有饲料支出、架子牛支出、死亡支出、医疗费支出、配种支出、人工支出、运费支出、用具支出、税利支出、暂付款、集体提留及公益支出、固定资产折旧、周转资金预留及其利息等。

结存类科目，包括现金、银行(信用社)存款、固定资产、库存、其他物资等。

(四)经营活动分析

肉牛场的经营活动分析是不同阶段研究肉牛养殖企业经营效果的一种好办法，是为了通过分析影响效益的各种因素，找出差距，提出措施，巩固成绩，克服缺点，使经济效益更好。分析的主要内容有对生产实值(产量、质量、产值)、劳力(劳力分配和使用、技术业务水平)、物质(原材料、动力、燃料等的供应和消耗)、设备(设备完好率、利用、检修和更新)、成本(消耗费用升降情况)、利润和财务(对固定资金和流动资金的占用、专项资金的使用、财务收支情况等)的分析。

开展经营活动分析,首先要收集各种核算的资料,包括各种台账及有关记录数据,并加以综合处理,以计划指标为基础,用实绩与计划对比、与上年同期对比、与本企业历史最好水平对比、与同行业对比进行分析。至于开展经营活动分析的形式,可分为场级分析、车间(牛舍)分析、班组分析。在分析中,要从实际出发,充分考虑市场动态、场内的生产情况以及人为、自然因素的影响,从而提出具体措施,巩固成绩,改进薄弱环节,达到提高经济效益的目的。

依据经营分析和主客观情况,做好计划调整与调度,安排与调整生产计划。首先要关注市场变化,尽可能做到以销定产,在考虑国内市场时,要特别注意安排季节性生产,尽可能在重大节日的市场需求旺盛期多出好牛,以获取更好效益;其次是依据本场现有条件和可能变化的情况(如资金、场地、劳力)挖潜增效;其三要考虑架子牛的供应和饲料供应,做到增产节约、产供协调。

最后,有条件的要用文字形式写出分析报告,包括基本情况、生产经营实绩、问题以及建议等,以利于进一步提高业务管理水平、经营水平和企业综合决策水平,不断提高单位效益。

第六章

肉牛繁殖技术

第一节 肉牛群结构

当今，肉牛生产面临的最大且难以迅速解决的问题就是牛源问题，溯其本，关键在于繁殖母牛越来越少，据调查，全国肉牛能繁母牛占牛群总量不足 40%，这对肉牛业的发展提出了危险的警示。为此，要快速发展壮大肉牛产业，必须重视牛群结构。

一、肉牛群的结构

牛群应保持合理的结构，一般合理的牛群结构应该包括：配种群、妊娠群、分娩群、离乳群、育成群、肥育群等。具体的牛群结构，根据各场经营规模、占地面积和资源条件等不同而有所不同。目前在生产中，多数是繁殖和育肥分开进行的。为此，除专门的规模化育肥场外，一般进行肉牛养殖的牛群结构应为：成年母牛占

50%～60%，后备育成母牛占6%～8%，后备青年母牛占7%～9%，犊牛占27%～33%。

二、后备母牛的选择

（一）按系谱选择

按系谱选择应充分考虑父亲、母亲及外祖父的育种值，特别是产肉性状，应依据父亲和外祖父的育种值进行选择，不能以母亲的生长发育和日增重作为唯一选择标准，同时考虑父母的生长发育和日增重等指标。

系谱内容包括：牛编号、品种、来源、出生地、出生日期、初生重，体型外貌及评分，体尺体重与配种记录，血统及防疫记录。

（二）按生长发育情况选择

按生长发育情况选择主要以体尺体重为依据，包括初生重和6月龄、12月龄、第一次配种的体尺（体高、体斜长、胸围等）、体重。

（三）按体型外貌选择

按体型外貌选择后备母牛主要是根据不同月龄培育标准进行外貌鉴定，如肉用特征、日增重、肢蹄强弱、后躯发育是否丰满等外貌特征，对不符合培育标准的个体及时淘汰。

第二节　肉牛发情鉴定技术

发情是指母牛发育到一定年龄，性成熟后所表现出的一种周期性的性活动现象，外部表现为兴奋不安、哞叫、食欲减退、尿频、追逐其他牛，有爬跨或接受爬跨的表现，阴门潮红并有黏液流出。发情周期是指发情持续的时间，通常以一次发情的开始至下一次发情的开始所间隔的天数为准，一般为 19～23 天，平均 21 天，处女牛较经产牛短。根据母牛的精神状态和生殖器官生理变化及对公牛的性欲反应，将母牛的发情周期分为四个阶段，即发情前期（持续 1～3 天，无性欲表现，但生殖器开始充血）、发情期（持续 15～18 小时，从母牛愿意接受爬跨到回避爬跨的时间，表现为母牛兴奋，食欲下降，外阴部充血肿胀，子宫颈口松弛开张，阴道有黏液流出）、发情后期（3～4 天，由性兴奋逐渐转入平静状态，排卵 24 小时后，大多数母牛从阴道内流出少量血）和休情期（持续 12～15 天，性欲完全停止，精神状态恢复正常）。详见图 6-1。

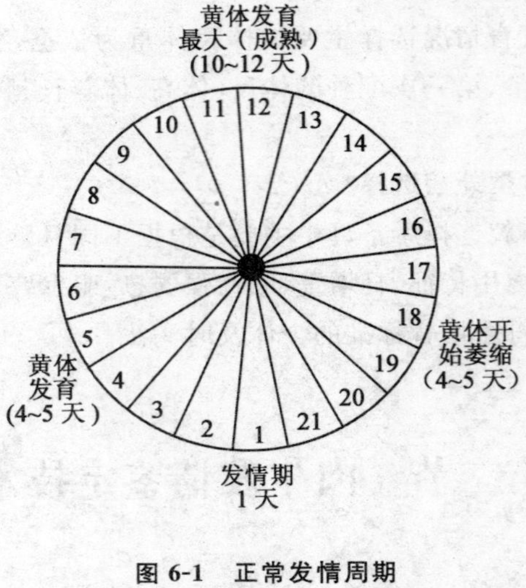

图 6-1　正常发情周期

母牛发情周期受许多因素的影响。牛体内在的神经和激素控制卵巢的机能活动,影响发情周期的变化过程。营养、光照、温度等因素也显著影响母牛发情周期,其中营养对其影响最直接,营养不良、膘情较差、管理粗放等会使牛发情异常(发情不排卵、排卵却无发情征兆)。如山区牧区“靠天养牛”,冬季不补饲,靠牧食枯草,因而营养贫乏,造成母牛季节性发情,即春末发情、秋后不发情;农村圈养,一年四季营养合理的母牛群,则常年发情、受胎。即使其他营养平衡,缺磷也会造成牛发情、受胎异常,甚至产后半年也不发情,造成缺磷地区三年两胎甚至两年一胎,所以维持母牛营养平衡是提高繁殖成活率的首要措施。

在生产中,为了避免漏配,应采取及时观察和直肠检查等方法。

一、外部观察

通过观察母牛的精神状态和外生殖器而实施。发情母牛表现为兴奋不安,食欲减退,反刍时间减少或停止,对周围环境的敏感性提高,哞叫、追随其他牛,嗅其他牛的外阴,爬跨或接受其他牛的爬跨,拱腰举尾,频频排尿。外生殖器充血、肿胀,流出牵缕性黏液,并附于尾根、阴门附近而形成结痂。爬跨或接受爬跨是发情的征兆。被爬跨的牛若发情,则站立不动,举尾,如不是发情牛,则拱背逃走。发情牛爬跨其他牛时,阴门搐动并滴尿,具有公牛交配的动作。发情牛由于接受爬跨,其尾根被毛蓬乱或直立(尤其在冬季),尾部或背部留有粪土、唾液,被毛被舔得不整,根据这些征状可捕捉遗漏的发情牛(图 6-2)。

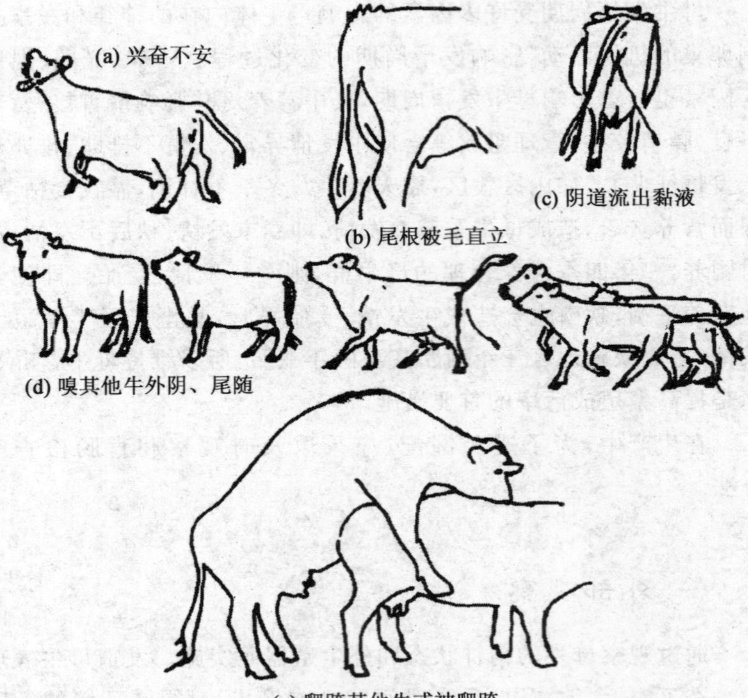

图 6-2 母牛发情征状

二、直肠检查

由于母牛品种、个体、营养的差异，其卵泡发育、排卵时间不完全一致，为了准确确定母牛发情时子宫和卵巢的变化，除进行外表观察外，还必须借助直肠检查法。

直肠检查要本着安全、准确和快速的原则进行。首先将母牛进行安全保定，检查者将指甲剪短磨光，洗净手臂并涂以润滑剂，先用手指抚摸肛门，使母牛放松，随后侧身站立于牛的正后方，五指并拢成锥状，以缓慢旋转的方式插入肛门，用空气排粪法将直肠内空气排净，或者掏出粪便，五指并拢，掌心向下，在骨盆腔底部可抚摸到软骨状棒状物，即子宫颈。沿着子宫颈向前移动，可触到子宫体和一纵的凹陷，即角间沟。在角间沟两旁左右子宫角分叉处，先将手移至右子宫角，沿右子宫角大弯向前下方抚摸，右子宫角弯曲处，即可碰到右卵巢，用食指和中指将卵巢固定，用拇指肚仔细触摸卵巢的大小、形状、质地和卵泡发育情况，再用相似的动作触诊左卵巢。

直肠检查时，如遇母牛强烈努责或肠壁扩张如坛状，可继续前伸，找到直肠前端收缩处，手呈锥状，从收缩处中心凹窝往前挤，可使收缩波向后端延伸而消失，直肠壁变软后，即可进行直检操作。

直肠检查要从形状、质感上区别卵巢。空怀不发情牛的卵巢小(像压扁的枣子)，表面光滑。发情牛的卵巢由于卵泡发育而体积增大，在卵泡发育的位置小心触摸，会隐约感到有凸出卵巢的有波动感的小泡，刚排卵后的卵巢排卵处略有凹陷，使卵巢不规则。有妊娠黄体的卵巢也略增大，黄体部分突出卵巢表面，质硬而顶端不光滑。因牛的情期短，一般排卵在发情结束前 2 小时至发情结束之后 26 小时，平均排卵时间在发情结束后 12 小时。所以只需确定牛是否真发情，即可不误输精时机。牛发情时内生殖器官最容易区别的是子宫角的敏感性与硬度，发情时子宫角敏感度提高，隔直肠触摸，会很快收缩，质地变硬，轮廓清楚，大于不发情牛；子宫颈在发情时却变软，轮廓模糊，大于休情期。从直肠检查，可准确地判别牛是真发情还是假发情(有胎)和不发情。

近年来许多人在探索发情鉴定的新方法，如子宫颈黏液 pH 测定法、子宫黏液涂片法、孕酮含量测定法，虽有进展，但均不及直肠检查法简易准确。

第三节　肉牛繁殖实用新技术

一、人工输精

在合理日粮下母牛产犊后，第一次发情多在产后40～50天，这个情期常会发生发情不排卵或排卵无发情征兆。第二个情期在60～70天，通常发情已正常。但产后营养缺乏以及环境恶化会明显地抑制发情，原始种群最为明显。在放牧饲养的母牛群中也很明显。产后适合配种的时机还受恶露（分娩后子宫黏膜复原过程中，表层变性、脱落，与部分残血和残留的胎水，子宫腺分泌物等的混合液）排净的影响，正常10～12天排净，子宫复原几乎与恶露排净同步。若因双胎、难产、野蛮接产以及母牛过于瘦弱，则常延到40天左右。所以牛产后配种最佳时机是产后60～90天，能在此期配种则可达到一年一胎的繁殖水平。产后母牛给予合理营养是保证达到一年一胎的基础。若不注意，完全"靠天养牛"则产后发情可能推迟数十天。牛随产后情期的增加，情期受胎率降低。为此，生产中应及时把握发情并输精。

（一）输精时间

母牛适宜输精时间在发情旺期的5～18小时期间。首次输精在发情旺期的5～8小时，即当母牛出现爬跨，阴户肿胀并分泌透明黏液，哞叫时可以输精，当阴户湿润、潮红、轻度肿胀，黏液开始较稀不透明时为最佳输精时间。二次输精间隔8～12小时。因为一般情况母牛发情持续期18小时，母牛在发情结束后平均10～

15 小时排卵，卵子存活时间为 18～20 小时，精子进入受精部位 2～13 小时，精子在生殖道内保持受精能力 24～50 小时，精子获能时间需 3～4 小时。

由于母牛多在夜间排卵，生产中应夜间输精或清晨输精，避免气温高时输精，尤其在夏季，以提高受胎率。对老弱母牛，发情持续期短，应适当提前配种时间。

（二）输精方法

人工授精有直肠把握子宫颈输精和开膣器输精法两种。直肠把握子宫颈输精部位准确，输精量少，受胎率高，输精前可结合直肠检查掌握卵泡发育情况，做到适时输精，可防止误配假发情牛，对子宫颈过长、弯曲、阴道狭窄的牛都可输精，所需器械也少，正在成为唯一的人工授精方法。

直肠把握子宫颈输精技术的操作方法（图 6-3）如下：

（1）将被输精的母牛牵入配种架内进行安全保定，熟练时可不保定，将牛拴系于牛舍内或树桩上。

（2）左手戴长臂胶手套，外面淋润滑剂，如肥皂、榆树皮浸液等，侧身站立于牛体后面，先用手抚摸肛门，五指并拢成锥状，以缓慢旋转的动作伸入直肠内，排除积粪。

（3）用清水洗净外阴部并擦干，也可用一次性纸巾擦干；或用 2％的来苏儿或 0.1％的高锰酸钾溶液消毒并擦干。

（4）用手腕连同手掌轻压直肠，使阴唇张开，用右手持输精器以 30°角度（与水平面）通过阴唇插入阴道，当输精器碰到阴道上壁时，再以水平角度向前轻而缓慢地插入，以免插入尿道口，有时阴道壁可阻止输精器插入，通过后移输精器或把子宫颈前移再插入。

（5）左手沿下前方轻轻触摸，感到有硬度稍大的线轴状物，即子宫颈。

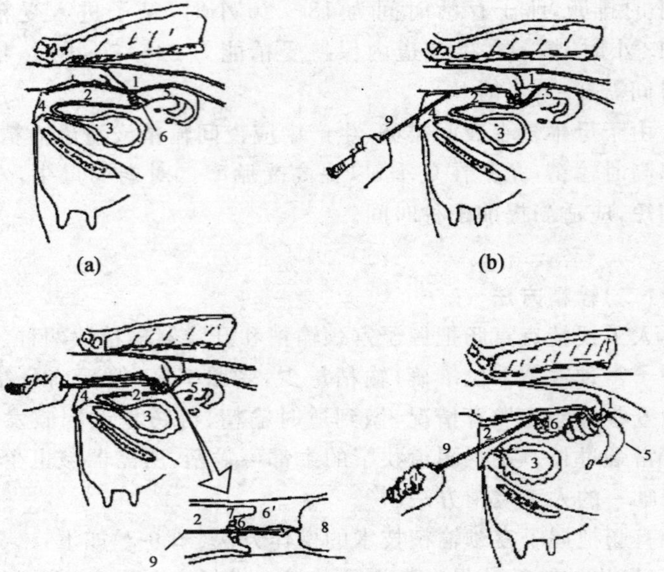

图 6-3 人工输精要领

(a)寻找子宫颈 (b)拇指和其他四指分开,轻轻把住子宫颈后端(子宫颈阴道部),使子宫颈后端左右侧阴道壁与子宫颈阴道部紧贴,以免输精管误插到阴道穹窿,手臂下压使阴门开张,把输精管斜往上插入,然后提起送往子宫颈口 (c)两手配合,引导输精管插入子宫颈口,左手稍延伸,把住子宫颈中部,两手配合,使输精管越过数个皱襞轮在子宫颈 2/3～3/4 处把精液输入

(d)错误操作:一是手抓得太靠前,未固定子宫颈,无法把输精管插入子宫颈深部;二是全掌抓,极易使母牛直肠黏膜(甚至肌层)受伤。

1.剖开的直肠 2.剖开的阴道 3.剖开的膀胱 4.阴道前庭、阴道口 5.子宫角 6.子宫颈阴道部 6′.剖开的子宫颈 7.阴道穹窿 8.子宫腔 9.输精管

(6)左手捏住子宫颈阴道端,右手把输精器前端送到左手所捏部位,然后左右手配合摇动,改变子宫颈与输精管端的相对位置,避免输精器停留在阴道穹窿,使输精器前端进入子宫颈口,左手前

移继续改变子宫颈方向，使输精器越过皱襞轮，插入子宫颈深部5～8厘米深，即子宫颈的2/3～3/4处。

(7)右手将输精器内精液推出，随即抽出输精器。

输精时，每头待输精牛应准备一支输精管，禁止用未消毒的输精管连续给几头母牛输精，输精管应加热到和精液同样的温度，吸取精液后要防尘、保温、防日光照射，可用消毒纱布包裹或消毒塑料管套住，插入工作衣内或衣服夹层内保护；输精母牛暴跳不安，有时反抗，可通过刷拭，拍打尾部、背腰等安抚，不能鞭打、粗暴对待或强行输精；输精员的操作应和母牛体躯摆动相配合，以免输精管断裂及损伤阴道和子宫内膜；寻找输精部位时，严防将子宫颈后拉，或将输精管用力乱捅，以免引起子宫颈出血，少数胎次较高的母牛有子宫下沉现象时，允许将子宫颈上提至输精管水平，输精后再放下去；青年牛的子宫颈较细，不易寻找，输精管也不宜插入子宫颈太深，但要增加输精量；输精完毕后，将输精管内残存的精液及时做活率检查，达不到标准应补输一次。

冷冻精液有颗粒状和细管状两种。颗粒状冷冻精液制作简单，储存成本低，因而价格低廉，但由于冷冻精液颗粒直接与液氮接触，液氮未经杀菌，这样使冻精受到污染。液氮虽然温度在−196.5℃，但只能使病原微生物停止繁衍，并不能使微生物死亡。带有病菌的精液输到黏膜有伤口（或病弱牛）的子宫内均易造成子宫炎，导致难育或不育。细管状精液则没有此缺点，并有标识详尽、不易弄错的优点，但价格较高。从综合利益考虑，应该选用细管精液。冷冻精液从解冻到输精的全过程，均应注意避免低温打击造成精子死亡，输精无效。例如，解冻后精液温度为38℃，而输精场所气温只有5℃，从精液吸到输精管到插入母牛阴道之前，几分钟内温度已下降到10℃以下，这就是低温打击，大部分精子死亡。若采用低温解冻，解冻后精液温度在5～10℃，则可避免上述情况发生。

要注意输精器械卫生，每输一头牛，器材全部按规程消毒。已消毒好的器材，不得与未消毒的手套、抹布等接触，以免污染。

采用直肠把握输精，输精枪（管）只许插到子宫颈深部（越过3个皱襞轮，在子宫颈的3/4～4/5深部），不能插到子宫角内！因为适宜输精的时机（卵巢排卵之际），已是牛发情的末尾，子宫抗病力已下降。如果将输精管插入子宫体或子宫角，输精管可能把子宫黏膜划伤（子宫黏膜很脆弱），即便输精管消毒彻底，但进入阴道过程中难免被污染（假若阴道已有污染时，会使输精器污染更严重），进入子宫及子宫角，等于输入病菌，造成“人工输病”。精液输到子宫颈深部或输到子宫角的受胎率并无差别，国内外的试验早已证明，精液输到子宫颈外口后12～15分钟即到达输卵管，这是由于母牛生殖道的运动与精子本身的运动的综合结果。因而无需插到子宫角。精液只输到子宫颈深部，可避免输精造成子宫炎。输精并非输胚胎，输胚胎则需输到子宫角。

二、同期发情

母牛经激素处理后，使其在相同时间内集中发情，采用的方法是用孕激素类使母牛发情周期延长和用溶黄体素使母牛发情周期缩短。但只有中等膘情且日粮平衡的母牛适用此法。

（一）孕激素法

采用较好的孕激素如孕酮、甲孕酮、甲地孕酮、氯地孕酮和18-甲基炔诺酮等，进行阴道栓塞、口服、注射等，用药期16～20天，处理后的牛群4～5天发情。

（二）溶黄体素法

前列腺素及其类似物可溶解成熟黄体，对于有正常发情记录的可在发情周期的第8～12天，子宫灌注前列腺素0.5～1毫克，每天1次，共两天。母牛处理后48～96小时发情。皮下或肌肉注射需加大剂量，前列腺素注射后再注射100微克促性腺激素释放激素效果更好。

上述两种方法中，以第一种安全，副作用少。第二种则简便，实践中应用较多。

三、超数排卵

超数排卵指应用外源促性腺激素处理母牛，促使母牛卵巢的多个卵泡同时发育，并且能够同时或准时排出多个具有受精能力的卵子，简称"超排"。

超数排卵的处理方法：一种是在预计自然发情的前4天，即发情周期的第16或17天肌肉或皮下注射孕马血清促性腺激素(PMSG)1 500～3 000国际单位，同天注射前列腺素($PGF_{2\alpha}$)25～30毫克，为促进排卵，可在发情时肌肉注射人绒毛膜促性腺激素(HCG) 1 000～1 500国际单位。另一种是在发情周期的中期，即在发情周期的第15～18天开始每天上下午各肌肉注射一次促卵泡激素纯品，第一天共5毫克，第二天1.6毫克，第三天0.9毫克。处理的母牛从发情后期开始输精以后每隔12小时输精一次，共输3次，有效精子量加倍，输精后6～8天用非手术法冲胚。

超数排卵可诱使母牛产双胎或三胎，一般超排数量最好在10个左右。超数排卵可充分发挥优良母牛的作用，加速牛群改良，同时是胚胎移植的一个重要环节。供胚牛以未生育过的青年牛为最优，随胎次增加，超数胚较少，6胎后又有增加的趋势。一年可超排处理两次，随后妊娠一胎，以后又可超排两次。供胚牛也必须中等膘情，性周期正常，身体健康，日粮各种营养素平衡。

四、胚胎移植

(一)供体牛的选择

供体牛是指在胚胎移植中,提供胚胎或卵母细胞的母牛。一般选择品种优良、生产性能较高或具有某种遗传特性、体质健壮、繁殖机能正常,且年龄在 15 月龄到 10 岁左右的母牛。

选择标准:遗传性能优良,营养状况良好,生殖机能正常;具有正常发情周期;卵巢丰满,具有一定的弹性和体积;超排开始时,卵巢上应有发育良好的黄体;无繁殖疾病。

(二)母牛超数排卵

超数排卵是胚胎移植的一个重要技术环节。利用上述超数排卵的方法进行超数排卵。

(三)受体牛的选择

受体牛是指接受移植胚胎的母牛。一般选用生产性能较低,但体质健康、繁殖机能正常,且与供体牛发情周期同步的母牛作受体。二者发情周期相差不超过 24 小时。

选择要求:受体牛应尽量选择产奶性能相对较差的母牛、杂种牛或黄牛,只有这样才能体现胚胎移植的优势,加速遗传改良的速度;身体健康,营养状况正常,没有全身或生殖器官感染,没有寄生虫及传染病;生殖机能正常,发情周期正常;移植时,卵巢上有良好的功能性黄体存在;无繁殖疾病;18～21 月龄体重 350～400 千克的青年牛或繁殖机能正常的成年母牛。

(四)采集胚胎

(1)供体牛超排发情后的第 7 天用 2 路或 3 路式采卵管进行

非手术采卵。冲卵液总量为 1 000 毫升,每侧子宫角各 500 毫升。

(2)为保证供体牛安静,便于操作,采卵前需注射静松灵 1～1.5 毫升。

(3)先冲超排效果较好的一侧子宫角,后冲另一侧子宫角。

(4)保证无污染操作。采卵管的前部不要用手触摸或碰触阴门外部。

(5)采卵管插入深度符合技术要求,即气囊要在小弯附近,离子宫角底部约 10 厘米。

(6)气囊的打气量为 18～20 毫升。冲卵时,进液速度应慢,出液速度应快;先少量进液,再逐渐加大进液量,每次进液量范围在 30～50 毫升,防止冲卵液的丢失。

(7)采卵后,供体牛应肌肉注射氯前列烯醇(PG)0.4～0.6 毫克,子宫灌注抗生素。

(五)胚胎检查

1.集卵杯的处理

集卵杯内的回收液在室温 18～22℃下静置 20～30 分钟,然后将上清液通过集卵漏斗慢慢清除,最后集卵杯内剩下 30～50 毫升回收液,摇动集卵杯将其倒入直径 100 毫米培养皿内。用 PBS 液冲洗集卵杯壁 2～3 次,清洗液倒入集卵漏斗。另一侧子宫角回收液做同样处理。集卵漏斗最后保留的 20 毫升左右液体倒入另一直径 100 毫米培养皿中。上述培养皿待镜检。

2.观察胚胎的透明带是否破裂

细胞是否紧密完整,有无游离细胞;胚胎的透明度是否正常,如变暗,说明细胞可能变性;细胞大小是否一致。

3.胚胎的分级标准

将胚胎分成 A、B、C、D 四个等级,其中 A、B、C 级胚胎为可用胚胎,D 级胚胎为不可用胚胎。

(六)移植胚胎

一般在发情后第6～8天进行。移植前需要麻醉,常用2%普鲁卡因或利多卡因5毫升,在荐椎与第一尾椎结合处或第一、二尾椎结合处施行麻醉。将装有胚胎的吸管装入移植枪内,用直肠把握法通过子宫颈将移植枪插入子宫角深部,注入胚胎。

第四节 肉牛妊娠诊断技术

经配种受胎后的母牛,即进入妊娠状态。妊娠是母牛的一种特殊性生理状态。从受精卵开始,到胎儿分娩的生理过程称为妊娠期。母牛的妊娠期为240～311天,平均为280天。妊娠期因品种、个体、年龄、季节及饲养管理水平不同而有差异。早熟品种比晚熟品种短,乳用牛短于肉用牛,黄牛短于水牛,怀母牛犊比公牛犊少1天左右,育成母牛比成年母牛短1天左右,怀双胎比单胎少3～7天,夏季分娩比冬春少3天左右,饲养管理好的多1～2天。在生产中,为了把握母牛是否受胎,通常采用直肠检查和B超检查的方法。

一、直肠检查

直肠检查法是判断母牛是否妊娠最普遍、最准确的方法。在妊娠2个月左右可正确判断,技术熟练者在1个月左右即可判断。但由于胚泡的附植在授精后60(45～75)天,2个月以前判断的实际意义不大,还有诱发流产的副作用。

直肠检查的主要依据是子宫颈的质地、位置,子宫角的收缩反

应、形状、对称与否、位置及子宫中动脉变化等，这些变化随妊娠进程有所侧重，但只要其中一个征状能明显地表示妊娠，则不必触诊其他部位。

直肠检查要突出轻、快、准确三大原则。其准备过程与人工授精过程相似，检查过程是先摸子宫角，再摸子宫中动脉。

妊娠30天时：子宫颈紧缩；两侧子宫角不对称，孕侧子宫角稍增粗、松软，稍有波动感，触摸时反应迟钝，不收缩或收缩微弱，空角较硬而有弹性，收缩反应明显。排卵侧卵巢体积增大，表面黄体突出。

妊娠60天时：孕角比空角增粗1～2倍，孕角波动感明显，角间沟已明显。

妊娠90天时：子宫颈前移至耻骨前缘，子宫开始沉入腹腔，孕角大如婴儿头，有时可摸到胎儿，在胎膜上可摸到蚕豆大的胎盘；孕角子宫颈动脉根部开始有微弱的震动，角间沟已摸不清楚。

妊娠120天时：子宫颈越过耻骨前缘，子宫全部沉入腹腔。只能摸到子宫的背侧及该处的子叶，子宫中动脉的脉搏可明显感到。

随妊娠期的延长，妊娠征状愈来愈明显。

二、B超诊断

(一)B超的选择

要选择兽用B超，因为探头的规格和专业的兽医测量软件是非常重要的。便携，如果仪器很笨重，并且还要接电源，对于临床工作者可能是一件痛苦的事。分辨力是最重要的，如果你看不清图像，你的诊断结果自己都会有疑问。

(二)B超的应用

应用B超进行母牛妊娠诊断，要把握正确位置，B超探头在牛直肠中的位置见图 6-4。B 超检查与直肠检查相比，确诊受孕时间短，直观，效果好。一般在配种 24～35 天 B 超检查可检测到胎儿并能够确诊怀孕，而直肠检查一般在母牛怀孕 50～60 天才可确诊。B 超检查在配种 55～77 天可检测到胎儿性别。B 超确诊怀孕，图像直观、真实可靠，而直肠检查存在一些不确定因素或未知因素。B 超检查在配种 35 天后确诊没有怀孕，则在第 35 天对奶牛进行技术处理，较直肠检查 60 天后方能处理明显缩短了延误的时间。在生产中，除使用 B 超检查诊断母牛受孕与否，还可应用在卵巢检查和繁殖疾病监测等方面。

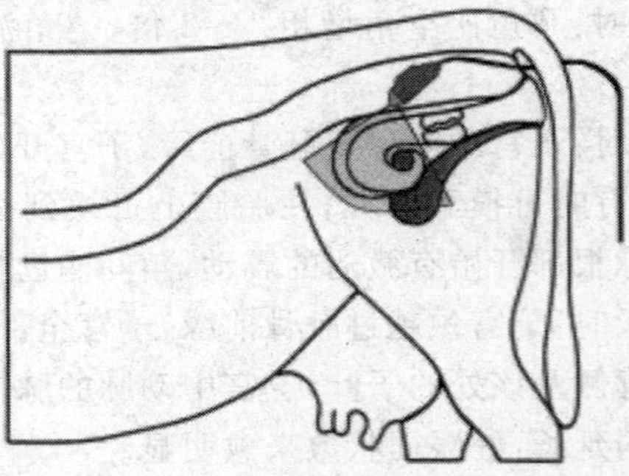

图 6-4　B 超探头在牛直肠中的位置

第五节　肉牛分娩与助产

一、分娩

母牛妊娠后，为了做好生产安排和分娩前的准备工作，必须精确算出母牛的预产期。预产期推算以妊娠期为基础。

母牛妊娠期为240～311天，平均280天，有报道说我国黄牛平均为285天。一般肉牛妊娠期为282～283天。

妊娠期计算，为配种月份加9或减3，日数加6、超过30上进一个月。如某牛于2000年2月26日最后一次输精，则其预产月份为2＋9＝11月份，预产日为26＋6＝32日，上进一个月，则为当年12月2日预产。

预产期推算出以后，要在预产期前一周注意观察母牛的表现，尤其是对产前预兆的观测，做好接产和助产准备。

分娩前，将所需接产、助产用品，难产时所需产科器械等，消毒药品、润滑剂和急救药品都准备好；预产期前一周把母牛转入专用产房，入产房前，将临产母牛牛体刷拭干净并将产房消毒、铺垫清洁而干燥柔软的干草；对乳房发育不好的母牛应及早准备哺乳品或代乳品。

(一)分娩预兆

分娩前，母牛的生理、精神和生殖器官形态会发生一系列变化，称为分娩预兆。

阴唇：逐渐肿胀，松软，皱褶消失而平展充血，由于水肿使阴门裂开。在分娩前1～2周，阴唇下联合开始悬排浅黄色近乎透明的极黏稠黏液，当液体明显变稀和透明，即临产。

阴道及子宫颈：阴道黏膜潮红，黏液由浓厚黏稠变成稀薄润滑；子宫颈松弛、肿胀，颈口逐渐开张，黏液塞软化，黏液流入阴道。

骨盆：骨盆韧带松弛，位于尾根两侧的荐坐韧带、荐髂韧带均软化松弛，使尾根塌陷，尾巴活动范围变大，下腹部不及原来的膨胀。

乳房：体积逐渐增大，水肿，临产前乳房膨胀，有时可漏出初乳。

精神状态：表现不安、烦躁，食欲减退或废食，起立不安，前肢搂草，常扭头回顾腹部，或用后肢踢下腹部，频频排粪、排尿，但量不多，拱腰举尾。

临产前一周，干物质采食量开始下降，临产前 12 小时，体温可下降 0.4～0.8℃，临产前几小时食欲突然增加。

(二)分娩过程

母牛分娩的持续时间，从子宫颈开口到胎儿产出，平均为 9 小时，可分为三个时期。

开口期：从子宫开始间歇性收缩起，到子宫颈口完全开张，与阴道的界线完全消失为止，此期约为 6 小时。经产牛稍短，初产牛稍长。此期牛表现不安，喜欢在比较安静的地方，采食减少，反刍不规律，子宫收缩较微弱，收缩时间短，间歇长，随分娩过程的推进，子宫收缩(阵痛)加剧，但一般不努责。

胎儿产出期：从子宫颈口完全张开，到胎儿从产道产出这段时间为胎儿产出期。此期一般为 30 分钟至 4 小时。此期母牛阵缩时间逐渐延长，间歇时间缩短，腹壁肌、膈肌也发生强烈收缩，开始出现努责，努责力逐渐增强，迫使胎儿连同胎膜从阴门出入数次，发生第一次破水，一般为羊膜绒毛膜破裂，正产时则胎儿前蹄、唇部露出，倒产时，后蹄露出，母牛稍休息后，阵痛、努责再强烈发生，尿囊绒毛膜破裂，发生第二次破水，流出黄褐色液体润滑产道，随之整个胎儿产出，如产双胎，则在 20～120 分钟后产第二个胎儿。

胎衣排出期：胎儿分娩后至整个胎衣完全排出为止，正常情况为 4～6 小时，超过 12 小时(也有人认为 24 小时)则为胎衣不下。胎儿产出后，母牛努责停止，但子宫阵缩仍在继续进行，由于胎儿胎盘血液循环中断，绒毛缩小，同时母体胎盘血液循环也减弱，使胎衣脱离母体，胎盘排出体外。

二、科学助产

母牛分娩时助产,尽可能保证母子安全,减少不必要的损失。

(一)助产方法

临产前,先将母牛外阴、肛门、尾根及后臀、助产人员手臂及助产工具器械等洗净、消毒。引导母牛左侧卧地,避免瘤胃压迫胎儿。最好产前做直肠检查,触摸胎儿方向、位置及姿势。如果胎儿两前肢夹着头先出为顺产,让其自然产出;如果反常,须在母牛努责间歇期将胎儿推回子宫内矫正。如果两后肢先出为倒产,后肢露出时应及时配合母牛努责拉出胎儿,避免胎儿在产道内停留过久而窒息死亡,应注意保护母牛阴门及会阴部。胎儿前肢及头露出而羊膜仍未破裂,应扯破羊膜,将胎儿口腔、鼻周围的黏液擦净,以使胎儿呼吸。母子安全受到威胁时,要舍子保母,注意保护母牛的繁殖能力。忌破水过早。

(二)难产处理

通过不让母牛过早配种,妊娠期间合理营养,并安排适当的运动,尤其在产前半个月,要进行早期诊断分娩状态,及时增加上下坡行走运动矫正反常胎位,来防止难产。如果发生难产,请兽医处理。

三、产后母牛护理

母牛产后生殖器官要逐渐恢复正常状态,子宫需 9～12 天可恢复,卵巢需 1 个月时间,阴门、阴道、骨盆及其韧带几天即可恢复,这段时期为产后期。

产后期母牛应加强外阴部的清洁和消毒。恶露需 10～14 天排完，难产、双胎与野蛮接产均造成恶露期延长，子宫复原慢，并由于此期间机体抗病力低，极易转为子宫炎。因此，要坚持做好牛体的卫生与环境卫生工作。

产后母牛体内消耗很大，腹压降低明显，应饮喂用温水 15～20 千克、食盐 100～150 克、麦麸 1～2 把调制的麦麸盐水汤，补充水分，增加腹压，帮助恢复体力，产后头两天要饮温水，喂易消化饲料，投料少一些，不宜突然增加精料量，以防引起消化道疾病，5～6 天后可以恢复至正常饲养。

胎衣排出后，可让母牛适当运动，同时注意乳房护理，用温水洗涤，帮助犊牛吸吮乳汁。

第六节　提高肉牛繁殖力的技术措施

一、影响繁殖力的因素

遗传、环境、饲养管理、配种技术、疾病等因素，会引起母牛不发情或发情不正常、难妊、流产、胎衣不下、死胎或产后弱犊等问题，从而严重影响牛群的繁殖力。

(一)营养

营养对母牛的发情、配种、受胎以及犊牛成活起着重要作用，其中以能量和蛋白质对繁殖影响最大。此外，矿物质和维生素也对繁殖起着不可忽视的作用。幼龄母牛能量水平长期不足，不但影响其正常生长发育，而且推迟性成熟和适配年龄，从而缩短了母牛一生的有效生殖时间。成年母牛长期能量过低，会造成不发情或发情不规律、排卵率低等，母牛产犊前后能量过低，也会推迟产后发情日期。妊娠母牛能量不足会造成流产、死胎、分娩无力或产出弱犊。母牛能量过高，会因母牛变肥，使生殖道被脂肪阻塞而有碍受胎，因此，对繁殖母牛应给予合理的饲养。

蛋白质是牛体的主要组成部分，又是构成酶、激素、黏液、抗体的重要成分。蛋白质缺乏不但影响牛的发情、受胎和妊娠，也会使牛体重下降，食欲减退，直接或间接影响牛的健康和繁殖。

矿物质中，磷对繁殖的作用较大，缺磷会推迟性成熟，严重时性周期停止。磷食入量不足又会使受胎率降低，是山区母牛繁殖率低的主要原因。北方地区缺硒，易引起青年母牛初情期延迟，成年母牛不发情、发情不规律或使卵泡萎缩。钙是胎儿生长不可缺少的，可防止成年母牛的骨质疏松症、胎衣不下和产后瘫痪。另外，微量元素如钴、铜、碘、锰对牛的繁殖和健康都起一定作用。

胡萝卜素和维生素 A 与母牛繁殖力有密切的关系，缺乏时易造成流产、死胎、胎衣不下等。

因此，根据牛生理状态和生产力，给予恰当的营养水平，注意各养分之间的平衡，可大大提高母牛的繁殖力和牛群的质量。

(二)管理

科学管理牛群，特别是基础母牛群，对提高繁殖力有重要意义。管理工作主要涉及调整牛群结构，合理规划生产，母牛发情规律和繁殖情况调查，空怀、流产母牛的检查和治疗，组织配种，保胎及犊牛培育等内容，也包括放牧、饲喂、运动、调教、休息、卫生防疫等一系列措施。

管理环节繁杂，若不恰当，会造成群体繁殖力降低，如饲料供不应求，长时期圈养缺乏必要的运动，环境不佳，卫生条件差等，均会使母牛发情与排卵不正常，受胎与妊娠困难，甚至会常年不发情，不受胎，或妊娠中断与流产等。只有做好各个环节的工作，才能取得好的繁殖成绩。

(三)配种技术

自由交配时,公母牛比例不当,公牛头数过少,在人工辅助交配时公牛利用过度,交配不适时,或公牛饲养管理不当,都会造成繁殖力降低。人工授精时,精液品质不好,密度不够,活力差或混有杂质、病菌,不仅直接影响母牛受胎,而且易造成母牛生殖疾患。授精技术不佳造成精子活力下降,或根本没有把精液送到母牛子宫颈深部去;对发情母牛授精时间安排不当,或对母牛早期妊娠诊断不及时、不准确,而失去复配机会或误配而导致流产等,都会使母牛受胎率降低。因此,各环节都必须有严格的操作规程、周密的工作计划及检查制度,同时对输精人员要进行严格训练,经过考核后,方可准予从事人工授精工作。

(四)疾病

对繁殖影响较大的疾病有两大类,即传染病和非传染性疾病。传染病包括布鲁氏菌病、滴虫病、胎弧菌病及生殖道颗粒性炎症等。非传染性疾病包括阴道炎、卵巢炎、输卵管炎、子宫内膜炎、子宫囊肿、子宫颈炎等。

生殖道本身的疾病直接破坏正常繁殖机能,如卵巢疾患导致不能产卵或产卵不正常;生殖道炎症直接影响精子与卵子的结合或结合后不能正常着床等;其他非传染性疾病,如心脏病、肾病、消化道疾病、呼吸道疾病及体质虚弱等都可导致母牛不发情、发情不明显、发情不规律、不妊娠、流产、死胎及畸形犊等。

传染性疾病对母牛繁殖力的影响较大,如布鲁氏菌病可造成母牛流产,多发生在妊娠3个月时;滴虫病可使母牛在妊娠早期发生流产,有时也造成死胎,并易引起子宫内膜炎等。

为了控制传染病,应严格执行传染病的防疫和检疫工作。

（五）环境因素

季节、温度、湿度和光照等都会影响繁殖。过高或过低的温度都不利于牛的繁殖，如在炎热夏季和寒冷严冬时，牛繁殖率最低，春秋两季气候适宜，繁殖效率自然最高，冬季发情、受胎少的原因，主要由于日照短和粗料维生素含量低，夏季的高温会缩短发情持续期，减少发情表现，胚胎的死亡率明显增加，但如给予遮阴、通风等措施，还可改进受胎率。

（六）先天性不孕

这类不孕大多是由于脑下垂体失调，内分泌系统和神经系统紊乱，致使生殖器官发育不正常、性机能失调，如子宫狭窄或位置不正、阴道狭窄、两性畸形、异性双胎母犊、种间杂交后代（主要是公牛）、幼稚病（功能性不孕）以及公牛的隐睾等。先天性不孕除幼稚病外，多数为永久性的，应该及早从牛群中淘汰。另外，由于遗传或高度近亲造成的早期胚胎死亡也有，必须注意选择，对带有致死隐性基因的牛严格淘汰。

（七）异常发情

异常发情包括不发情、暗发情、常发情、假发情，主要是卵巢功能失常引起的。

1. 不发情

母牛既不发情也不排卵，往往由于疾病、气候、营养或泌乳引起。子宫内木乃伊化或胎膜残片等，以及子宫内膜炎或其他生殖道疾病是不发情的原因之一。持久黄体是不发情的另一原因，在直肠中挤掉黄体，可使母牛重新发情。卵巢发育不全也会造成不发情，若营养不良，卵巢发育不全比例会大幅度增加，用脑下垂体促性腺激素，特别是促卵泡素治疗卵泡幼稚型，治后往往可以受胎，但第一次发情为多数排卵，配种应在第二次发情时进行。生产中往往是营养因素所造成的。

2.暗发情或隐性发情

指发情征状不明显或发情持续时间短，但牛有卵泡发育并且排卵。产后母牛、高产和年老体弱母牛较常见。这种情况如不注意检查易造成漏配，应对牛群加强试情和直肠检查，使暗发情的牛也能受孕。经常由于营养因素造成。

3.常发情

指母牛经常有外部发情表现，亦称慕雄狂。其主要原因是卵巢囊肿，由于营养不足、维生素缺乏、使役过度等因素，妨碍滤泡发育，使滤泡不成熟，不排卵。因滤泡的不断发育，分泌过多的雌激素，使母牛持续发情。常发情的母牛不能很好地休息、反刍，因而采食量下降，奶量也下降，造成母牛不孕，同时因一头牛常发情，也会扰乱牛群安宁和正常活动，因此必须及时治疗。

4.假发情

母牛有外部发情表现，但卵巢上无发育的滤泡，也不排卵。在母牛妊娠 3～5 个月内有 3%～5%的牛突然有性欲表现，在阴道检查时，阴道黏膜苍白，无发情分泌物，对这种情况要仔细检查，不可盲目配种，以防流产。

二、提高繁殖力的技术措施

了解影响母牛繁殖力的主要因素，就可以通过科学的饲养管理，使母牛处于最佳繁殖状态，采取综合措施，努力提高母牛的繁殖力，实现多产犊、多成活，获得更多更好的牛产品。

（一）加强母牛的饲养管理

饲料的营养对母牛的发情、配种、受胎以及犊牛的成活起着决定性作用。能量、蛋白质、矿物质和维生素对母牛的繁殖力影响最大。营养不足会延迟青年母牛初情期和初配年龄，会造成成年母牛发情抑制、发情不规律、排卵率降低，甚至会增加早期胚胎死亡、流产、死产、弱胎、分娩困难、胎衣不下及产后瘫痪等；同时会影响公牛精子的生成，导致精液质量下降，受精能力低下。在饲养上要尽量满足公母牛对各种营养物质的需要。尤其母牛，五成膘以下很少发情，六成膘受配率可达 70%，受胎率 72%，七成膘分别为 75%和 78%，八成膘分别为 78%和 80%。同时注意营养物质的平衡，如钙、磷比不适时，会引起钙或磷的缺乏症，一般日粮中钙、磷比为(1.5～2)：1，过大会造成钙吸收困难。要避免营养水平太高，过度肥胖对繁殖公牛和母牛都很不利，过肥会导致母牛卵巢脂肪变性，影响滤泡成熟和排卵，公牛则会引起睾丸机能退化等。

在管理上，首先搞好清群，淘汰劣质公牛和母牛，大力发展地方良种公牛和引进外来优良牛种。有不少地方牛群质量不高，不少失去繁殖能力的母牛混在牛群中，甚至用暂时未去势但不适于种用的公牛配种，导致繁殖率下降，同时牛品质提高不快。其次必须改善牛群结构，增加母牛比例，使牛群在生产与增殖方面达到一定比例。一般养牛发达国家母牛比例多在 50%以上，我国较低。牛舍应经常保持卫生、干燥，母牛在怀孕期间要防止惊吓、鞭打、滑跌、顶架等，特别对有流产史的孕牛，必要时要采取保护措施，如服用安胎药物或注射黄体酮等。应让孕牛常晒太阳，保持牛舍保暖和通气，促进母牛正常发情。要求母牛有充分的运动，尤其孕期母牛，适当运动可以调整胎位，使其顺产，避免难产。

(二)提高公牛精液质量

种公牛的精液品质对提高繁殖率很重要，包括射精量、颜色、活力、密度、精子畸形率等。正常情况下，牛的射精量为 5～8 毫升，精液为淡灰色及微黄色。活力是指精液中直线运动精子占全部精子的百分数，如 100％为直线运动则评为 1.0 分，90％则评为 0.9 分，依此类推。精子密度指精液中精子数量的多少。按国家标准冷冻精液解冻后，精子活力应为 0.3 以上，稀释后活力在 0.4～0.5，每份精液含有效精子 1 000 万个以上，畸形率不超过 17％。由此可知种公牛的饲养十分重要，种公牛的营养应全价而平衡，要求饲料多样配合，易消化，适口性好。同时加强种公牛的运动和肢蹄护理，保证有良好体况和充沛精力。严格遵守规程要求进行精液处理和冻精制作，注意冻精颗粒(或细管冻精)分发和运送各个环节，才能保证精液质量。

(三)适时输精

黄牛发情期比其他畜种短，一般平均仅 15～20 小时。排卵则多在发情结束后 10～15 小时，距发情开始约 30 小时。根据这些，适当安排输精时间非常重要。一般认为母牛发情盛期稍后到发情末期或接受爬跨再过 6～8 小时是输精的适宜时间。在生产中如发现母牛早上接受爬跨则下午输精一次，次日清晨再输精一次。下午接受爬跨的，次日早晨第一次输精，隔 8 小时再输精一次。

(四)熟练掌握输精技术

使用直肠把握输精法必须掌握“适深、慢插、轻注、缓出、防止精液倒流”的技术要领。输精员动作柔和，有利于母牛分泌促性腺激素，增强子宫活动，有利于受胎。

(五)及时检查和治疗不发情的母牛

调整母牛的营养水平，同时利用人工催情的办法会增加母牛受配率，一般用孕马血清一次注射 10～20 毫升，间隔 6 天再注射 20～30 毫升，催情后的配种效果最佳。两次注射比一次注射提高受配率 50％，比当期受胎率高 20％。适量孕马血清注射后有效期为 6～7 天，为此，第二次注射间隔不应少于 6 天，不超过 8 天，以便有效衔接。利用三合激素处理母牛，同期发情效果较好。使用激素催情前，必须弄清楚牛的营养是否平衡（尤其磷的平衡），一般应为中等膘情且处于发情周期中，接近于发情前期。

犊牛随母哺乳时间过长（6 个月以上），往往影响母牛的正常发情。据统计，黄牛产犊后第一次发情在 60 天内的占 21.2%，61～99 天占 51%，100 天以上占 21%。发情迟与犊牛吃奶有关。过长喂奶期对犊牛发育并不利，延迟犊牛喂草期和草量，其瘤胃发育推迟，犊牛生长发育迟缓，同时，母牛营养跟不上，影响正常发情。因此，应使犊牛早期断奶，早补草料。据报道，带犊母牛在犊牛断奶后 10 天内发情的占多数。也可在计划配种前采取营养诱导法，即母牛在产后 50 天开始每天增加配合料 0.1～0.2 千克，直至母牛正常发情配种为止（最高日料量 3 千克，不再加）。当牛妊娠 5 个月后必须合理提高日粮营养，否则营养过低，也会终止妊娠（流产）。

（六）积极治疗由疾病引起的不孕

牛产犊后 10～12 天应排完恶露，阴道流出正常液体，如在分娩 15～20 天依旧恶露不止，即可认为不正常甚至发生子宫内膜炎，应冲洗治疗使脓液排出，一般 4～6 次可使子宫恢复。卵巢疾患多为持久黄体和排卵静止，可用激光疗法或诱发疗法。应在加强饲养管理的基础上，针对各种疾病及时治疗。

（七）应用激光提高母牛受胎率

据报道，对正常发情母牛进行激光照射可提高受胎率，通过激光照射可治疗牛的卵巢囊肿、卵巢静止、持久黄体及慢性子宫炎等疾病，从而提高母牛受胎率。但此法仍处于摸索阶段。其基础建立在正常营养下。

(八)做好妊娠牛的保胎工作

胎儿在妊娠中途死亡,子宫突然发生异常收缩,或母体内生殖激素紊乱都会造成流产,要做好保胎工作,保证胎儿正常发育和安全分娩。

母牛妊娠2个月内,胚胎在子宫内呈游离状态,逐渐完成着床过程,胎儿由依靠子宫内膜分泌的子宫乳作营养,过渡到靠胎盘吸收母体的营养。这个时期如果母牛的营养过低,饲料质量低劣,子宫乳分泌不足,会影响胚胎发育,甚至造成胚胎死亡或流产,即使犊牛产出,体重也很小,发育不好,易死亡。营养中主要是蛋白质、矿物质和维生素,特别在冬季枯草期,维生素A缺乏时,子宫黏膜和绒毛膜上的上皮细胞发生变化,妨碍营养物质交流,母子易分离。维生素E缺乏,常导致胎儿死亡。钙、磷不足,会动用母牛骨组织中的钙、磷以供胎儿需要,时间长造成母牛产前或产后瘫痪。因此应注意补充矿物质,不喂腐败变质饲料及冰冻饲草料和饮用冰水。孕牛要有适当运动。妊娠后期的母牛,由于胎儿急速生长发育,对营养物质的需求大量增加,如此期不注意加强饲养,日粮中营养物质缺乏或不全,极易造成母牛流产、早产。若饲养水平过高,则会引起母牛产弱犊、死胎或发生难产。

(九)加强犊牛培育

孕牛营养与初生牛的体重和健康密切相关,初生重大的犊牛易成活。犊牛出生后要吃初乳、早补料,保证有充足清洁的饮水。犊牛应避免卧于冷、湿地面和采食不干净食物,以防拉稀。

第七章

肉牛场规划、设计与设施

第一节　场址选择与科学布局

一、肉牛场环境要求

(一)场址要求

确保牛场不污染周围环境,周围环境也不污染牛场环境。肉牛场应建在地势高燥、通风和排水良好、易于组织防疫的地方,场区周围1 000米以内无大型化工厂、采矿厂、皮革厂、屠宰场、畜禽及其产品交易市场,距离干线公路、铁路、城镇、居民区和公共场所及养殖场500米以上。

(二)土壤质量

土壤环境质量应符合《土壤环境质量标准》(GB 15618—2008)的规定。

（三）水质要求

水源充足，水质符合《畜禽饮用水水质》（NY 5027—2008）的规定。

（四）空气质量

场区环境空气质量符合《环境空气质量标准》（GB 3095—2012）的规定。

二、肉牛场场址选择

肉牛场是集中饲养肉牛的场所，是肉牛生活的小环境，也是牛肉的生产场所和生产无公害牛肉的基础，健康牛群的培育依赖于防疫设备和措施完善的肉牛场。

（一）场址选择原则

（1）符合肉牛的生物学特性和生理特点。

（2）有利于保持牛体健康。

（3）能充分发挥其生产潜力。

（4）最大限度地发挥当地资源和人力优势。

（5）有利于环境保护。

（6）能保障安全环境。

根据上述原则，最大限度地满足上述要求进行选址是事关肉牛场经济效益的头等大事。

（二）场址选择依据

1. 地理位置与交通条件

为了保护人类赖以生存的环境，最大限度地降低牛场废弃物带来的污染，尽可能减少由此对人类造成的危害，避免人畜共患病的交叉传播，同时也防止居民区对肉牛场的干扰，如居民生活垃圾中的残留农药造成牛的中毒，带病菌的宠物传染疾病，生活噪声影响牛的休息和反刍等。因此，肉牛场应选择在居民点的下风向，径流的下方，距离居民点 500～1 000 米，其海拔不得高于居民点。为避免居民区与肉牛场的相互干扰，可在两地之间建立树林隔离区。

便利的交通是牛场对外进行物质交流的必要条件，但在距公路、铁路、飞机跑道过近处建场，交通工具所产生的噪声会影响牛的休息与消化，人流、物流频繁过往也易传染疾病，所以牛场应距离主要交通干线 500 米以上，一般交通线 200 米，便于防疫。

2. 地形与地势

是指地面高低起伏的状况。场地应选择地势高燥、避风、阳光充足的地方，这样的地形地势可防潮湿，有利于排水，便于牛体生长发育，防止疾病的发生。与河岸保持一定距离，特别是在水流湍急的溪流旁建场时更要注意。一般要高于河岸，最低应高出当地历史洪水线以上。其地下水位应在 2 米以下，即最高地下水位需在青贮窖底部 0. 5 米以下，这样的地势，可以避免雨季洪水的威胁，减少土壤毛细管水上升而造成的地面潮湿。要向阳背风，以保证场区小气候温热状况能够相对稳定，减少冬、春季风雪的侵袭，特别是要避开西北方向的风口和长形谷地。牛场的地面要平坦稍有坡度（＜2. 5%），以便排水，防止积水和泥泞。地面坡度以 1%～3%较为理想，最大坡度不得超过 25%，总坡度应与水流方向相同。山区地形变化大，可酌情而定，但要避开悬崖、山顶、雷击区等地。场区面积可根据规模、饲养管理方式、饲料贮存和加工等来确定。要求布局紧凑，地形开阔整齐，尽量少占地，并留有余地为将来发展。牛场过于狭长和边角太多时，不利于布局整个牛场，使防护设施费用增加。

3. 土壤

根据土壤特性，将土壤分为沙土、黏土和沙壤土。沙土透气性好，吸湿性差，透水能力强，易导热，热容量小，毛细管作用弱，故易保持干燥，不利于细菌繁殖，但昼夜温差大，不利于牛体温的调节。黏土透气性差，吸湿性好，吸水能力强，不易导热，热容量大，毛细管作用明显，此类土壤的牛舍和运动场内潮湿、泥泞，不利于牛健康，但昼夜温差小，有利于牛体温的调节。沙壤土介于沙土和黏土之间，透气透水性强，毛细管作用弱，吸湿性小，导热性小，是肉牛场场址的最佳土壤。

肉牛场场址选择的土壤应符合《土壤环境质量标准》，见表 7-1。

表 7-1 肉牛场土壤环境质量要求 毫克/千克

项目	pH<6.5	pH 6.5～7.5	pH >7.5
镉	≤0.30	≤0.60	≤1.0
汞	≤0.30	≤0.50	≤1.0
砷	≤40	≤30	≤25
铜	≤50	≤100	≤100
铅	≤250	≤300	≤350
铬	≤150	≤200	≤250
锌	≤200	≤250	≤300
镍	≤40	≤50	≤60

4. 水源

水量充足，能满足牛场内的人、肉牛饮用和其他生产、生活用水,并应考虑防火和未来发展的需要,肉牛场需水量按成年牛当量计算,每头成年肉牛每日耗水量为 45～60 千克;水质良好,不经处理即能符合饮用标准的水最为理想,此外,在选择时要调查当地是否因水质不良而出现过某些地方性疾病等;便于防护,以保证水源水质经常处于良好状态,不受周围条件的污染;取用方便,设备投资少,处理技术简便易行。

可供肉牛场选择的水源有三类,即地表水、地下水和雨水。江、河、湖、水库等为地表水。地下水较理想,地表水次之,雨水易被污染,最好不用。

(1)地表水的环境质量标准　见表 7-2。

表 7-2　地表水中各项污染物的浓度限值　　毫克/升

项目	指标	项目	指标
pH	5.5～8.5	总铅	0.1
总汞	0.001	六价铬	0.1
总镉	0.005	氟化物	2.0
总砷	0.05		

(2)饮用水卫生标准　见表 7-3 和表 7-4。

表 7-3　饮用水中农药限量指标　　毫克/升

农药	限值	农药	限值
马拉硫磷	0.25	林丹	0.004
内吸磷	0.03	百菌清	0.01
甲基对硫磷	0.02	甲萘威	0.05
对硫磷	0.003	2,4-D	0.1
乐果	0.08		

表 7-4 畜禽饮用水水质标准

项目		标准值
感官性状及一般化学指标	色度	不超过 30 度
	浑浊度	不超过 20 度
	臭和味	不得有异臭、异味
	肉眼可见物	不得含有
	总硬度(以 $CaCO_3$ 计,毫克/升)	≤1 500
	pH	5.5～9
	溶解性总固体(毫克/升)	≤4 000
	氯化物(以 Cl^- 计,毫克/升)	≤1 000
	硫酸盐(以 SO_4^{2-} 计,毫克/升)	≤500
细菌学指标	总大肠菌群(个/升)	成年畜 100,幼畜 10
毒理学指标	氟化物(以 F^- 计,毫克/升)	≤2.0
	氰化物(毫克/升)	≤0.2
	总砷(毫克/升)	≤0.2
	总汞(毫克/升)	≤0.01
	铅(毫克/升)	≤0.1
	铬(六价,毫克/升)	≤0.1
	镉(毫克/升)	≤0.05
	硝酸盐(以 N 计,毫克/升)	≤30

(3)畜禽产品加工用水　见表 7-5。

表 7-5　畜禽产品加工用水

指标		卫生要求
感官和一般化学指标	色度	色度不得超过 20 度,并不得呈现其他异色
	浑浊度	不得超过 10 度
	臭和味	不得有异臭、异味
	肉眼可见物	不得含有
	总硬度(以 $CaCO_3$ 计,毫克/升)	≤550
毒理学指标	氟化物(毫克/升)	≤1.2
	氰化物(毫克/升)	≤0.05
	总砷(毫克/升)	≤0.05
	总汞(毫克/升)	≤0.001
	总铅(毫克/升)	≤0.05
	铬(六价,毫克/升)	≤0.05
	总镉(毫克/升)	≤0.01
	硝酸盐(以 N 计,毫克/升)	≤20
微生物指标	总大肠菌群(CFU/100 毫升)	≤10
	粪大肠菌群(个/100 毫升)	≤0

5. 饲草料来源

饲草料的来源,尤其粗饲料,决定着牛场的规模。一般应考虑 5 千米半径内的饲草料资源,距离太远经济不核算,根据有效范围内年产各种饲草、秸秆总量,减去原有草食家畜消耗量,剩余的富余量便可决定牛场规模。粗饲料年产量及各种牛用草、料量分别见表 7-6、表 7-7。

表 7-6　粗饲料年产量(风干物)　千克/公顷

种类	籽实产量	秸秆产量
玉米	9 000	10 500～13 500
谷子	4 500	6 000～6 750
麦类	4 500	4 500～5 250
水稻	6 000	6 000～6 750
豆类	3 000	3 000～3 750

表 7-7　中等体型各年龄段牛用草、料计算(风干物)　千克/(年·头)

种类	精饲料	粗饲料	备注
育肥成年牛	1 500	3 000～3 500	以平均日增重 1.2 千克计算
育肥育成牛	700	2 000～2 300	6～18 月龄平均
犊牛	400	400～500	0～6 月龄平均
母牛	700	3 200～3 700	哺犊与妊娠母牛平均

6. 其他

牛场场址必须符合兽医卫生要求，一般不宜在旧养殖场建场，以避免毁灭性传染病的发生。牛场周围不应有污染严重的化工厂、屠宰厂、制革厂、制药厂、牲畜贸易市场等(距离大于 3 000 米)；以放牧为主的肉牛场，其牧道不得与主要交通线、铁路等交叉，以确保行走安全。

三、肉牛场规划与布局

(一)肉牛场规划原则

肉牛场的规划和布局应本着因地制宜和科学管理的原则，以整齐、紧凑、提高土地利用率和节约基建投资，经济耐用，有利于生产管理和便于防疫、安全为目标。具体要求如下：

(1)各类建筑合理配置,协调一致,要符合发展远景规划的布局。

(2)符合牛的饲养管理技术要求。

(3)配置牛舍及其他房舍,要考虑交通便利,以便于给料给草、运输牛和粪及适应机械化操作的要求。

(4)各类建筑物要符合防疫卫生和防火的要求:宿舍距离牛舍 50 米以上;牛舍之间应相隔 10 米;应有良好的供水、排水设备及绿化区;舍内配置应考虑兽医卫生要求;牛舍内的运粪口应通运动场,或设在牛舍的一端,不可与运草料共用一个出口。

(5)兽医室及病牛隔离室要建在下风头,并有围墙隔开。

(6)运动场距离牛舍 6～8 米,运动场四周应植树绿化,以防风、防暑。可按每头成年牛 18～20 米^2、幼牛 15 米^2 计算运动场的面积。

(7)人工授精室设在牛场的一侧,距离牛舍 50 米以上。

(二)平面布局

肉牛场的平面布局应周密考虑,根据牛场全盘规划来安排。肉牛场按功能可分:生活管理区、生产区和隔离区。功能区间距不少于 50 米,并有防疫隔离带或墙。分区规划首先从人畜保健的角度出发,使区间建立最佳生产联系和环境卫生防疫条件来合理安排各区位置,考虑地势和主风方向进行合理分区(图 7-1 和图 7-2)。

1. 生活管理区

生活管理区设在场区常年主导风向上风向及地势较高处,主要包括生活设施、办公设施、与外界接触密切的生产辅助设施,设主大门。

2. 生产区

生产区是肉牛场的核心,应设在场区中间,主要包括牛舍与有关生产辅助设施。对生产区的规划布局应给予全面细致的考虑。

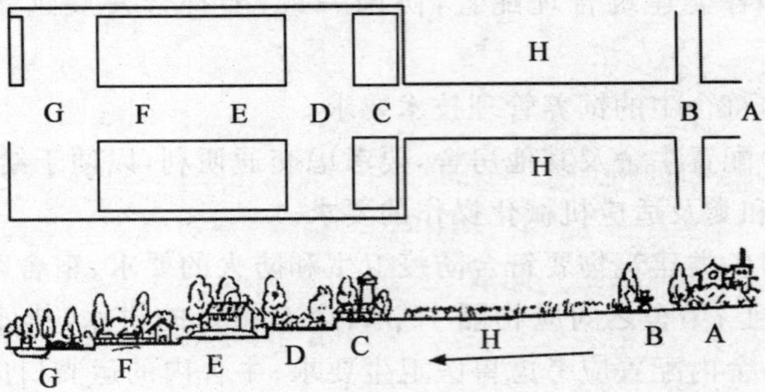

图 7-1　牛场规划与布局示意图

A. 村镇　B. 公路支线　C. 牛场生活管理区　D. 绿地　E. 干草、青贮、饲料加工区　F. 牛养殖区　G. 粪场、化粪池、病牛隔离区　H. 田野　箭头为风与径流流向

图 7-2　肉牛场布局效果图

肉牛场经营如果是单一或专业化生产，饲料、肉牛舍以及附属设施也就比较单一。在饲养过程中，应根据牛的生理特点，对肉牛进行合群、分舍饲养，并按群设运动场。饲料的供应、贮存、加工调制是肉牛场的重要组成部分，与之有关的建筑物，其位置的确定，必须

同时兼顾饲料由场外运入，再运到肉牛舍进行分发这两个环节。与饲料运输有关的建筑物，原则上应规划在地势较高处，并应保证防疫卫生安全。

饲料库和饲料加工车间设在生产区、生活区之间，应方便车辆运输。草场设置在生产区的侧向。草场内建有青贮窖池、草垛等，有专用通道通向场外。草垛距房舍 50 米以上。牛舍一侧设饲料调制间和更衣室。

3. 隔离区

隔离区设在场区下风向或侧风向及地势较低处，主要包括兽医室、隔离牛舍、贮粪场、装卸牛台和污水池。兽医室、隔离牛舍应设在距最近牛舍 50～100 米以外的地方，设有后门。

除此之外，场内道路应分净道和污道，两者严格分开，不得交叉、混用。净道路面宽度不小于 3.5 米，转弯半径不小于 8 米。道路上空净高 4 米内没有障碍物。

第二节　标准化肉牛舍建设

一、牛舍类型

在生产中，牛舍类型多种多样，各地肉牛场可根据当地实际情况选择不同类型的牛舍。

（一）按屋顶结构分类

1. 钟楼式

钟楼式屋顶可使牛舍通风透光性好，夏季防暑效果好，但不利于冬季防寒保温，同时构造复杂，造价高（图 7-3）。此种形式适合于高温、高湿地区。

图 7-3　钟楼式牛舍

2. 半钟楼式

在屋顶向阳面设有“天窗”，一般背阳面坡较长，坡度较大；向阳面坡短，坡度较小（图 7-4）。舍内采光、防暑优于双坡式牛舍。其采光面积决定于天窗的高矮、窗面材料和窗的倾斜角度。夏天通风较好，但寒冷地区冬季不易保温。

图 7-4　半钟楼式牛舍

3. 圆拱式

此种屋顶造型美观，结构简单，受力均匀，结构安全，施工方便，工期短，造价低，经济合理（图 7-5）。

图 7-5　圆拱式牛舍

4. 单坡式

通常为单列敞开式饲养舍，由三面围墙组成，南面打开，肉牛舍内设有料槽和走廊，在北面墙上设有小窗户（图 7-6）。采光、空

图 7-6　单坡式牛舍

气流通好，造价低，但温度和湿度不易控制，常随外界环境温度和湿度变化而改变。适于冬天不太冷的区域。

5. 双坡式

牛舍设计、建造简单，相同规模下较单坡式节省投资和占地面积，适用性强（图 7-7）。南方地区多建为敞篷式双坡式牛舍，在北方地区多建为封闭式或半封闭式双坡式牛舍。

图 7-7　双坡式牛舍

（二）按四周墙壁封闭程度分类

1. 封闭式

牛舍四面有墙和窗户，顶棚全部覆盖，保温性能好，但通风换气能力、采光性能不及棚舍式，适宜于气温在 26℃以下至－18℃以上的北方（图 7-8）。

2. 半封闭式

牛舍三面有墙，向阳一面敞开，有部分顶棚，在敞开一侧可设围栏，水槽、料槽设在栏内，肉牛散放其中（图 7-9）。造价低，节省劳动力，但寒冷冬季防寒效果不佳。

3. 开放式

牛舍四面无墙和窗户，顶棚全部覆盖，通风换气能力、采光性能良好，但保温性能差，适宜于南方地区（图 7-10）。

图 7-8　封闭式牛舍

图 7-9　半封闭式牛舍

图 7-10　开放式牛舍

4. 棚舍式

适宜气候较温和的地区，四边无墙只有房顶，形如凉棚，通风良好（图 7-11）。多雨地区食槽可设在棚舍内。冬季北风较大的地区可在北面、东面、西面装活动挡板墙，以防寒风侵袭；夏季将挡风装置撤除，以利通风。寒冷地区也可在北面及两侧设门窗，冬季关上，夏季打开。

图 7-11　棚舍式牛舍

（三）按牛床列数分类

1. 单列式

适于小型肉牛养殖场，通风性能好，便于防疫，但占地面积相对于双列式要大，且不利于机械化操作（图 7-12）。

图 7-12　单列式牛舍

2. 双列式

可节省建筑费用，也便于机械化操作，适宜于大型肉牛场、育肥牛舍、成母牛舍等，但同样情况下，通风性能不及单列式，也不便于预防传染病的传播（图 7-13）。

图 7-13　双列式牛舍

（四）按牛生理阶段分类

根据牛生理阶段又可分为成年母牛舍、产房、犊牛舍、育成牛舍、育肥牛舍等。

二、建设要求

（一）设计原则

（1）据各地区全年的气温变化和牛的品种、用途、性别、年龄确定。

（2）因陋就简，就地取材，经济实用。

（3）符合兽医卫生要求。

（4）舍内干燥、保温，地面不透水、不滑。

（5）供水充足，污水及粪尿能排净，舍内清洁卫生。

(6)要有一定数量和大小的窗户,保证阳光能射入。

(二)建筑要求

1. 牛舍基础

包括地基和墙基。地基应为坚实的土层,具有足够的强度和稳定性,压缩性和膨胀性小,抗冲刷力强,地下水位 2 米以下,无侵蚀作用。墙基指墙埋入土层的部分,是墙的延续,墙基要坚实、牢固,防潮、防冻、防腐蚀,比墙体宽 10～15 厘米。

2. 墙体

用普通砖和砂浆修建,厚度为 25～37 厘米,要设 0.5～1.0 米的墙裙,墙根地面向外有 0.5 米的滴水板,适当向外斜。南方用 25 墙,北方用 37 墙。墙厚时可增加防暑防寒能力,且能以墙代柱,改善舍内外整齐度,易消毒,但造价较高。

3. 地面

舍内地面高出舍外 20～30 厘米,出入口采取坡道连接,不设台阶和门槛。地面有土地面、立砖地面、水泥地面、石头地面等。土地面不易清粪,不便消毒;立砖地面保温性能优于水泥,但不如水泥结实,宜作犊牛舍地面;水泥和石头地面结实耐用,便于消毒和冲洗,但保温性能差,地面有水时不防滑。成年牛舍一般采用水泥地面,用水泥地面要压上防滑纹(间距小于 10 厘米,纹深 0.4～0.5 厘米)(图 7-14),以免滑倒,引起不必要的经济损失。

4. 屋顶

屋顶用于防雨雪、防风吹日晒,斜度应在 25°～35°,下雨较多时,斜度较大,较少时,斜度偏小。肉牛舍的屋顶以隔热性能好,便于消毒,且造价低为宜。常见的有砖石券顶加短的飞檐,这种结构节省木料、造价低、隔热性能好,可起到冬暖夏凉的作用,但其跨度受砖石硬度的限制,普通砖为材料时,跨度在 5 米以内为安全,超过 5 米,则要选用硬度大、抗压强度高的材料,例如耐火砖、石块

图 7-14　牛床地面防滑纹

等，石块必须整形后才可靠，因而石块的造价高，用耐火砖券顶，水泥灌缝，其跨度可 10 米以上，但必须注意安全，即严格按建筑材料力学，决定相应的屋顶弧度、厚度和相配的厩舍钢筋水泥框架及每隔 3 米的拉杆的粗细与强度。一般地，跨度小的单列(单排)式牛圈采用券顶较为实际，见图 7-15(a)。其次比较经济的是轻质屋顶，采用钢架水泥瓦等材料，见图 7-15(b)，造价低，但此种屋顶隔热性能差，使得冬天室温较低，而夏天太阳易晒透，瓦内温度往往达到 50℃以上，热辐射使整个室温上升，使喜凉厌热的肉牛不适，甚至加深热应激。若采用双坡不对称气楼式，则可明显增加空气的自然对流，明显降低白天的室温，到冬天时关闭气窗阻止了对流，白天透过气窗的玻璃可射入阳光，使室温提高。但单采取气楼式仍不理想，因为夏天晒透的热瓦辐射使舍内地面、牛体、工作人员所受的影响未能消除，而冬天则太阳落山后通过瓦面向外辐射热量过快，造成白天黑夜温差大。若在水泥瓦下面衬垫工程泡沫塑料，厚 3～5 厘米，即可得较佳效果，不过每平方米造价约增加 7～10 元。采用全工程塑料弧形轻质瓦顶，或玻璃钢屋顶，可得到外观五彩缤纷，清静艳丽豪华的效果，舍内整体消毒也方便，由于这些材料半透光，可大大改善舍内光照，使白天舍内明亮，冬天舍温明显提高，昼夜温差较小，但夏天烈日下，舍内温度偏高，这类屋顶只适合于纬度较高，夏季不热的地区，见图 7-15(c)。采用金字架梁，普通瓦的屋顶造价较高，其隔热性能优于水泥瓦。钢筋水泥平顶造价最高，其优点是结实耐用，维修费用少，综合价值是适宜的，但也加衬隔热层。

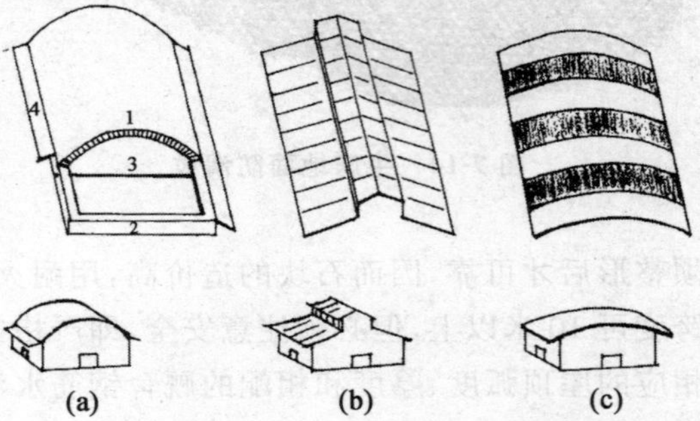

图 7-15 肉牛舍几种屋顶示意图

(a)砖券屋顶 (b)对称气窗(钟楼式)水泥瓦屋顶 (c)工程塑料屋顶

1.砖券屋顶 2.框架 3.拉杆 4.飞檐

(三)外观设计

1.高度

以屋檐高计算，一般为 3.5～4.5 米，北方应低，南方应高，如果为半钟楼式屋顶，后檐比前檐高 0.5 米。

2.跨度

跨度与牛舍性质、牛床列数以及是否带卧床等有关，成年牛双列式为 12.00～27.00 米，架子牛双列式为 10～12 米，单列式产房 5.50～6.80 米。

3.长度

牛舍长度根据牛场规模、劳动定额、饲养员工作量等多方面考虑，一般每栋牛舍以饲养 60～100 头为宜。当不考虑牛舍内的其他附属建筑时，双列 100 头牛舍的长度为 43～55 米。

4. 窗户

一般要求窗户面积为墙面积的 1/4 左右，距地面 1.2～1.5 米高。

5. 门

门洞高低依墙高和是否使用移动式 TMR 搅拌车而定，一般为 2.0～2.8 米，宽为 1.8～2.2 米。若采用移动式 TMR 搅拌车，舍门高度至少 3 米，宽度至少 3 米。

(四)舍内设计

舍内建筑包括牛床、饲槽、粪尿沟、饲喂通道、清粪通道、牛栏和颈枷。

1. 牛床

成年牛牛床长 1.6～2.4 米，宽 1.1～1.2 米，坡度为 1%～2%。架子牛牛床长 1.6～1.8 米，宽 0.8～0.9 米，坡度为 1%～3%。产房牛床长 2.4～3.6 米，宽 2.4～3.6 米。

2. 饲槽

饲槽位于牛床前，通常为统槽。饲槽长度与牛床总宽相等，饲槽底平面高于牛床。饲槽需坚固，表面光滑不透水，多为砖砌水泥砂浆抹面，饲槽底部平整，两侧带圆弧形，以适应牛用舌采食的习性。饲槽前壁(靠牛床的一侧)应做成一定弧度的凹形窝，以不妨碍牛的卧息。也有采用无帮浅槽，把饲喂通道加高 30～40 厘米，前槽帮高 20～25 厘米(靠牛床)，槽底部高出牛床 10～15 厘米。这种饲槽有利于饲料车运送饲料，饲喂省力，采食不“窝气”，通风好。

图 7-16(a)为下颈链饲槽，图 7-16(b)走道与饲槽合一，便于机械化，但牛拱饲草料过远时，得人工打扫草回牛跟前，常用于散放饲养的饲喂棚，育成牛、成年牛通用。图 7-16(c)走道与饲槽合一，但每头牛跟前砌成碗状，牛不易把草拱出，饲喂较“(b)”省工。也可砌成统槽，有利于牛的竞食性，提高干物质采食量。图 7-16(d)为带简易水槽的饲槽。图 7-16(e)为水槽。

(a)　(b)　(c)　(d)

图 7-16　牛常用饲槽种类

饲槽尺寸见表 7-8。

表 7-8　饲槽尺寸　厘米

饲槽类别	槽内(口)宽	槽有效深	前槽沿高	后槽沿高
成年牛	60	35	45	65
育成牛	50～60	30	30	65
犊牛	40～50	10～12	15	35

3. 粪尿沟

位于牛床与清粪走道之间，宽 40 厘米左右，深 10～20 厘米，向排水降口倾斜，坡度 1.5%～2%。当深度超过 20 厘米时，应设漏缝沟盖，以免胆小牛不越或失足时小腿受伤。降口处设下水箅子。

4. 饲喂通道

用于饲喂的专用通道，不使用移动式 TMR 搅拌车的饲喂通道宽度为 1.20～1.80 米，采用移动式 TMR 搅拌车的饲喂通道宽度为 3.8～4.5 米，贯彻牛舍中轴线。

5. 清粪通道

处于粪尿沟与牛床之间，实际上与牛床融为一体，一般应能通过农用平车或清粪机械为宜。

6. 牛栏和颈枷

牛栏位于牛床与饲槽之间，和颈枷(图 7-17)一起用于固定牛只。正规牛栏由横杆、主立柱和分立柱组成，每两个主立柱间距离与牛床宽度相等，主立柱之间有若干分立柱，分立柱之间距离为 0.10～0.12 米，颈枷两边分立柱之间距离为 0.15～0.20 米。

图 7-17　牛用颈枷

三、基本参数

肉牛场牛舍建筑参数因建设地条件、投资规模和气候条件等不同而异，为此，各地肉牛场应根据实际情况参考牛舍建设参数(表 7-9)灵活掌握。

表 7-9 肉牛场牛舍建设参数

牛舍类型	跨度	长度	牛舍面积	运动场面积
母牛舍	单列式 7 米；双列式(不带卧床)12 米；双列式(带卧床)27 米	据实际情况而定	8～10 米^2/头	20～25 米^2/头
产房	单列式 5.50～6.80 米；双列式 10～12 米	据实际情况而定	母牛 8～10 米^2/头；犊牛 2～3 米^2/头	20～25 米^2/头
犊牛舍	单列式 7 米；双列式 12 米	据实际情况而定	3～4 米^2/头	5～10 米^2/头
育成牛舍	单列式 7 米；双列式 12 米	据实际情况而定	4～6 米^2/头	10～15 米^2/头
育肥牛舍	单列式 7 米；双列式 12 米	据实际情况而定	拴系饲养 1.5～2 米^2/头；小群饲养 6～8 米^2/头	15～20 米^2/头

第三节　辅助设施建设

肉牛场辅助性建筑有运动场，饲料饲草加工与贮存设施，防疫与无害化处理设施等。肉牛场辅助性建筑须建于地势较高，排水通畅，地下水位低的地方。

一、运动场

运动场是牛活动、休息、饮水和采食的地方。一般育肥牛不需要运动场，但繁殖用母牛、育成牛、架子牛等需有运动场。运动场的大小根据牛舍设计的养殖规模而定。此外，带犊母牛运动场一侧应设犊牛补饲栏，内设犊牛用饲槽，与母牛运动场连接的栏高 1 米，两直立栏杆之间，犊牛能顺利通过，母牛不能通过。

运动场应有一定的坡度，以利排水，场内应平坦、坚硬。为了保证牛比较舒适和考虑成本，一般不硬化，或采取部分硬化的方法。场内设饮水池、补饲槽、凉棚等。

运动场的围栏高：成年牛为 1.2 米，犊牛为 1.0 米，埋入地下 0.5 米。立柱为水泥柱，间隔为 2～3 米，横栏为废旧钢管、木柱等，横栏间隙为 0.3～0.4 米。

二、饲料饲草加工与贮存设施

(一)草库

大小根据饲养规模、粗饲料的贮存方式、日粮的精粗比、容重等确定。一般情况下，切碎玉米秸的容重为 50 千克/米^3，在已知容重情况下，结合饲养规模，采食量大小，做出对草库大小的粗略估计。用于贮存切碎粗饲料的草库应建的较高，为 5～6 米高，草库的窗户离地面也应高，要求 4 米以上，用切草机切碎后直接喷入草库内，新鲜草要经过晾晒后再切碎，不然可引起草的发霉。草库应设防火门，外墙上设有消防用具，其距下风向建筑物应大于 50 米。

(二)饲料加工间

应包括原料库、成品库、饲料加工间等。原料库的大小应能贮存肉牛场 10～30 天所需的各种原料，成品库可略小于原料库。库房内应宽敞、干燥、通风良好。室内地面应高出室外 30～50 厘米，地面以水泥地面为宜，房顶要具有良好的隔热、防水性能，窗户要高，门、窗注意防鼠，整体建筑注意防火等。

(三)青贮窖

青贮窖(图 7-18)容积根据饲养规模和采食量而定。青贮贮备量按每头牛每天20千克计算，应满足10～12个月需要，青贮窖按500～600千克/米^{3}设计容量。

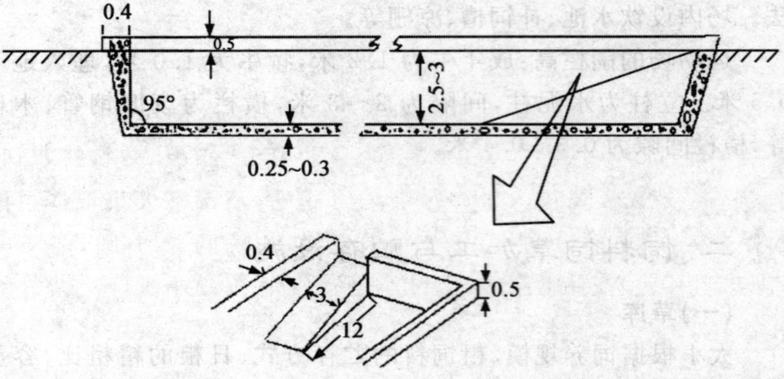

图7-18 青贮窖草图(单位:米)

(四)晾晒场

在夏秋季节，一些多余的天然或人工牧草、农作物秸秆，必须晒干后才可贮存。晾晒场一般由草棚和前面的晒场组成。晾晒场的地面应洁净、平坦，上面可设活动草架，便于晒制干草，草棚为棚舍式。

三、防疫与无害化处理设施

(一)防疫设施

1.隔离沟

在疫情严重的地区，大型育肥场周围应设隔离沟，沟宽不少于6米，沟深不少于3米，水深不少于1米，最好为有源水，以防病原微生物的传播。

2.隔离墙

育肥场周围应设隔离墙，以控制闲杂人员随意进入生产区。

一般墙高不少于3米，把生产区、办公生活区、饲料存放加工区、粪场等隔离开，避免相互干扰。

3. 消毒池及消毒室

外来车辆进入生产区必须经过消毒池，严防把病原微生物带入场内。消毒池宽度应大于一般卡车的宽度，一般为2.5米以上，长度为4～5米，深度为15厘米，池沿采用15°斜坡，并设排水口。消毒室是外来人员进入生产区前消毒用的，消毒室大小根据可能的外来人员数量设置。一般为列车式串联两个小间，各5～8米^2，其中一个为消毒室(内设小型消毒池和紫外线灯。紫外线灯悬高2.5米，悬挂2盏，使每立方米功率不少于1瓦)，另一个为更衣室。外来人员应在更衣室换上罩衣、长筒雨鞋后方可进入生产区。

4. 隔离牛舍

隔离牛舍用于隔离外购牛或本场已发现的可疑传染病牛。以上两种牛应在隔离牛舍观察10～15天以上。隔离牛舍床位数计算方法是：存栏周期的2倍(以月计)除年均存栏数。例如，计划3个月出栏，圈存牛数为200头，则隔离牛舍牛床位数为33头；若计划8个月出栏，则隔离牛舍牛床位数为13头。隔离牛舍应在生产区的下风向50米以外。

5. 道路硬化与绿化

场内主要道路应用砖石或水泥硬化，主道宽6米，岔道为3～4米，主道应承重10吨以上，牛舍间、道路旁应植树、种草等，进行绿化。

(二)粪污无害化处理设施

粪污无害化处理设施主要包括堆肥场和沼气池等设施。

1. 堆肥场

堆肥场一般应由粪便贮存池、堆肥场地以及成品堆肥存放场地等组成；采用间歇式堆肥处理时，粪便贮存池的有效体积应按至少能容纳 6 个月粪便产生量计算；场内应建立收集堆肥渗滤液的贮存池；应考虑防渗漏措施，不得对地下水造成污染；应配置防雨淋设施和雨水排水系统。

2. 贮存池

贮存池的位置选择应满足《畜禽养殖业污染防治技术规范》(HJ/T 81—2001)第 5.2 条的规定。贮存池的总有效容积应根据贮存期确定。贮存池的贮存期不得低于当地农作物生产用肥的最大间隔时间和冬季封冻期或雨季最长降雨期，一般不得小于 30 天的排放总量。贮存池的结构应符合《给水排水工程构筑物结构设计规范》(GB 50069) 的有关规定，具有防渗漏功能，不得污染地下水。对易侵蚀的部位，应按照《工业建筑防腐蚀设计规范》(GB 50046)的规定采取相应的防腐蚀措施。贮存池应配备防止降雨(水)进入的措施。贮存池宜配置排污泵。

3. 沼气池(站)

有条件和投资能力的肉牛场，可根据实际情况修建沼气池或沼气站。

四、其他设施

(一)水井和水塔

水井应选在污染最少的地方，若井水已被污染，可采取过滤法去掉悬浮物，用凝结剂去掉有机物，用紫外线净水器杀灭微生物，当用氯和初生态氧杀灭微生物时，对瘤胃消化不利。水中矿物微量元素过量可采用离子交换法或吸附法除去。

水塔应建在牛场中心，较建在其他地方相比，高度可适当低些，供水效能也高。牛场用水周径 100 米时，水塔高度不低于 5 米，用水周径 200 米时，水塔高度不低于 8 米。水塔的容积不少于全场 12 小时的用水量，高寒地区水塔应作防冻处理。也可配备相应功率的无塔送水器。供水主管道的直径由满足全场同时用水的需要而定。

(二)消音屏障

牛场选址时因条件限制，无法避开噪声源，或建场后新出现噪声源，造成生产损失时，可在迎噪声方向建立消音屏障，减弱和吸收噪声，使牛场噪声减弱至 60 分贝以下。

噪声的传播基本是直线传播。音障材料分两类：一类反射噪声，把大部分噪声反射回去，这类音障材料为刚性材料，只要其厚度和整体尺寸不与噪声源共振即可。由于其反射了绝大部分噪声，造成其相反方向的噪声污染，综合效果不好。反射噪声的材料有金属板、石墙、水泥墙等，砖砌建筑兼有反射噪声和消音的双重功能，不过效果不太理想。另一类材料是吸音(消音)材料，均为柔性疏松性物品，例如海绵、纤维板(低密度板)、软木板、草帘、加气砖、矿渣砖等。其中海绵效果最佳，5 厘米厚即达到消音效果，但由于海绵刚性差，须用刚性材料作骨架制作。用加气砖砌成隔音墙时，体积较大。简易消音屏障可用秸秆、树枝制作。

绿化带作音障时，必须兼用乔木和灌木，灌木的顶端与乔木的树干高度相似或高于乔木的树干，种植多排乔木和灌木时，一行乔木，一行灌木，错落有致，既可隔离噪声，还可防治环境污染，调节牛场小气候。见图 7-19。

用建筑物等做音障时，要根据噪声源高度、周围建筑物高度等确定音障建筑物的尺寸大小，见图 7-20。

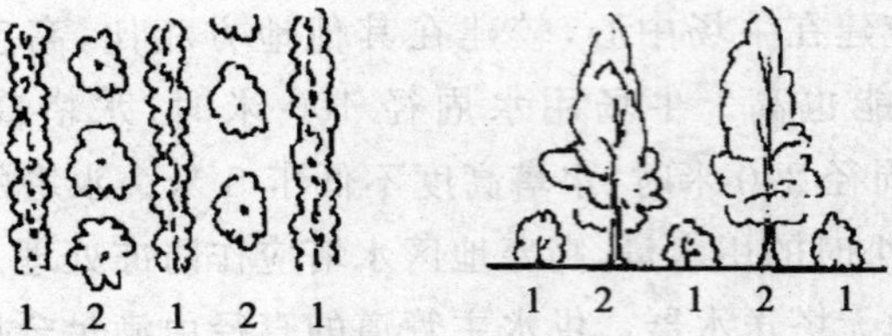

图 7-19　噪声屏障绿化带示意图

1. 常绿灌木　2. 常绿乔木

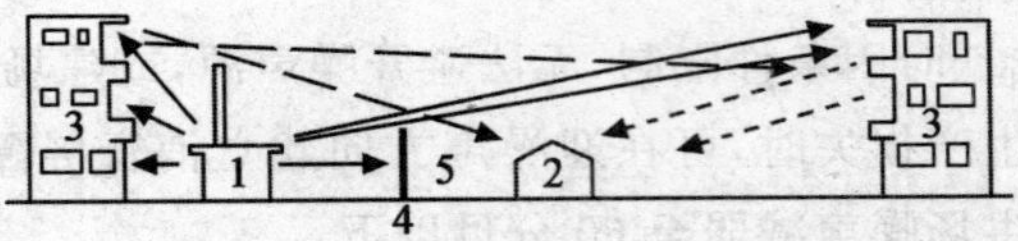

图 7-20　噪声屏障效果示意图

1. 噪声源　2. 牛场　3. 楼房等反射噪声的建筑物体
4. 噪声屏障　5. 噪声最小区

第八章

肉牛场防疫体系与常见病防治

第一节　肉牛场的防疫计划

一、肉牛场的疫病分类

根据动物疫病对养殖业生产和人体健康的危害程度，《中华人民共和国动物防疫法》规定管理的动物疫病分为三类：一类疫病是指对人与动物危害严重，需要采取紧急、严厉的强制预防、控制、扑灭等措施的疫病；二类疫病是指可能造成重大经济损失，需要采取严格控制、扑灭等措施，防止扩散的疫病；三类疫病是指常见多发、可能造成重大经济损失，需要控制和净化的疫病。各类动物疫病具体病种名录由国务院兽医主管部门制定并公布。

国务院兽医主管部门制定并公布的牛场重大疫病种类见表8-1。

表 8-1　牛场重大疫病分类

疫病分类	主要病种
一类疫病	口蹄疫、牛瘟、牛传染性胸膜肺炎、牛海绵状脑病
二类疫病	布鲁氏菌病、牛结核病、炭疽、牛传染性鼻气管炎、牛出血性败血症、魏氏梭菌病、弓形虫病、棘球蚴病、钩端螺旋体病、牛梨形虫病（牛焦虫病）、牛恶性卡他热等
三类疫病	牛流行热、牛病毒性腹泻/黏膜病、大肠杆菌病、沙门氏菌病、李氏杆菌病、牛生殖器官弯曲杆菌病、毛滴虫病、牛皮蝇蛆病等

二、肉牛场防疫体系

搞好肉牛卫生防疫及常见病防治，首先应为牛创造良好的生活和生产环境，加强牛的饲养管理；其次要建立消毒防疫制度，即主要做好以下几方面的工作。

（一）防疫制度与设施

制定防疫制度，设立消毒池、消毒垫、消毒室、隔离舍和贮粪池等防疫消毒设施。

（二）诊断

及时准确的诊断是防疫工作的重要环节，它关系到防疫措施能否有效地实施。需根据具体情况选择适宜的诊断方法。常用的诊断方法有以下几种：

1. 临床诊断

这是最基本的诊断方法。它是利用人的感官或借助一些简单的器械如体温计、听诊器等直接对患病牛进行检查。有时也包括血、粪、尿的常规检验。对于某些具有特征临床症状的典型病例一般不难做出诊断。但对发病初期尚未出现有诊断意义的特征症状的病例和非典型病例，依靠临床检查往往难于做出诊断。在很多情况下，临床诊断只能提出可疑疫病的大致范围，必须结合其他诊断方法才能做出诊断。在进行临床诊断时，应注意对整个发病肉牛群所表现的综合症状加以分析判断，不要单凭个别或少数病例的症状轻易下结论，以防止误诊。

2. 流行病学诊断

这是在流行病学调查（即疫情调查）的基础上进行的。疫情调查可在临床诊断过程中，以座谈方式向牛场场长或户主询问疫情，并对现场进行仔细观察、检查，取得第一手材料，然后对材料进行分析处理，做出诊断。

3. 病理学诊断

患各种传染病死亡的牛尸体，多有一定的病理变化，可作为诊断的依据之一。病理剖检时应选择典型病例，并尽量多剖检几头。剖检前应先观察尸体外表，注意其营养状况、皮毛、可视黏膜及天然孔的情况。再按剖检的程序作认真系统观察，包括皮下组织、各淋巴结、胸腔和腹腔的各器官、头部和脑、脊髓的病理变化，进行详细的记录，找出其主要的特征性变化，并做出初步的分析和诊断。若病理剖检不能获得结论，应按情况采取病料送实验室，进一步作病理组织学检查和病原学检查。病畜死亡或急宰后剖检时间越早越好，以免尸体发生腐败，有碍于观察和诊断。

此外，还有微生物学诊断和免疫学诊断，均是传染病诊断和检疫中常用的方法。

（三）检疫

应用各种诊断方法，对肉牛进行疫病检查，及时发现疫病，并采取相应措施，防止疫病的发生和传播。实施检疫的内容包括肉牛及其产品、饲养工具、饲料和运载工具等。根据肉牛及其产品的动态和运转形式，可分为产地检疫、运输检疫和国境口岸检疫。

(四)隔离和封锁

(1)隔离　发生传染病时，将病牛和可疑感染牛与健康牛隔开，可以消除和控制传染源，从而中断流行过程，有利于把疫情限制在最小范围内就地扑灭。因此，在发生传染病时，应首先查明牛群中疫病蔓延的程度，逐头检查临床症状，必要时进行免疫学检查。根据诊断检查结果，将受检牛分为病牛、可疑感染牛和假定健康牛 3 类，并进行隔离。

(2)封锁　当发生某些重要传染病(如口蹄疫、炭疽等)，或当地新发现的传染病时，除严格隔离病畜外，应立即报请当地政府机关，划定疫区范围，进行封锁，以防疫病向安全区散播和健康牛误入疫区而被传染，把疫病控制在封锁区内，发动群众集中力量就地扑灭。

(五)免疫接种

免疫接种可以使肉牛机体产生特异性抵抗力，让易感牛转成不易感牛，据其进行时机不同，分为预防接种和紧急接种。在经常发生传染病的地区或传染病潜在地区，或受到邻近地区某些传染病威胁的地区，为防患于未然，在平时有计划地给健康畜群进行的免疫接种为预防接种。紧急接种是在发生传染病时，为迅速控制和扑灭疾病的流行，而对疫区和受威胁地区尚未发病的畜禽进行的免疫接种。

(六)药物预防

对尚无疫苗可以利用的疫病，除了加强饲养管理，搞好检疫、诊断、环境卫生和消毒工作外，应用药物预防也是一项重要措施。一般是把安全、价廉的药物，拌入饲料和饮水中进行预防。但要注意，长期使用某些药物易产生耐药性，影响效果，因此需要用药敏试验选择敏感药物来应用，或几种药物交替使用。

（七）尸体处理

患传染病的牛尸体是一种特殊的传染源，因此，及时而正确地处理尸体，在防治传染病和维护公共卫生上具有重要意义。尸体的处理方法有加工利用、掩埋、发酵和焚烧等，这几种方法各有其优缺点，在实际工作中应根据具体情况及条件加以选择。

此外，及时杀灭蝇、蚊、蜱、虻和鼠类等人、畜传染病的传播媒介和传染源，对预防和扑灭牛传染病以及保障人民健康都具有重要意义。

三、肉牛场的防疫计划

肉牛养殖场防疫计划应当包括常发传染病的免疫计划、寄生虫病的驱虫计划、疾病治疗计划以及消毒计划等。国家标准化养殖小区示范创建活动要求养殖场应将防疫计划和消毒防疫制度在规定工作岗位张贴上墙，并应有详细规范的记录，这些均有利于评价防疫计划的有效性和合理性。对于不同养殖场，防疫计划内容会有差异，但肉牛场负责人应了解当地主要流行的疾病，分类并按照其重要性进行排序，然后针对性制订相应的防疫计划。

（一）免疫

肉牛场应根据当地和该场的疫病流行状况选择疫苗种类，疫苗使用方法以生产厂家的使用说明为准。以下免疫程序仅供参考：

1. 犊牛的免疫程序

5 日龄：肌肉注射牛大肠杆菌灭活疫苗。

35～40 日龄：犊牛副伤寒菌苗，口服或肌肉注射（在疫区，首免后，隔 3～4 周再二免）。

80 日龄：皮下注射气肿疽灭活疫苗。

120 日龄：皮下注射 2 号炭疽芽孢苗。

150 日龄：牛口蹄疫疫苗，皮下或肌肉注射。

180 日龄：牛魏氏梭菌病灭活疫苗，皮下或肌肉注射。

2. 后备公、母牛的免疫程序

200 日龄：口服布鲁氏菌病活疫苗。

240 日龄：皮下或肌肉注射牛巴氏杆菌灭活疫苗。

270 日龄：皮下或肌肉注射牛羊厌气菌氢氧化铝灭活疫苗。

330 日龄：肌肉注射牛焦虫细胞苗。

3. 成年牛免疫程序

每年 3 月：

肌肉注射牛口蹄疫灭活疫苗；

皮下或肌肉注射牛巴氏杆菌灭活疫苗；

皮下或肌肉注射牛羊厌气菌氢氧化铝灭活疫苗；

皮下注射气肿疽灭活疫苗；

肌肉注射牛焦虫细胞苗；

肌肉注射牛流行热灭活疫苗；

每年 9 月：

肌肉注射牛 O 型口蹄疫灭活疫苗；

皮下或肌肉注射牛巴氏杆菌灭活疫苗；

皮下注射气肿疽灭活疫苗；

皮下注射 2 号炭疽芽孢苗；

皮下或肌肉注射牛羊厌气菌氢氧化铝灭活疫苗。

（二）驱虫

每年 6～7 月份用溴氰菊酯等进行药浴；每年 3～4 月份或 9～10 月份肌肉注射伊维菌素（驱线虫和外寄生虫）、吡喹酮（驱绦虫和肺吸虫）等进行驱虫。

（三）消毒

1. 消毒设施

（1）消毒池　设在牛场入口处，宽度应与入口处等宽，长度在3米以上，深度不小于15厘米，池两端砌成斜坡，以便车辆通过，池内置消毒液，据药性定期更换。

（2）消毒垫　用于栏舍入口，用消毒液喷洒在铺垫于入口的秸秆、废麻袋或棕垫上，至有少量药液渗出为好。

（3）消毒室　室内装紫外线消毒灯，距地面2米，以紫外线有效消毒距离2米计算所需数量，一般30分钟即可。

以上消毒主要针对人员与车辆消毒等。

（4）隔离舍　用于观察和治疗病牛，一般建在牛场偏僻的下风向和低洼处，并铺设水泥地面，墙壁也应用水泥抹至1.5米以上高度，以便消毒。

（5）贮粪池　应紧挨隔离舍，池内加相应的消毒药，并经常补充，池要设盖，避免溢出粪水。

2. 牛舍和用具消毒

肉牛场应定期对牛舍和生产区的饲喂用具和饲料运输车等进行消毒，可采用0.3%的过氧乙酸或0.1%的新洁尔灭溶液或其他有效消毒剂进行喷雾或浸泡消毒。

3. 环境消毒

可每月2次，疫病流行时每周1～2次。

4. 常用消毒药

氢氧化钠（苛性钠）：2%～3%的水溶液喷洒牛舍、饲槽和运输工具等以及进出口消毒池用药，消毒后要用水冲洗，方可让牛进入牛舍；5%的水溶液用于炭疽芽孢污染场地消毒。

氧化钙：10%～20%的石灰乳涂剂刷牛舍墙壁、畜栏，地面消毒；消石灰粉末（氧化钙 1 千克加水 350 毫升）可撒布于阴湿地面、粪池周围及污水沟等处消毒。

福尔马林：2%～4%的水溶液用于喷洒墙壁、地面、饲槽等，1%的水溶液可用于牛体表消毒；熏蒸消毒时福尔马林 25 毫升/米^3，高锰酸钾 12.5 克/米^3，将高锰酸钾倒入福尔马林中，密闭 24 小时后打开。

高锰酸钾：0.01%～0.05%的水溶液用于中毒时洗胃，0.1%的水溶液外用，冲洗黏膜及创伤、溃疡等；常与福尔马林结合进行熏蒸消毒。现用现配。

碘-5%碘酊：碘 50 克，碘化钾 10 克，蒸馏水 10 毫升，加 75%酒精至 1 000 毫升。用于手术部位及注射部位消毒。

百毒杀：适于牛舍、环境和饮水的消毒。10 000～20 000 倍稀释用于饮水消毒；3 000 倍稀释用于牛舍、环境、饲槽、器具消毒。

四、药物使用规范

(一)不使用禁用药物

为保证牛肉品质和食物安全，维护人民身体健康，肉牛场应严格执行农业部颁布的《食品动物禁用的兽药及其他化合物清单》（表 8-2）。

表 8-2　食品动物禁用的兽药及其他化合物清单

序号	兽药及其他化合物名称	禁止用途	禁用动物
1	β-兴奋剂类：克仑特罗、沙丁胺醇、西马特罗及其盐、酯及制剂	所有用途	所有食品动物
2	性激素类：己烯雌酚及其盐、酯及制剂	所有用途	所有食品动物
3	具有雌激素样作用的物质：玉米赤霉醇、去甲雄三烯醇酮、醋酸甲孕酮及制剂	所有用途	所有食品动物

续表 8-2

序号	兽药及其他化合物名称	禁止用途	禁用动物
4	氯霉素及其盐、酯(包括:琥珀氯霉素)及制剂	所有用途	所有食品动物
5	氨苯砜及制剂	所有用途	所有食品动物
6	硝基呋喃类:呋喃唑酮、呋喃它酮、呋喃苯烯酸钠及制剂	所有用途	所有食品动物
7	硝基化合物:硝基酚钠、硝呋烯腙及制剂	所有用途	所有食品动物
8	催眠、镇静类:安眠酮及制剂	所有用途	所有食品动物
9	林丹(丙体六六六)	杀虫剂	所有食品动物
10	毒杀芬(氯化烯)	杀虫剂、清塘剂	所有食品动物
11	呋喃丹(克百威)	杀虫剂	所有食品动物
12	杀虫脒(克死螨)	杀虫剂	所有食品动物
13	双甲脒	杀虫剂	水生食品动物
14	酒石酸锑钾	杀虫剂	所有食品动物
15	锥虫胂胺	杀虫剂	所有食品动物
16	孔雀石绿	抗菌、杀虫剂	所有食品动物
17	五氯酚酸钠	杀螺剂	所有食品动物
18	各种汞制剂:氯化亚汞(甘汞)、硝酸亚汞、醋酸汞、吡啶基醋酸汞	杀虫剂	所有食品动物
19	性激素类:甲基睾丸酮、丙酸睾酮、苯丙酸诺龙、苯甲酸雌二醇及其盐、酯及制剂	促生长	所有食品动物
20	催眠、镇静类:氯丙嗪、地西泮(安定)及其盐、酯及制剂	促生长	所有食品动物
21	硝基咪唑类:甲硝唑、地美硝唑及其盐、酯及制剂	促生长	所有食品动物

(二)严格执行休药期

休药期是指从停止用药到许可屠宰的间隔时间。由于药物在体内的降解速度不一样,每种药物都有相应的休药期(表8-3)。肉牛场必须严格执行休药期,在肉牛上市前必须按规定时间停药。

表 8-3 部分兽药休药期

药物类别	药物名称	休药期(天)	使用指南
抗微生物	普鲁卡因青霉素	7	肌肉注射,2万~3万单位/千克体重,一日1次,连用2~3日。1毫克=1 011单位
抗微生物	注射用苄星青霉素	10	肌肉注射,3万~4万单位/千克体重,必要时3~4日重复一次
抗微生物	苯唑西林钠	3	肌肉注射,10~15毫克/千克体重,一日2~3次,连用2~3日
抗微生物	氨苄西林钠	15	肌肉、静脉注射,10~20毫克/千克体重,一日2~3次,连用2~3日
抗微生物	硫酸庆大霉素	40	肌肉注射,2~4毫克/千克体重,一日2次,连用2~3日
抗微生物	硫酸新霉素	3	内服,10毫克/千克体重,一日2次,连用3~5日
抗微生物	盐酸大观霉素	21	内服,仔猪10毫克/千克体重,一日2次,连用3~5日
抗微生物	硫酸安普霉素	21	混饲,80~100克/1 000千克饲料,连用7日
抗微生物	土霉素	20	静脉注射,5~10毫克/千克体重,一日2次,连用2~3日
抗微生物	盐酸四环素	5	内服,10~25毫克/千克体重,一日2~3次,连用3~5日。静脉注射,5~10毫克/千克体重,一日2次,连用2~3日

续表 8-3

药物类别	药物名称	休药期(天)	使用指南
抗微生物	盐酸多西环素	5	内服，3～5 毫克/千克体重，一日 1 次，连用 3～5 日
抗微生物	吉他霉素	3	内服，20～30 毫克/千克体重，一日 2 次，连用 3～5 日
抗微生物	泰乐菌素	14	肌肉注射，9 毫克/千克体重，一日 2 次，连用 5 日
抗微生物	磷酸替米考星	14	混饲，200～400 克/1 000 千克饲料
抗微生物	硫酸黏菌素	7	内服，仔猪 1.5～5 毫克/千克体重。混饲，仔猪 2～20 克/1 000 千克饲料。混饮，40～100 克/升水
抗微生物	硫酸多黏菌素 B	7	肌肉注射，1 毫克/千克体重
抗微生物	恩拉霉素	7	混饲，猪饲料中添加量为 2.5～20 毫克/千克
抗微生物	盐酸林可霉素	5	内服，10～15 毫克/千克体重，一日 1～2 次，连用 3～5 日。混饮，40～70 毫克/升水。混饲，44～77 克/1 000 千克饲料。肌肉注射，10 毫克/千克体重
抗微生物	延胡索酸泰妙菌素	5	混饮，45～60 毫克/升水，连用 3 日。混饲，40～100 克/1 000 千克饲料
抗微生物	赛地卡霉素	1	混饲，75 克/1 000 千克饲料，连用 15 日
抗微生物	磺胺氯哒嗪钠	3	内服，首次量 50～100 毫克/千克体重，维持量 25～50 毫克/千克体重，一日 1～2 次，连用 3～5 日
抗微生物	恩诺沙星	10	内服，仔猪 2.5～5 毫克/千克体重，一日 2 次，连用 3～5 日。肌肉注射，2.5 毫克/千克体重，一日 1～2 次，连用 2～3 日
抗微生物	甲磺酸达诺沙星	5	肌肉注射，1.25～2.5 毫克/千克体重，一日 1 次
抗微生物	马波沙星	2	肌肉注射，2 毫克/千克体重，一日 1 次。内服，2 毫克/千克体重，一日 1 次
抗微生物	喹乙醇	35	混饲，1 000～2 000 克/1 000 千克饲料

续表 8-3

药物类别	药物名称	休药期(天)	使用指南
抗寄生虫	噻苯达唑	30	内服,50～100 毫克/千克体重
抗寄生虫	阿苯达唑	10	内服,5～10 毫克/千克体重
抗寄生虫	芬苯达唑	5	内服,5～7.5 毫克/千克体重
抗寄生虫	奥芬达唑	21	内服,4 毫克/千克体重
抗寄生虫	氧苯达唑	14	内服,10 毫克/千克体重
抗寄生虫	氟苯达唑	14	内服,5 毫克/千克体重。混饲,30 克/1 000 千克饲料,连用 5～10 日
抗寄生虫	非班太尔	10	内服,20 毫克/千克体重
抗寄生虫	硫苯尿酯	7	内服,50～100 毫克/千克体重
抗寄生虫	左旋咪唑	28	皮下、肌肉注射,7.5 毫克/千克体重
抗寄生虫	噻嘧啶	1	内服,22 毫克/千克体重
抗寄生虫	精制敌百虫	7	内服,80～100 毫克/千克体重
抗寄生虫	哈乐松	7	内服,50 毫克/千克体重
抗寄生虫	伊维菌素	18	皮下注射,0.3 毫克/千克体重
抗寄生虫	阿维菌素	18	内服,0.3 毫克/千克体重
抗寄生虫	多拉菌素	24	皮下、肌肉注射,0.3 毫克/千克体重
抗寄生虫	越霉素 A	15	混饲,5～10 克/1 000 千克饲料
抗寄生虫	越霉素 B	15	混饲,10～13 克/1 000 千克饲料
抗寄生虫	哌嗪	0	内服,0.25～0.3 克/千克体重
抗寄生虫	枸橼酸乙胺嗪	0	内服,20 毫克/千克体重
抗寄生虫	硫双二氯酚	0	内服,75～100 毫克/千克体重
抗寄生虫	吡喹酮	0	内服,10～35 毫克/千克体重
抗寄生虫	硝碘酚腈	60	皮下注射,10 毫克/千克体重
抗寄生虫	硝硫氰酯	0	内服,15～20 毫克/千克体重
抗寄生虫	盐霉素钠	0	混饲,25～75 克/1 000 千克饲料
抗寄生虫	二嗪农	14	喷淋,250 毫克/1 000 毫升水
抗寄生虫	溴氰菊酯	21	药浴、喷淋,30～50 克/1 000 升水

(三)注意药物配伍禁忌

有些药物混合使用会降低疗效,甚至产生副作用,为此应注意药物配伍禁忌(表 8-4)。

表 8-4　兽医常用药物配伍禁忌表

分类	药物	配伍药物	配伍使用结果
青霉素类	青霉素钠、钾盐;氨苄西林类;阿莫西林类	喹诺酮类、氨基糖苷类(庆大霉素除外)、多黏菌素类	效果增强
		四环素类、头孢菌素类、大环内酯类、庆大霉素、利巴韦林、培氟沙星	相互拮抗或疗效相抵或产生副作用,应分别使用、间隔给药
		维生素 C、B 族维生素、罗红霉素、维生素 C 多聚磷酸酯、磺胺类、氨茶碱、高锰酸钾、盐酸氯丙嗪、过氧化氢	沉淀、分解、失效
头孢菌素类	"头孢"系列	氨基糖苷类、喹诺酮类	疗效、毒性增强
		青霉素类、洁霉素类、四环素类、磺胺类	相互拮抗或疗效相抵或产生副作用,应分别使用、间隔给药
		维生素 C、B 族维生素、磺胺类、罗红霉素、氨茶碱、氯霉素、氟苯尼考、甲砜霉素、盐酸强力霉素	沉淀、分解、失效
		强利尿药、含钙制剂	与头孢噻吩、头孢噻呋等头孢类药物配伍会增加毒副作用

续表 8-4

分类	药物	配伍药物	配伍使用结果
氨基糖苷类	卡那霉素、阿米卡星、核糖霉素、妥布霉素、庆大霉素、大观霉素、新霉素、巴龙霉素、链霉素等	抗生素类	应尽量避免与抗生素类药物联合应用，大多数本类药物与大多数抗生素联用会增加毒性或降低疗效
		青霉素类、头孢菌素类、洁霉素类、甲氧苄啶(TMP)	疗效增强
		碱性药物(如碳酸氢钠、氨茶碱等)、硼砂	疗效增强，但毒性也同时增强
		维生素 C、B 族维生素	疗效减弱
		氨基糖苷同类药物、头孢菌素类、万古霉素	毒性增强
	大观霉素	氯霉素、四环素	拮抗作用，疗效抵消
	卡那霉素、庆大霉素	其他抗菌药物	不可同时使用
大环内酯类	红霉素、罗红霉素、硫氰酸红霉素、替米考星、吉他霉素(北里霉素)、泰乐菌素、乙酰螺旋霉素、阿奇霉素	洁霉素类、麦迪霉素、螺旋霉素、阿司匹林	降低疗效
		青霉素类、无机盐类、四环素类	沉淀，降低疗效
		碱性物质	增强稳定性，增强疗效
		酸性物质	不稳定，易分解失效
四环素类	土霉素、四环素(盐酸四环素)、金霉素(盐酸金霉素)、强力霉素(盐酸多西环素、脱氧土霉素)、米诺环素(二甲胺四环素)	甲氧苄啶、三黄粉	稳效
		含钙、镁、铝、铁的中药如石类、贝壳类、骨类、矾类、脂类等，含碱类，含鞣质的中成药，含消化酶的中药如神曲、麦芽、豆豉等，含碱性成分较多的中药如硼砂等	不宜同用，如确需联用应至少间隔 2 小时
		其他药物	四环素类药物不宜与绝大多数其他药物混合使用

续表 8-4

分类	药物	配伍药物	配伍使用结果
喹诺酮类	吡哌酸、"沙星"系列	青霉素类、链霉素、新霉素、庆大霉素	疗效增强
		洁霉素类、氨茶碱、金属离子(如钙、镁、铝、铁等)	沉淀、失效
		四环素类、罗红霉素、利福平	疗效降低
		头孢菌素类	毒性增强
磺胺类	磺胺嘧啶、磺胺二甲嘧啶、磺胺甲噁唑、磺胺对甲氧嘧啶、磺胺间甲氧嘧啶、磺胺噻唑	青霉素类	沉淀、分解、失效
		头孢菌素类	疗效降低
		罗红霉素	毒性增强
		TMP、新霉素、庆大霉素、卡那霉素	疗效增强
	磺胺嘧啶	阿米卡星、头孢菌素类、氨基糖苷类、利多卡因、林可霉素、普鲁卡因、四环素类、青霉素类、红霉素	配伍后疗效降低或抵消或产生沉淀
抗菌增效剂	二甲氧苄啶、甲氧苄啶(三甲氧苄啶、TMP)	参照磺胺药物的配伍说明	参照磺胺药物的配伍说明
		磺胺类、四环素类、红霉素、庆大霉素、黏菌素	疗效增强
		青霉素类	沉淀、分解、失效
		其他抗菌药物	与许多抗菌药物合用可起增效或协同作用，其作用明显程度不一，使用时可摸索规律。但并不是与任何药物合用都有增效、协同作用，不可盲目合用

续表 8-4

分类	药物	配伍药物	配伍使用结果
洁霉素类	盐酸林可霉素（盐酸洁霉素）、盐酸克林霉素（盐酸氯洁霉素）	氨基糖苷类	协同作用
		大环内酯类	疗效降低
		喹诺酮类	沉淀、失效
多黏菌素类	多黏菌素	磺胺类、甲氧苄啶、利福平	疗效增强
	杆菌肽	青霉素类、链霉素、新霉素、金霉素、多黏菌素	协同作用、疗效增强
		喹乙醇、吉他霉素、恩拉霉素	拮抗作用，疗效抵消，禁止并用
	恩拉霉素	四环素、吉他霉素、杆菌肽	
抗病毒类	利巴韦林、金刚烷胺、阿糖腺苷、阿昔洛韦、吗啉胍、干扰素	抗菌类	无明显禁忌，无协同、增效作用。合用时主要用于防治病毒感染后再引起继发性细菌类感染，但有可能增加毒性，应防止滥用
		其他药物	无明显禁忌记载
抗寄生虫药	苯并咪唑类（达唑类）	长期使用	易产生耐药性
		联合使用	易产生交叉耐药性并可能增加毒性，一般情况下应避免同时使用
	其他抗寄生虫药	长期使用	此类药物一般毒性较强，应避免长期使用
		同类药物	毒性增强，应间隔用药，确需同用应减低用量
		其他药物	容易增加毒性或产生拮抗，应尽量避免合用

续表 8-4

分类	药物	配伍药物	配伍使用结果
助消化与健胃药	乳酶生	酊剂、抗菌剂、鞣酸蛋白、铋制剂	疗效减弱
	胃蛋白酶	中药	许多中药能降低胃蛋白酶的疗效，应避免合用，确需与中药合用时应注意观察效果
		强酸、碱性、重金属盐、鞣酸溶液及高温	沉淀或灭活、失效
	干酵母	磺胺类	拮抗、降低疗效
	稀盐酸、稀醋酸	碱类、盐类、有机酸及洋地黄	沉淀、失效
	人工盐	酸类	中和、疗效减弱
	胰酶	强酸、碱性、重金属盐溶液及高温	沉淀或灭活、失效
	碳酸氢钠(小苏打)	镁盐、钙盐、鞣酸类、生物碱类等	疗效降低或分解或沉淀或失效
		酸性溶液	中和失效
平喘药	茶碱类(氨茶碱)	其他茶碱类、洁霉素类、四环素类、喹诺酮类、大环内酯类、利福平	毒副作用增强或失效
		药物酸碱度	酸性药物可增加氨茶碱排泄，碱性药物可减少氨茶碱排泄
维生素类	所有维生素	长期使用、大剂量使用	易中毒甚至致死
	B族维生素	碱性溶液	沉淀、破坏、失效
		氧化剂、还原剂、高温	分解、失效
		青霉素类、头孢菌素类、四环素类、多黏菌素、氨基糖苷类、洁霉素类	灭活、失效
	维生素C	碱性溶液、氧化剂	氧化、破坏、失效
		青霉素类、头孢菌素类、四环素类、多黏菌素、氨基糖苷类、洁霉素类	灭活、失效

续表 8-4

分类	药物	配伍药物	配伍使用结果
消毒防腐类	漂白粉	酸类	分解、失效
	酒精(乙醇)	氧化剂、无机盐等	氧化、失效
	硼酸	碱性物质、鞣酸	疗效降低
	碘类制剂	氨水、铵盐类	生成爆炸性的碘化氮
		重金属盐	沉淀、失效
		生物碱类	析出生物碱沉淀
		淀粉类	溶液变蓝
		龙胆紫	疗效减弱
		挥发油	分解、失效
	高锰酸钾	氨及其制剂	沉淀
		甘油、酒精(乙醇)	失效
	过氧化氢(双氧水)	碘类制剂、高锰酸钾、碱类、药用炭	分解、失效
	过氧乙酸	碱类如氢氧化钠、氨溶液等	中和失效
	碱类(生石灰、氢氧化钠等)	酸性溶液	中和失效
	氨溶液	酸性溶液	中和失效
		碘类溶液	生成爆炸性的碘化氮

注:1. 本配伍疗效表为各药品的主要配伍情况,每类产品均侧重该类药品的配伍影响,恐有疏漏,在配伍用药时,应详查所涉及的每一个药品项下的配伍说明。

2. 药品配伍时,有的反应比较明确,因为记录在案;有的不太明确,要看配伍条件,因配伍剂量和条件不同可能产生不同结果。因此,任何药物相互配伍均有可能因条件不同而产生不同结果,甚至发生与“书本知识”截然不同的结果,使用者在配伍用药时应自行摸索规律,切不可盲目相信。

第二节　肉牛常见病防治

一、检查方法

为了能够及时把握牛群健康状况，需要对牛群进行检查，检查时可借助于感觉器官和相关仪器设备（如听诊器、体温计等）对牛进行全身状态检查，体表检查，体温测量，可视黏膜检查，呼吸系统、消化系统和循环系统检查。

（一）日常观察

每天细心观察牛的采食情况，判断干物质采食量是否充足、粗饲料和精饲料的大致比例是否合适，如牛出现食欲不振或拒绝采食，应考虑是否患病，要及时诊断和治疗。根据肉牛的采食情况，大致判断饮水是否充足。观察牛粪是否正常，正常的粪便较湿润，颜色黑褐色，落地平摊为圆形，呈层状，如拉稀粪或血粪则应对牛做健康检查；如粪中带整粒饲料，则可能是饲料粉碎过粗或精饲料喂量太大。观察肉牛的体表，即乳房、口腔、阴部、腿、蹄等部位是否正常。观察牛的行为是否正常，肉牛异常姿势与可能疾病见表 8-5。

表 8-5　肉牛异常姿势与可能疾病

肉牛异常姿势	可能疾病
拱背，厌食，肘外展（疼痛站立姿势）	胸膜炎、腹膜炎
拱背，厌食，躺卧时四肢伸得比正常远、直，不愿站立	多关节炎
拱背，食欲正常，前肢前伸，后肢后送比正常远	背部肌肉骨骼损伤

续表 8-5

肉牛异常姿势	可能疾病
喜爱站立于前高后低处，卧下时小心翼翼，总是后脚先屈，站起时则前躯先起，前肢踢胸部，行走步伐小且慢，食欲下降	创伤性网胃炎、创伤性心包炎和胸部外伤、脓肿等
左肷隆起，举尾，头颈平伸，前肢和后肢均较正常时前伸和后送，精神紧张，机体强直，耳竖立	破伤风
卧地，前肢伸直	前肢肌肉骨骼损伤，常为腕部损伤
侧卧，但有警觉反应	常为肌肉骨骼疼痛的征兆，引起一肢或多肢不愿弯曲；由于乳房肿胀，乳房血肿，腹疝，或腹部蜂窝组织炎引起的腹侧部疼痛
躺卧时颈部呈"S"弯曲，沉郁或昏迷。侧卧，头回转置于上侧肩部，沉郁或昏迷	低血钙症
侧卧，角弓反张	犊牛脑灰质软化或其他中枢神经系统疾病；成年牛偶见低血镁症或中枢神经系统疾病
躺卧，高度兴奋，痉挛	低血镁症，偶见低血钙症等
步态蹒跚，转圈	脑包虫，中枢神经系统疾病
磨牙，视力丧失，但有良好反应，沉郁	铅中毒，脑灰质软化
磨牙	慢性腹病，窦炎，肌肉骨骼病
站立时四肢内收，后蹄踢腹，反复爬槽，起伏，哞叫	小肠积气或积液，消化不良；小肠梗阻；肾盂肾炎或其他泌尿道异常；盲肠臌胀或扭转
腕部支地，后躯抬起	蹄叶炎
犬坐姿势，起卧为艰	胸腰段脊髓损伤
跛行，蹄不愿负重	蹄底溃疡
咀嚼物品，咬水槽，咬铁管，舔咬皮肤，有攻击性行为，虚脱	神经性酮病，或器质性中枢神经系统疾病

(二)定期检测

1.生理指标

肉牛的生理参数一般根据日常观察和患病情况随机测定，测定内容根据具体情况决定。正常生理参数见表 8-6。

表 8-6　肉牛正常生理参数

体温（℃）	脉搏（次/分）	呼吸（次/分）	嗳气（次/小时）
37.5～39.0 平均 38.5	60～70	12～16 犊牛 30～56	20～40

每日平均反刍时间（小时）	每日反刍周期数（个）	每次反刍持续时间（分）	瘤胃蠕动次数（次/分）
6～10	4～8	40～50	反刍时 2.3 采食时 2.8 休息时 1.8

2.血液指标

全身各细胞、组织病理变化会影响到血液性状，除引起血液成分改变外，也会引起细胞、组织机能异常，所以，血液检测可了解和判断机体器质性疾病(表 8-7)。

表 8-7　肉牛血液指标

血清离子（毫克/100 毫升）					胆红素（毫克/100 毫升）
钙	无机磷	镁	钾	钠	
10.5～12.25	3.2～8.4	1.8～3.0	20	330	0～0.5

血浆蛋白（克/100 毫升）			转氨酶（S-F 单位/毫升）		黄疸指数（单位）
总蛋白	白蛋白	球蛋白	谷-草	谷-丙	
6.5	2.9	3.6	38～50	7～32	2～15

红细胞数（个/毫米³）	血红蛋白（克/100 毫升）	白细胞（个/毫米³）	血沉（魏氏法）（毫米）			
			15 分钟	30 分钟	45 分钟	60 分钟
7.2×10^6	12	8 000	0.1	0.25	0.4	1～2

3. 尿液

健康牛尿液中除蛋白质代谢终产物(尿素、尿酸、肌酸酐、氨)、各种无机盐类、尿蓝母和马尿酸等以外，还含有维生素、激素和酶等成分。当牛脏器或组织发生病理变化或机体内物质代谢机能障碍时，尿液中便出现某些异常成分，如蛋白质、葡萄糖、酮体、血红蛋白、尿胆素、胆红素、白细胞、尿圆柱和细菌等，说明肾脏、尿道、心脏、肝脏或胃肠道发生疾病，或其他脏器机能障碍。

4. 粪便

(1)粪便蠕虫虫卵检验　肉牛胃肠道内感染蠕虫病时，其成虫、幼虫，特别是虫卵，通常多存在于宿主粪便中，有时随粪便排出体外。供检粪便由直肠内直接采取。粪便中虫卵检验方法，可分为涂片法、浮集法(漂浮法)、沉淀法和虫卵计数法等。

(2)粪便中潜血定性　粪便中用肉眼看不出来的血细胞成分称为潜血。粪便潜血的来源多半是消化器官某部位的出血性病变。直肠性出血呈鲜红色，粪的表面以血丝或血膜附着；直肠以前的胃肠出血，多呈暗红色，与粪便呈均质分布。粪便潜血检验阳性反应，多为寄生虫出血性胃肠炎、牛创伤性网胃炎和传染病等。

5. 检疫

每年春季或秋季对全群进行布鲁氏菌病和结核病的实验室检验，检疫密度不得低于 90%。在健康牛群中检出的阳性牛扑杀、深埋或火化；非健康牛群的阳性牛及可疑阳性牛可隔离分群饲养，逐步淘汰净化。对口蹄疫、蓝舌病、牛白血病、副结核病、牛肺结核病、牛传染性鼻气管炎和传染性胸膜肺炎进行临床检查，必要时作实验室检验。检测方法同 GB 16567 中种牛检疫的规定，检出阳性后按有关兽医法规处理。多雨年份的秋季应作肝片吸虫的检查。

二、治疗技术

在肉牛场，常规治疗技术主要包括注射给药、口服给药、灌肠给药和穿刺术等。

(一)注射给药

注射给药或称注射给药法是指将无菌药液注入体内，达到预防和治疗疾病的目的。适用于需要药物迅速发生作用的病牛。其优点是药物吸收快、血药浓度升高迅速、进入体内的药量准确；但组织损伤、疼痛、潜在并发症、不良反应出现迅速，处理相对困难。

1. 皮下注射

一般选择在颈部进行皮下注射，首先进行局部剪毛消毒，然后左手中指和拇指捏起皮肤，食指下按皱褶呈窝，右手持注射器，垂直进针，刺入 2～3 厘米后注射药物。

2. 肌肉注射

一般选择肉牛颈侧或臀部肌肉，首先进行局部剪毛消毒，然后将针头刺入肌肉，注入药物。

(二)口服给药

一般通过采用长颈玻璃瓶或塑料瓶从肉牛嘴角伸入，将药灌入牛的口腔内。注意灌入速度不能过快，防止误入气管。

(三)灌肠给药

灌肠给药是指通过肛门在直肠深部将药物送入肠管，通过直肠黏膜的迅速吸收进入大循环，发挥药效以治疗疾病的给药方法。也可以用来补充水和盐类等营养物质。

(四)穿刺术

1. 瘤胃穿刺

用于治疗急性瘤胃臌气和向瘤胃内注入药液。

(1)部位　左侧肷窝部，即左侧髋结节向最后肋骨所引的水平线的中点，距腰椎横突10～12厘米处。严重的瘤胃臌气可在肷窝臌胀明显处进行穿刺。

(2)方法　穿刺部剪毛消毒，用手术刀在穿刺部的皮肤上作一0.5厘米的皮肤小切口，然后用穿刺针经小切口，向右侧肘头方向迅速刺入10～12厘米，固定针头，气体可经针头放出来，直至将瘤胃内过多气体排净。为防止复发，可向瘤胃内注入5%克辽林200毫升或15%～20%的鱼石脂酒精150～200毫升。穿刺过程中如果穿刺针发生阻塞，可用套管针芯插入疏通。穿刺完毕，拔针时紧压穿刺处皮肤，迅速拔针。间隔一定时间需第二次穿刺时，不可在第一次穿刺孔中进行。

2. 瓣胃穿刺

用于牛瓣胃秘结时的注药治疗。

(1)部位　在右侧第9～11肋骨前缘与肩端水平线交点的上方或下方2厘米范围内，一般以第9肋间为好。

(2)方法　站立保定，术部剪毛消毒。用长15～20厘米长的瓣胃穿刺针，与皮肤垂直并稍向前下方刺入10～12厘米(针头透过肋间后再向左侧肘头的方向刺入)，刺入瓣胃后有硬、实的感觉，连接注射器，先注入30～50毫升生理盐水，并迅速回抽，如回抽的液体混浊并带有草渣，证明刺入正确，即可瓣胃内注射下列药物：25%～30%硫酸钠溶液300～500毫升，或10%温盐水2 000毫升，用注射器将针体内液体全部打入瓣胃后迅速拔针，术部用碘酊消毒。

3. 腹膜腔穿刺

用于诊断胃肠破裂、内脏出血、肠变位、膀胱破裂；利用穿刺液的检查判断是渗出液还是漏出液；经穿刺放出腹水或向腹腔内注入药液治疗某些疾病。

(1)部位　在右侧膝与最后肋骨之间连线的中点处。

(2)方法　穿刺部剪毛、消毒，用 14～20 号针头垂直皮肤刺入，当针透过皮肤后，应慢慢向腹腔内推进针头，当针头出现阻力骤然减退时，说明针已进入腹腔，腹水经针头流出。用于诊断性穿刺，当腹水流出后立即用注射器抽吸。用于放出腹水时，使用针体上有 2～3 个侧孔的针头穿刺，可防止大网膜堵塞针孔。术毕，拔下针头用碘酊消毒术部。

三、传染病

传染病对肉牛生产危害最严重，会造成大批肉牛死亡和肉产品损失，而且某些人畜共患传染病，还会给人民健康带来严重威胁。

(一)炭疽

多发生于炎热多雨的季节。由炭疽杆菌引起的一种急性、热性、败血性传染病，主要传染源是病畜，经消化道感染。常因采食被污染的饲料、饮水而感染，其次是带有炭疽杆菌的吸血昆虫叮咬，通过皮肤而感染。

临床上可分为最急性型、急性型、亚急性型。最急性型为牛突然发病，体温升高，出现昏迷、突然卧倒、呼吸极度困难、可视黏膜呈蓝紫色、口吐白沫、全身战栗、心悸等症状，不久出现虚脱，濒死期天然孔出血，出现症状后数分钟至数小时死亡。急性型是最常见的一种类型，病初体温急剧上升到 42℃，精神沉郁，脉搏呼吸增数，食欲及反刍下降或停止，可视黏膜呈蓝紫色或有小点出血，日增重迅速降低，孕牛发生流产。严重者兴奋不安，惊慌哞叫，继而则高度沉郁，皮温不均，濒死期体温急剧下降，呼吸高度困难，出现痉挛症状，发抖，通常在1～2天死亡。亚急性型症状类似急性型，但病程较长，2～5天，病情也较缓和。死于败血型炭疽的牛，尸体尸僵不全，极易腐败，瘤胃臌气，天然孔有血样带泡沫的液体流出，黏膜发绀，满布出血点。脾脏暗红色急性肿大(有时可达正常的3～4倍)，血液黑红色，凝固不良。本病潜伏期为1～5天。病畜死亡后如怀疑为炭疽，禁止剖检。

防治措施：①当确诊病牛为炭疽后，应立即封锁发病场所，对全场进行临床检查，可疑病牛隔离饲养并给予治疗。②炭疽预防接种，每年三四月间，所有牛进行无毒炭疽芽孢苗的防疫注射，密度不得低于95%。接种前必须做临床检查，对于体弱多病，不足1月龄的犊牛及怀孕后期的母畜及体温高的牛都不能注射。③对已发病的牛必须在严格隔离的条件下进行治疗。

(二)结核病

由分支杆菌属的细菌感染而发生的慢性传染病，主要病原菌是牛型结核杆菌。典型的慢性疾患，牛群被污染后不易彻底消灭，经呼吸道和口腔感染。排菌的重症病牛是感染源。自然感染病例的潜伏期为16～45天。病初牛几乎查不出临床症状，随着病情的加重，出现可视黏膜贫血、食欲不振及日增重降低等症状。

当肺结核病灶扩散到较大范围时，可有咳嗽以及可听诊到啰音等异常的肺音，出现体温升高1℃以上的弛张热型。解剖初期感染病牛，可经常发现在肺、肠及其附属淋巴结上有米粒大到豌豆大的，呈局限性白色带有黄灰色的干酪化病灶，这些干酪化病灶呈圆形或椭圆形，也有呈不规则形态的，陈旧性病灶呈白色化或钙化状态。

结核病在临床上常取慢性经过，当饲养管理上找不出明显的原因，病牛逐渐消瘦、顽固性下痢、肺部异常、咳嗽、体表淋巴结慢性肿胀、日增重逐渐降低等，可怀疑为本病。应采用结核菌素皮内注射法和点眼法进行检疫，每年春季或秋季进行检疫，呈阳性反应者，均可判定为结核菌素阳性牛。

结核病是一种直接或间接传染所引起的慢性传染病。因此，应该建立以预防为主的防疫、消毒、卫生、隔离制度，防止疫病传入，净化污染群，培育健康牛群。

(三)布鲁氏菌病

由布鲁氏菌引起的一种人畜共患接触性传染病。传播途径主要有两种：一种是由病牛直接传染，主要是通过生殖道、皮肤或黏膜的直接接触而感染；另一种是通过消化道传染，主要是摄取了被病原体污染的饲料、饲草与饮水而感染。潜伏期为 2 周至 6 个月，母牛最显著的症状是流产，流产可发生于妊娠的任何时期，但多发生于妊娠后 5～8 个月。流产母牛有生殖道发炎的症状，即阴道黏膜发生粟粒大的红色结节，由阴道流出灰白色或灰色黏性分泌液。流产后常继续排出污灰色或棕红色分泌液，有时恶臭，分泌物延迟到 1～2 周后消失。如流产牛胎衣不停滞，则病牛很快康复，又能受孕，但以后可能还流产。如果胎衣停滞，则可发生慢性子宫炎，引起长期不育。流产母牛在临床上常发生关节炎、滑液囊炎、腱鞘炎、淋巴结炎等。关节炎常见于膝关节、腕关节和髋关节，触诊疼痛，出现跛行。乳房皮温增高、疼痛，乳汁变质，呈絮状，严重时乳房坚硬，乳量减少甚至完全丧失泌乳能力。公牛感染本病后，出现睾丸炎和附睾炎。目前对本病的治疗还没有特效药物，主要应当体现“预防为主”的原则，从非疫区健康牛群中购牛，定期检疫，隔离饲养，逐步淘汰净化。

(四)口蹄疫

口蹄疫是偶蹄兽的一种急性、热性、高度接触性传染病,其临床特征是在口腔黏膜、蹄部和乳房皮肤发生水疱性疹。

口蹄疫病毒属于微核糖核酸病毒科中的口蹄疫病毒属,在不同的条件下容易发生变异,根据病毒的血清学特性目前已知全世界有 7 个主型,即 A,O,C,南非 1,南非 2,南非 3 型和亚洲 1 型。我国目前流行的是 O 型。病毒主要存在于水疱皮及淋巴液中。病牛是主要的传染源,康复期和潜伏期的病牛亦可带毒排毒。本病主要经呼吸和消化道感染,也能经黏膜和皮肤感染。其传播既有蔓延式又有跳跃式的,可发生于一年四季。

潜伏期平均 2～4 天,最长可达 7 天左右,病牛体温升高至 40～41℃,精神沉郁、食欲下降,闭口、流涎,开口时有吸吮声。1～2 天后在唇内面、齿龈、舌面和颊部黏膜发生蚕豆大至核桃大的水疱。此时口角流涎增多,呈白色泡沫状,常挂满嘴边,采食、反刍完全停止。在口腔发生水疱的同时或稍后,趾间及蹄冠的柔软皮肤上也发生水疱,并很快破溃出现糜烂,然后逐渐愈合。若病牛衰弱,管理不当或治疗不及时,糜烂部可能继发感染化脓、坏死甚至蹄匣脱落。乳头皮肤有时也可能出现水疱,而且很快破裂形成烂斑。

本病一般为良性经过,只是口腔发病,约经 1 周即可治愈,如果蹄部出现病变,则病期可延至 2～3 周或更久,死亡率一般不超过 1%～3%。但有时当水疱病变逐渐愈合,病牛趋向恢复健康时,病情突然恶化,全身虚弱、肌肉震颤特别是心跳加快、节律不齐,因心脏停搏而突然倒地死亡,这种病型称为恶性口蹄疫,病死率高达 20%～50%,主要是由于病毒侵害心肌所致。犊牛患病时特征性水疱症状不明显,主要表现为出血性肠炎和心肌麻痹,死亡率很高。

本病发生心肌病变及心包膜有弥漫性点状出血，心肌切面有灰白色或淡黄色斑点或条纹，俗称“虎斑心”，质地松软呈熟肉样。

(五)疯牛病

是最近20年来新发生的牛、羊严重的恶性传染病，已造成巨大损失，并怀疑与人的克雅氏症（脑组织软化症）有关。病原为异常型普利昂蛋白，通过动物性饲料，如肉骨粉等，以及与病牛接触传染。病牛表现严重神经症状，共济失调，兴奋与沉郁交替，最后死亡。潜伏期估计为2～8年，病程为2周至6个月。

本病尚无有效治疗药物。主要立足于预防，目前预防方法是杜绝给牛饲喂动物性饲料，发现病牛时，应立即把同圈牛一起扑杀，连同可能污染物品一起烧净，牛圈舍严格彻底消毒。

四、寄生虫病

常见寄生虫对牛体健康造成威胁，使肉牛的日增重下降，体质下降。

(一)体内寄生虫

1.肝片吸虫病

它是由肝片吸虫寄生于牛的肝胆管内引起的疾病，多呈慢性。

(1)主要症状　病牛逐日消瘦，毛粗无光泽，易脱落，食欲不振，消化不良，黏膜苍白，牛体下垂部位水肿。

(2)防治方法　每年春、秋两季都应给牛驱虫。

发现病牛，可用中药：贯仲12克、槟榔30克、龙胆12克、泽泻12克，共研末，用水冲服。西药可口服硫双二氯酚（别丁），按每千克体重40～60毫克；或口服硝氮酚（拜耳9015），每千克体重5～8毫克；或口服血防846，每千克体重125毫克；或口服六氯乙烷，每千克体重200～400毫克。

2. 牛皮蝇蛆病

它是由皮蝇的幼虫寄生于牛体背部皮下而引起的疾病。

(1)主要症状　当夏季成蝇在牛体产卵时，可引起牛的恐惧，精神不安，乱跑，影响牛的休息和采食。当幼虫寄生在牛的背部皮下于春天脱出时，背部出现鼓包、脓疱、脓肿，患牛背部鼓起顶端有小孔的小包，用手挤可挤出虫体。寄生的虫体数量多时，可使牛消瘦、贫血。

(2)防治方法　寄生数量不多时，可用手指用力挤出虫体，或用2%敌百虫溶液注入虫体寄生部位。寄生数量多时，可每隔30天，用2%敌百虫溶液擦洗背部一次。

对本虫严重流行区，可在冬季用敌百虫水溶液为牛肌肉注射，用量为每千克体重30～40毫克；或肌肉注射倍硫磷，按每千克体重4毫克使用；或口服皮蝇磷，按每千克体重110毫克服用。牛对敌百虫敏感，使用时必须严格投药量。

3. 绦虫病

它是绦虫寄生于牛的小肠中引起的疾病，对犊牛危害较大。

(1)主要症状　由于绦虫体很长，常结成团块阻塞肠道。虫体生长很快，能大量吸取牛的营养，并产生毒素。所以使牛变瘦、贫血、下痢等，粪便中常见到白色米粒状或面条状的虫体节片。

(2)防治方法　此病牛、羊共患，应防止羊对牛的传染。

治疗方法为一次口服1%硫酸铜溶液120～150毫克，或口服砷酸铅0.5～1.0克，用后给蓖麻油500～800毫升；或口服驱绦灵，每千克体重50毫克。

4. 多头蚴病(脑包虫病)

它是由寄生于犬肠道的多头绦虫的幼虫，转寄生在牛的脑组织中引起的疾病。

(1)主要症状　病牛除消瘦、沉郁、减食外，还有神经症状。常卧地不起，反应迟钝，一侧眼睛失明或视力减退，将头转向一侧，并做旋转运动，步伐不稳，或垂头走路，直到碰到物体时止。脑包虫寄生部位头骨变软。

(2)防治方法　主要预防措施是给犬口服 3～6 克槟榔驱除绦虫；或捕杀野犬，以防止此病的传染。

牛发病后，主要是进行头颅手术，将脑包虫囊体取出。

5. 肺丝虫病

它是由牛肺中寄生的网尾线虫引起的疾病。

(1)主要症状　牛体抵抗力弱时，出现咳嗽，呼吸困难，消瘦，贫血，食欲减退，肺部有啰音等症状。化验粪便，可见到肺线虫的幼虫。

(2)防治方法　加强饲养管理，增强牛的抵抗力，要定期驱虫。

病牛可口服驱虫净，按每千克体重 15 毫克。或口服氰乙酰肼，每千克体重 17 毫克，也可按每千克体重 15 毫克，配成溶液皮下注射，每日一次，连用 3～5 天。或口服海洋生，每千克体重 0.2 克。

(二)体外寄生虫

1. 蜱病

蜱，又称扁虱、草爬子，常在草地、墙缝中隐藏而在牛体外寄生。体形为扁平的椭圆形，呈红褐色，腹部有四对足。小的如虱子，雌体吸血后似蓖麻子大小。

(1)主要症状　对牛的主要危害是传染疾病，吸血，分泌毒素，使牛不安、贫血、消瘦。

(2)防治方法　牛体寄生数量少时，可人工捉除并消灭之；如数量多，可喷洒敌百虫溶液杀灭。对厩舍内躲藏的蜱，可用敌百虫溶液喷洒并堵塞墙缝。

2. 螨病

它是由寄生虫螨引起的皮肤病，也称癣或癞。牛疥螨多发生在眼眶、咬肌及颈部。

(1)主要症状 发病部位(眼眶、咬肌及颈部)为不规则的小秃斑，表面为灰白色，奇痒。后期有痂块，皮肤变厚。病变也可发展到胸腹部位，使牛不安，在物体上擦身。取患部皮屑镜检可见到虫体。

(2)防治方法 发现病牛应及时与健康牛隔离分群，彻底清扫厩舍。治疗时，可将患部被毛剪去，用肥皂水洗净皮肤，然后用0.5%敌百虫溶液洗擦患部，洗的范围要大一些，隔2～3天洗1次，连续2～3次。

五、普通病

(一)瘤胃酸中毒

在日常的饲养管理中，由于育肥饲喂精料量过高，精粗料比例失调，不遵守饲养制度，突然更换饲料；饲喂的青贮饲料酸度过大，引起乳酸产生过剩，导致瘤胃内pH迅速降低；其结果因瘤胃内的细菌、微生物群落数量减少和纤毛虫活力降低，引起严重的消化紊乱，使胃内容物异常发酵，导致酸中毒。

饲喂饲料种类不同临床症状各异，但共同特征性症状是食欲减退或废绝，脱水和排泄酸臭的稀便。

病症较轻时，食欲降低，瘤胃蠕动减弱，轻度的脱水和排泄软便，往往于3～4天后可自然恢复。严重时，食欲完全废绝，瘤胃停止蠕动，排泄酸臭的水样稀便。过食豆类时，粪便呈糊状腐败臭，并呈现狂躁不安的神经症状，最后发展为酸中毒。眼球明显凹陷，步态蹒跚，卧地，姿势与生产瘫痪相似，不能起立，陷于昏迷状态而死亡。

临床上出现下痢症状时应立即停喂精料，给予优质干草或稻草。加精料时，要按日逐渐增加喂量，切不可突然增量，配合料加适量缓冲剂。轻症病牛用变换饲料的办法经 3～4 天即可恢复。瘤胃酸中毒病情恶化较快，稍有耽误很可能死亡，应该早诊断早治疗。

临床治疗时对轻症病例，用碳酸钠粉 300～500 克，姜酊 50 毫升，龙胆酊 50 毫升，水 500 毫升，一次灌服，或每日灌服健康牛瘤胃液 2 000～4 000 毫升。严重时要进行瘤胃冲洗，即用内径 25～30 毫米粗胶管经口插入瘤胃，排除胃内液状内容物，然后用 1%盐水或自来水管水反复冲洗，直至瘤胃内容物无酸臭味而呈中性或弱碱性为止。常用 5%碳酸氢钠注射液 2 000～3 500 毫升，给牛一次静脉注射，纠正体液 pH，补充碱储量，缓解酸中毒。

(二)产后瘫痪

产后瘫痪又称生产瘫痪或乳热病，多见于高产奶牛，是成年母牛分娩后突然发生的以急性低血钙为主要特征的一种营养代谢障碍病，肉用繁殖母牛此病多发生于土壤严重缺磷的地区。

当血浆含钙量下降到 3.0～7.76 毫克/100 毫升时(正常健康牛血浆钙含量为 8.8～10.4 毫克/100 毫升)症状更加明显。血液和组织中须有一定浓度的钙，才能维持正常肌肉的收缩力和细胞膜的通透性。血钙来源于肠道吸收的钙或动员骨骼贮存的钙，肠道吸收钙和骨钙动员受甲状旁腺激素、降钙素、维生素 D、磷及代谢产物的调节。肉牛由于土壤缺磷牧草磷含量下降，未合理给母牛补磷造成钙吸收困难，妊娠过程中已把钙贮耗尽，分娩后立即开始产奶，血浆中钙随乳汁大量排出体外，引起严重的低血钙症，出现产后瘫痪。

大多数发生在分娩后的 48 小时以内，临床症状可分为趴卧期及昏睡期。趴卧期病牛呈趴卧姿势，头颈向一侧弯扭，意识抑制，闭目昏睡，瞳孔散大、对光反应迟钝。四肢肌肉强直消失以后，反而呈现无力状态、不能起立。这时耳根部及四肢皮肤发凉，体温降至正常以下，出现循环障碍，脉搏每分钟增至90次左右，脉弱无力，反刍停止，食欲废绝。如上所述，此期以意识障碍、体温降低、食欲废绝为特征。昏睡期病牛四肢平伸躺下，头颈弯曲抵于胸腹壁，昏迷，瞳孔散大。体温进一步降低和循环障碍加剧，脉搏急速(每分钟达120次左右)，用手几乎感觉不到脉搏。因横卧引起瘤胃臌气，瞳孔对光的反射完全消失，如不及时诊治很快就会停止呼吸而死亡。

治疗产后瘫痪主要有钙剂疗法和乳房送风法。

钙剂疗法：约80%的病牛用8～10克钙一次静脉注射后即可恢复。10%的葡萄糖酸钙800～1 400毫升静脉注射效果甚佳，多数病例在4小时内可站起，对在注射6小时后不见好转者，可能伴有严重的低磷酸盐血症，可静脉注射15%磷酸二氢钠250～300毫升，实践证明有较好效果，但必须缓慢注射。

乳房送风法：送风时，先用酒精棉球消毒乳头和乳头管口，为防止感染，先注入青霉素注射液80万国际单位，然后用乳房送风器往乳房内充气，充气的顺序是先充下部乳区，后充上部乳区，而后轻轻揉搓乳头口1～2分钟，使乳头口括约肌恢复紧张，以免气体泄漏过快。个别乳头口松的牛可用绷带轻轻扎住乳头，经2小时后取下绷带，12～24小时后气体消失。此种方法如果和静脉注射钙剂同时进行效果更好。

肉用繁殖母牛在土壤缺磷的山区、牧区可按每头每千克体重补饲0.2克磷酸氢钙或磷酸钠，妊娠最后3个月增加10%～20%即可避免此病发生。

(三)母牛倒地不起综合征

母牛倒地不起综合征是母牛分娩前或分娩后发生的一种以倒

地不起为特征的临床综合征。临床学检查或临床病理学检查各器官或各部位无特殊变化，静脉钙剂注射也不能站起来。常因生产瘫痪诊疗延误或不全治愈，存在代谢性并发症，分娩造成骨盆周围的肌肉和神经的损伤，胎儿过大及粗暴的助产，分娩后在起立时或在牛床上蹬滑，四肢肌肉和神经的损伤等引起。无论什么原因，只要病牛倒地不起状态持续达 4～6 小时或以上，就会因自身体重的重压引起臀部或四肢各个部位的肌肉和神经的外伤性损伤。由于病牛不能自动翻转，短时间内就可以使坐骨区肌肉发生坏死。大腿内侧肌肉、髋关节周围组织和闭孔肌亦可发生严重损伤，后肢肌肉损伤常伴有坐骨神经和闭孔神经的压迫性损伤及四肢浅层神经的麻痹。过度肥胖是诱发本病的主要原因。

体温大致正常或稍高，头颈部没有弯曲状态，瞳孔反射及意识正常。前肢完全正常，后躯的肌肉和腹肌弛缓呈严重的无力状态，球节部向后侧屈曲呈指关节状，尤其是在想要起立时这种状态更为突出。用对产后瘫痪病牛有良效的钙剂治疗也不见效果，继续呈倒地不起的状态。大多数病例血液中的无机磷、血清和肌肉中钾的含量显著降低。

当出现倒地不起的病牛时，一定要将其放到铺有大量褥草、宽敞的地方，以便使病牛能够自由活动；而且每隔 4～6 小时为其翻 1 次身，每次都要把压在下面的部位进行细致的按摩，以防止褥疮和血液循环障碍；另外要每日进行一次验证，激励病牛看其能不能通过自身站起来，如果病牛有可能站起来，可以用吊带帮助其站立，但是不能勉强；经过 7 天以上不能起立和排肌红蛋白尿的病牛，往往预后不良，应该予以淘汰处理。

预防措施：每日要尽量让牛进行日光浴和运动；饲养管理要防止牛过肥；日常注意钙磷平衡（见产后钙瘫痪的预防）。

治疗过程中对发病初期注射 2 次钙剂还不能起立的病牛，要立刻进行静脉注射 20%磷酸二氢钠 300 毫升；怀疑低血钾症时，则以10%氯化钾溶液100毫升加入20%葡萄糖溶液1 000毫升中静脉注射，具有较好的效果。

（四）维生素A缺乏症

牛吃入含维生素A原（胡萝卜素）的青草、胡萝卜、南瓜、玉米等之后，将胡萝卜素在肠黏膜细胞转换成维生素A。维生素A的大部分和少量的胡萝卜素贮存于肝脏内，其余部分维生素A和胡萝卜素则贮存沉积在脂肪中，需要时被利用。

一般从春天到初夏在嫩青草中，无论是禾本科还是豆科的绿色部分中都含有大量的胡萝卜素。因此，在日粮中缺乏优质干草、青贮牧草和幼嫩植物，也就缺乏了胡萝卜素的来源。另外，如果母牛不缺乏维生素A，其初乳中也含有大量维生素A。所以让新生犊牛吃足初乳，维生素A就会被贮存于犊牛的肝脏中，其后不易出现维生素A缺乏症。但吃初乳不足，通过代用乳和人工乳让其早期断奶的犊牛，往往4～6周龄出现维生素A缺乏症状。另外，在种植牧草时大量施用氮肥，可导致牧草硝酸盐含量过高，硝酸盐能抑制胡萝卜素转变成维生素A，所以一旦发现缺乏症可疑的牛或牛群，应立即调整饲料配方。

犊牛对维生素A缺乏症的易感性高，初期症状是夜盲症，患牛表现无论是黎明还是傍晚都撞东西。眼睛对光线过敏，引起角膜干燥症，流泪，角膜逐渐增生混浊，特别是青年牛症状发展迅速，由于细菌的继发感染而失明。也易患肺炎和下痢，引起尿结石。缺乏维生素A的犊牛发育明显迟缓，被毛粗乱，大多易患皮肤病。骨组织发育异常，包裹软组织的头盖骨和脊髓腔特别明显，由于颅内压增高或变形骨的压迫而出现神经症状、瞳孔扩大、失明、运动失调、惊厥发作和步态蹒跚等。防治措施为加强饲养管理，给予含维生素A原较多的饲料。注意观察牛群，早发现、早治疗。在治疗上首先每千克体重肌肉注射4 000国际单位维生素A，之后7～

10 天内继续口服等量的维生素 A。注意精饲料给量不能过多,放牧牛青草期不会缺乏,枯草期最好每 2 个月左右补给维生素 A 50 万～100 万国际单位。

(五)硒-维生素 E 缺乏症

硒缺乏造成骨骼肌、心肌及肝脏变质性病变,与维生素 E 缺乏在病因、病理、症状及防治等诸方面均存在关联性,故两者合称硒-维生素 E 缺乏症。

低硒土壤引起饲料硒含量不足使牛体发病,饲料中维生素 E 及其他抗氧化物质的含量低以及脂肪酸尤其不饱和脂肪酸的含量高也是重要诱发因素。

犊牛表现典型的白肌病症状群,病初衰弱,随后麻痹,呼吸紧迫,无力吃奶,消化紊乱,伴有顽固性腹泻、心率加快、心律不齐。一般是在 3～7 周龄发病,运动可促进病情加剧。成年母牛产后胎衣停滞与低硒有关。剖检后沿着肌纤维有几条白条纹,严重的肌肉或肌群呈现一种带白色的或半煮熟样的外观,心肌、膈肌和骨骼肌通常都发生变性。

防治措施:加强饲养管理,合理搭配饲料。在低硒地带饲养的肉牛或饲用由低硒地区运入的饲粮、饲料时,必须普遍补硒。当前简便易行的方法是应用饲料硒添加剂,硒的添加量为 0.1～0.3 毫克/千克。谷粒种子(如小麦)和豆科牧草(如苜蓿)是维生素 E 的良好来源。母牛泌乳期补充维生素 E 饲料可提高产奶量,也可在饲料中混合维生素 E 添加剂。

犊牛用 0.1%亚硒酸钠溶液 5 毫升,成年牛 15～20 毫升肌肉注射,效果明显。可根据病情,间隔 1～2 天重复注射 1～3 次。配合补给适量维生素 E,疗效更好。

(六)青草搐搦

多发生于低温多湿的初春和晚秋,特别是在早春放牧开始后的2～3周以内发生较多。春天的青草含镁量最低,而吃食大量含钾的青草或小麦草能促使青草搐搦的发生。特别是阴雨之后迅速生长的青草和谷草中含镁、钙、钠离子及糖分都比较低,而含钾、磷离子则比较多。钾能影响瘤胃代谢,特别是镁的吸收作用。饲草中蛋白质含量过高,钾含量相对地高于钠,以及钙、磷、镁比例不平衡都是诱发本病的因子。

1. 症状

表现兴奋、痉挛等神经症状。特急性型的牛正在吃草时突然头向某一侧的后方伸张,呈侧反张姿势,左右滚转,反复出现强直性痉挛,2～3小时内死亡。急性型的牛精神沉郁、步态蹒跚,24小时以内对光线、音响、接触等敏感性增强。耳竖立,眼球震颤、瞬膜突出。头部特别是鼻、上唇、腹部、四肢的肌肉震颤,反应增强,接着出现破伤风样的全身性的强直性痉挛而倒地。血液检查,其特征是血清镁值急剧下降至0.4～0.9毫克/100毫升(正常值1.8～3.0毫克/100毫升)。血清钙值正常或稍微下降。

2. 治疗方法

初春或晚秋不宜过度放牧,即便放牧也要采取半日放牧半日饲喂的方法。对曾经发生过本病的母牛要适当控制放牧时间。本病的发生主要是由于牛肠道镁的吸收能力比较低,而同时体内又缺乏控制镁代谢稳定性能力所致。尤其是青草中镁的含量不足是一个很重要的因素,所以,平时应该在精饲料中加入氧化镁,每千克体重0.1～0.2克,以补充镁的不足。本病一般呈急性经过,特别是特急性型病例,发病后2～3小时即可死亡。因此,必须抓紧时间进行治疗。本病的治疗,补给镁和钙制剂极为有效,20%硫酸镁溶液200～400毫升,连日或隔日静脉或皮下注射3次,首次配合静脉注射 20%硼酸葡萄糖酸钙注射液 200 毫升，效果较好。

(七)胎衣停滞

从胎儿娩出后，一般经 4～8 小时母牛可自行排出胎衣。如经 12～24 小时以上胎衣还未能全部排出的，称为胎衣停滞。产后子宫收缩乏力、胎盘充血、胎儿胎盘和母体胎盘粘连、妊娠期延长、运动或某种营养素(维生素 A、微量元素硒)不足是诱发本病的原因。

1. 症状

病牛停滞的程度各种各样，有的胎衣大部分从阴门下垂，有的大部分在子宫内，只有一小部分下垂于阴门之外。在夏季胎衣停滞第二天后，胎衣开始腐败，放出特有的难闻气味。由于牛的个体差异，有的出现发烧、食欲减退、乳量减少等症状，也有的牛完全没有全身症状。极少数胎衣停滞的母牛，胎衣腐败，恶露排出不畅滞留在子宫内，由于组织腐败分解与细菌的感染并产生大量的毒素，毒素被吸收，引起自体中毒，出现全身症状。体温升高，精神沉郁，食欲废绝，泌乳减少或停止，甚至可转化为脓毒败血症。

2. 治疗方法

子宫投药法：不用手术摘除，每天直接向子宫内塞入青霉素 1 000 万单位，这种方法平均 5 天左右就可自然排出胎衣。在排出过程中要向子宫与胎衣之间灌注抗生素 22 000 单位/千克，每日一次，或用头孢噻呋(2 毫克/千克，每日一次)，由于这些方法对今后受胎有益处，所以趋向采用这种方法。

钙制剂疗法：对于习惯性经常发生胎衣停滞的经产牛及高产母牛，在其产犊后，应该立刻静脉注射钙制剂(5%氯化钙注射液 150～200 毫升或 10%葡萄糖酸钙注射液 400～600 毫升)，钙制剂可以增强子宫收缩，促进胎衣排出。

激素疗法：一般常用的是促使子宫颈口开张和收缩的激素。

对出现发烧或食欲减退的牛，还要给予全身性抗生素类药物。

手术剥离：应根据季节、气温及患牛全身情况，在产后 18～24 小时进行。过早是一种硬性剥离，与手术剥离条件不符，会遭到强烈的努责，导致剥离困难或出血过多。过晚则因胎衣腐败分解，胎儿胎盘的绒毛腐烂、断离在母体胎盘小窦中，甚至少量胎盘残留，可继发子宫内膜炎。也可能因子宫颈口已收缩，手臂无法伸入子宫，贻误剥离时机。但目前发达国家均不主张剥离，因为此法对术者及病牛健康均不利。

无论哪种治疗方法，对胎衣停滞的牛，在分娩后 1 个月左右，都要检查 1 次子宫恢复的状态，以便根据临床症状进一步对症治疗。

(八)阴道脱出

主要见于过肥的母牛和腹壁紧的头胎牛，甚至育成母牛，病因包括发霉草料含玉米赤霉烯酮造成卵巢机能亢进，雌激素量过多，腹内压力过大或因分娩造成解剖结构性创伤(野蛮接产)，饲养管理不善，运动量小，饲料单一，年老体弱膘情差。

病牛助产时阴道脱出就是阴道上壁从阴道口呈球状翻出的状态。在症状较轻的时候，只是在牛趴下时脱出，起立后，能自然回缩。如果症状较重，阴道就会全部脱出，有时膀胱也经尿道外翻而脱出，呈苍白色球状物，个别的病牛还可继发直肠脱出。

1. 症状

病牛脱出的阴道黏膜，初期表面光滑、湿润呈粉红色，以后则黏膜瘀血、水肿，变为紫红色或暗红色，黏膜表面干裂并流出带血的液体，病牛由于疼痛而剧烈地努责。夏季可能生蛆，冬季可能冻伤，妊娠中的牛往往引起流产和直肠脱等症。

2. 治疗方法

保守疗法：轻症临产牛应单独饲养，牛床后面垫高，使后躯高于前躯 5～15 厘米，有一定防治效果。

手术疗法：对阴道完全脱出和不能自行复位的部分脱出病例，要进行局部清理和整复固定。脱出部分用生理盐水或0.1%高锰酸钾溶液消毒，再用3%温明矾溶液清洗，使其收缩变软，对于有损伤的部分应予缝合。对水肿严重的可用热毛巾敷10～20分钟使其体积变小。将肉牛固定在特制的前低后高的牛床上进行整复，以利于整复脱出的阴道。先由助手用纱布将脱出的阴道托起至阴门部，术者用手掌趁患牛不努责时往阴门内推送，待全部送入后，再用拳头将阴道顶回原位。这时手臂应在阴道内停留一段时间，以免努责时阴道再次脱出。用双内翻缝合固定法，在阴门裂的上1/3处从一侧阴唇距阴门裂3厘米处进针，从距阴门裂0.5厘米处穿出，越过阴门在对侧距阴门裂0.5厘米处进针，从距阴门裂3厘米处穿出。然后再在出针孔之下2～3厘米处进针，作相同的对称缝合，从对侧出针，束紧线头打一活结，以便在临产时易于拆除。根据阴门裂的长度必要时再用上法作1～2道缝合，但要注意留下阴门下角，便于排尿。另外，在阴门两侧外露的缝线和越过阴门的缝线套上一段细胶管，以防止强烈努责时缝线勒伤组织。此外还有袋口缝合固定法、阴道侧壁缝合固定法等。无论哪种缝合法，缝线应牢固，能承受很大的压力，同时均在母牛分娩前拆除。阴道脱整复后，也可用绳将阴门压定器(也名阴道托)固定在阴门裂上。术后将病牛置于前低后高的牛床上进行饲养，为防止继续努责，可适当给些镇静剂，局部涂布碘甘油或其他消毒防腐药。如果有全身症状，应连续注射3天抗生素，完全愈合后再进行拆线。

(九)子宫炎

多由于野蛮接产、难产、胎衣不下等的继发症以及不良人工授精造成。

急性子宫感染多发生于分娩时或产后，因这时细菌最易侵入，人工授精时使用的器具消毒不彻底及不卫生的注入操作也是细菌侵入子宫的原因。

如果只有少数细菌侵入子宫，常常不引起发病，一般认为细菌繁殖引起发病取决于子宫黏膜抵抗力的强弱及激素的状态。

1.症状

急性化脓性子宫内膜炎：此病是病牛从阴道排出脓样不洁分泌物，所以是很容易被发现的一种疾病。一般在分娩后胎衣不下、难产、死产时，由于子宫收缩无力，不能排出恶露，子宫恢复很慢，造成大量细菌繁殖，脓样分泌物在子宫内积留后而成为子宫积脓症。病牛表现为拱腰努背，体温升高，精神沉郁，食欲、日增重明显降低，反刍减弱或停止。

黏液脓性子宫内膜炎：病牛临床表现为排出少量白色混浊的黏液或黏稠脓样分泌物，排出物可污染尾根和后躯。病牛体温略高，食欲减退，精神沉郁，逐渐消瘦。阴道检查子宫颈外口呈肿胀和充血状态，直肠检查子宫壁呈增厚状态。本病往往并发卵巢囊肿。

隐性子宫内膜炎：病牛临床上不表现任何异常，发情期正常，但屡配不孕，发情时的黏液中稍有混浊或混有很小的脓片，由于子宫的轻度感染，所以往往成为受精卵和胚胎发生死亡的原因。

慢性脓性子宫内膜炎：可常见到从病牛阴门中排出脓性分泌物，尤其在卧下时排出特别多，排出的脓性分泌物常常粘在尾根部和后躯，形成干痂，病牛有时伴有贫血和消瘦症状，且精神沉郁。

2.防治方法

对子宫内膜炎平时的预防尤为重要，要做到早期发现，早期治疗，一般分娩后经过2周以上分泌大量不干净的黏液和不到发情期就排出黏液的牛，大多数患有子宫内膜炎。在助产和摘除胎衣时，手伸入产道之前，要用温肥皂水很好地擦洗肛门和阴部周围，术者也要戴上消毒过的聚乙烯手套；在刚分娩后的4～5天内让牛趴在清洁的草上很重要；授精前也要与产犊时一样处置阴门和肛门周围，然后用干燥清洁的毛巾擦净，才能进行输精。

总之，不清洁的接产，产后不合理的管理及不卫生配种操作都是引起子宫内膜炎的诱因，所以，在日常的管理中必须引起充分的注意。在治疗中，对分泌物较多的黏液脓性子宫内膜炎，要用大量的生理盐水冲洗子宫内不洁的异物，排净洗液后，向子宫内输入抗生素类药物；对隐性子宫内膜炎不用冲洗子宫而直接向子宫内输入药物即可；对子宫积脓症，除了加强子宫的洗涤外，可注射雌激素和前列腺素。

(十)口炎

单纯性或卡他性口炎，是由于粗糙的草料、异物、化学物质的损伤或人为的器械损伤而引起的；或由齿病、咽炎等病并发而得。其他类型的口炎，主要是指传染病引起的并发性口炎。多见于犊牛。

1. 主要症状

病牛不愿吃食，特别是不吃过热、过冷或粗硬的饲草饲料。口腔黏膜疼痛、发红、肿胀，流涎，甚至口臭，糜烂，出血，化脓和溃疡(主要在舌根部)。用开口器打开口腔往往在患处(创口)找到尖锐的草茬等异物。

2. 防治方法

对传染病的并发性口炎，要加强病牛的饲养管理，做好消毒和隔离工作，以杜绝传染。对其他原因引起的口炎，要注意齿病、舌伤的防治，要避免机械或化学物质损伤口腔，要提高草料的加工质量。

轻度的卡他性口炎，可用消毒液冲洗，如0.1%～1%的雷佛奴尔或高锰酸钾；若已糜烂及有渗出液者，可用0.5%强蛋白银或2%明矾治疗；有溃疡者，用碘量油(1∶5)涂抹；对有全身症状者，可用抗生素，也可将兽用冰硼散每日用小竹管吹入患处，每次少许。

(十一)前胃弛缓

发病主要原因是突然更换饲料或饲喂精料过量,长期饲喂难于消化的粗硬饲草或饲喂潮湿、变质发霉的草料等。也与不定时、不定量饲喂有关,有时也可由其他疾病引起。

1.主要症状

食欲减退或废绝,反刍次数减少或停止,瘤胃及肠的蠕动变弱。粪便减少,先干燥而后变稀,甚至有恶臭。鼻镜干燥,磨牙,瘤胃有时扩张,按压有痛感。

2.防治方法

主要应做好预防工作,如加强饲养管理,合理调配饲料,不喂发霉变质的饲料等。牛发病后一般应停食1~2天,再给以易消化的饲料。轻者可减少饲料喂量。为促进瘤胃蠕动,可用5%氯化钙溶液和5%氯化钠溶液(每千克体重1毫升),加入安钠咖2~3克,静脉注射。若瘤胃蠕动尚未完全消失,可用酒石酸锑钾6~12克,溶于100~200毫升水中,口服。也可以多次少量重复注射抗胆碱药物,如新斯的明(每千克体重0.02~0.06毫升)或氨甲酰胆碱(每千克体重0.004~0.006毫升),一次皮下注射。有条件时,可每天静脉注射葡萄糖生理盐水2 500~4 000毫升1~2次。如发现瘤胃酸中毒,还可另外静脉注射3%~5%碳酸氢钠溶液500~750毫升。恢复期,可每日口服健胃粉1~2次,每次30~50克。也可灌服生姜酊、大黄酊、龙胆酊、桂皮酊、橙皮酊等,每日1~2次,每次60~80毫升。

(十二)瘤胃积食

过食大量不易消化、不易反刍的粗纤维饲草,过食大量精料,或胃的其他疾病,均能引起瘤胃积食。

1. 主要症状

病初，牛的食欲不强，反刍、嗳气减少或停止，背拱起，努责，磨齿，摇尾，站立不安，时起时卧。从腹壁外或直肠内按压瘤胃时，呈坚硬沙袋样，有痛感。病情严重时，呼吸和心跳加快，口臭，脱水，行动无力，四肢颤抖，卧地，甚至发生酸中毒而昏迷，视觉紊乱，呼吸加深。

2. 防治方法

防止牛贪食，食前、食后要有一定的休息时间；不宜单纯饲喂不易反刍和消化的饲草，要与其他饲草料混合饲喂；防止过食大量精料；防止过量运动。

如发现此病，可灌服硫酸钠（或硫酸镁）500～1 000 克（配制成 8%～10%水溶液）。也可服石蜡油、蓖麻油等泻药。随后大量输给葡萄糖、氯化钠等补液，每日 2～3 次，每次 2 000～4 000 毫升。如发现有酸中毒现象，应在补液时另加 5%碳酸氢钠溶液，每次 300～600 毫升，并进行洗胃。在进行上述治疗的基础上，再给予新斯的明、氨甲酰胆碱或高渗氯化钠溶液等促进瘤胃运动的兴奋药。此病也可服用中药，其配方为大黄 90 克、芒硝 240 克、枳壳 60 克、厚朴 30 克、陈皮 120 克、麦芽 150 克、山楂 90 克、槟榔 60 克、木香 30 克、香附 30 克，水煎后灌服。

（十三）瘤胃臌气

由于牛吃了大量易发酵的饲料，腐败变质的饲草饲料，冻伤的土豆、萝卜、山芋等块根块茎饲料，误食有毒植物等造成瘤胃麻痹，或这些饲料发酵产生大量小泡沫不破裂，妨碍嗳气，或突然改变饲草未给予过渡期所引起，以春天开牧时食入大量肥嫩多汁的青草，特别是豆科牧草最易引发本病。

1. 主要症状

患急性瘤胃臌气的病牛，腹围增大，而以左侧膨胀最明显。食欲和反刍完全消失，站立不稳，惊恐，出汗，呼吸困难，眼球突出。慢性发病者，常呈周期性发作，时间长者会继发便秘、下痢等。

2. 防治方法

当干草改为鲜草（特别是豆科草、嫩草）时，以及饲料大规模更换时要有过渡期，防止牛大量食入发酵饲料、变质饲料和异物。

如发生急性病例或窒息危险时，应采取急救措施，即用套管针进行瘤胃穿刺放气。属于泡沫性臌气者，可经套管针筒注入松节油、鱼石脂、酒精合剂 100～200 毫升。非泡沫性臌气者，可投给氧化镁 50～100 克的水溶液，或新鲜澄清的石灰水 1 000～3 000 毫升。也可将臭椿树皮捣碎灌服；或萝卜子 500 克、大蒜头 200 克，捣烂加麻油 250 克，灌服；或熟石灰 200 克、熟油 500 克，灌服。

（十四）创伤性网胃炎

草料中混有铁丝、铁钉以及尖锐的铁器，牛误食到网胃中刺破胃壁，使胃穿孔而发病。此病并发局部或弥漫性腹膜炎。

1. 主要症状

网胃穿孔后，牛吃食突然减少，反刍少而不自然。病牛多取站立姿势，不愿走动。有时勉强躺卧，卧时很小心，卧下又不愿站立。站立时拱背，肘部外展，肘部肌肉颤动，惧怕胸部叩诊。驱赶到斜坡时，愿上坡而不愿下坡。排粪时拱腰举尾，不敢努责。呼吸、反刍均不正常。有的病情时好时坏，反复变化；有的则病情持续恶化，直到死亡。

2. 防治方法

本病主要是预防，一旦发现此病，药物治疗作用甚小，只有手术治疗，但效果不太理想，经济上也不合算。防止草料中混有金属异物，在加工草料时要严格检查。对捆绑、存放饲草的地方，要严禁使用和堆积铁丝等物。可在草筛和料筛上面绑上一定数量的磁铁，将混入草料中的一部分金属吸附。也可在牛胃内投放特制的磁石，使网胃内游离的铁物固定在一起，防止穿破胃壁。也可定时应用牛胃吸铁器普查，以取出金属异物。

（十五）瓣胃阻塞

瓣胃阻塞又称“百叶干”。由于牛吃食大量不易消化的粗纤维饲料，也可能是长期吃糠麸、豆角皮或带泥土的饲草，或饮水不足而发病，或由于其他胃病而继发本病。目前更多见的是误食塑料、尼龙类人工合成编织物碎片而导致发病。

1. 主要症状

初期，病牛精神沉郁，食欲不振，反刍减少，有时空口咀嚼。后期，体温升高，呼吸加快，食欲全无，鼻镜干燥，排粪少而干硬并呈球状或块状，叩诊瓣胃浊音区增大，并有疼痛感。

2. 防治方法

要经常喂给青绿多汁饲料，保证足够的饮水和运动。发病后要用磨碎的芝麻 0.5～1.0 千克，白萝卜汁 2.5～5.0 千克，调匀灌服，再用去皮的大麦仁 5.0～7.5 千克，煮汤，让牛自饮或灌服。也可瓣胃一次注入石蜡油 750～1 000 毫升、加 3～4 倍水的混悬液；或用硫酸钠（或硫酸镁），按每千克体重 0.3 克配成 9%溶液，一次瓣胃注射。也可手术取出堵塞物，不过成本太高，不太合算。

（十六）胃肠炎

分为传染性胃肠炎和饮食性胃肠炎两种。发病多由于突然改变饲料，喂给腐败、霉烂、变质的饲料，食入有毒物质及冰冻饲料等。胃肠出血型败血病、犊牛大肠杆菌病、沙门氏菌病、恶性卡他热、病毒性下痢、空肠弧菌性冬痢、犊牛球虫病、肝片吸虫病等传染性疾病也能引起本病的发生。

1. 主要症状

病牛突然发生剧烈而持续性腹泻。排出的粪便稀、呈水样，有黏液、假膜、血液或脓性物，恶臭。食欲、反刍消失，但口渴。喜卧地，表现腹痛，眼球下陷，精神不好，四肢无力。

2.防治方法

消除发病因素，禁止喂给有毒食物和霉烂、变质饲料。如发现是由于传染性疾病引起的，应及早隔离消毒。应该用抗菌消炎药物治疗。内服黄连素，每日 3 次，每次 2～4 克。或内服磺胺脒，每日 3 次，每次 30～50 克。或肌肉注射金霉素 3～4 克，一次注射。如发生严重脱水、酸中毒时，可考虑进行输液治疗。

第九章

肉牛场环境控制技术

第一节　牛舍内环境控制技术

一、牛舍温度要求及其控制

(一)牛舍温度要求

牛舍温度对牛体健康和生产力的发挥影响最大,肉牛通过机体热调节来适应环境温度的变化。在进行新陈代谢过程中,牛体不断产热,并把热量散发到周围环境中而维持体温的恒定,在适宜的外界温度范围内,可使牛的代谢强度和产热量保持在生理最低水平,这一温度范围就是牛的最适温度区。研究表明,牛的适宜环境温度为 9～21℃,在这个温度范围内,牛的增重速度最快,饲料利用率最高,抗病力最强,饲养效益经济。温度过高,肉牛就会产生不适症,如高温引起肉牛食欲降低,瘤胃微生物发酵能力下降,影响牛对饲料的消化，因热应激抗病力下降，发病率升高，日增重、繁殖力下降，甚至引起热射病。温度过低引起食欲增加，显著增加饲料消耗，饲料转化率、繁殖力下降，引起冻伤等。总的来说，肉牛由于单位体重表面积小、汗腺不发达、饲料在瘤胃发酵产热多，属于喜凉厌热的动物。不同生理阶段的牛因个体差异对环境温度要求不同，各种牛舍要求的温度见表 9-1。

表 9-1　牛舍空气温度参数 ℃

牛类别	最适宜温度	最高温度	最低温度
育肥牛	10～15	25	3
产犊母牛	12～15	25	10
一般母牛	10～15	25	3
幼犊	15～18	27	8
犊牛	10～12	27	7
育成牛	10～15	27	3

(二)牛舍温度控制

在生产上，应注意选择适宜地区。牛舍建筑设计时，充分考虑温度控制措施，如屋顶的热阻值要高于墙壁，屋顶保温材料可采用加气混凝土板、玻璃棉、聚苯乙烯泡沫板、聚氨酯板等材料。管理上做好防寒防暑工作，如夏季酷暑季节短时间持续高温对牛的影响很大，应采取必要的降温措施。以下重点介绍降温措施。

1. 喷淋降温系统

这是目前实用且有效的降温方法，将细水滴喷到牛背上，湿润皮肤，利用风扇及牛体的热量使水分蒸发以达到降温的目的。喷淋降温系统包括水路管网、水泵、电磁阀、喷嘴、风扇，以及含继电器在内的控制设备。该系统是以牛舍的温度和湿度为主要控制参数，利用温度和湿度传感器对舍内的相关数据进行采集处理，并利用红外设备确定温度和湿度的调节范围，将传感器和红外设备采集到的信息传送到单片机控制中心，由该中心根据减轻牛热应激所需要的温度、湿度和喷淋时间的要求，输出信号到控制输出模块，控制输出模块按控制信号传输各降温设备所需的电动力，同时实现喷淋风机的交替运行。当牛离开后，喷淋降温系统自动停止工作。

2. 湿帘-风机降温系统

将湿帘蒸发设备与负压机械通风联用的降温技术，一般用于密闭牛舍。该系统主要由风机、湿帘、水泵、循环水池、自动控制器等组成。湿帘-风机的距离以不超过 50 米为宜，过帘风速为 1～2 米/秒。通风量的配置方式主要有两种：一种是根据换气次数计算，夏季的换气次数为 0.5～1 次/分钟。另一种是根据牛的头数和每头牛夏季所需通风量计算，夏季牛的通风量为 0.7 米^3/小时。

3. 绿化、遮阳

绿化是成本最低、效果最好的降温方式。绿化不仅能遮阳、缓解太阳辐射，还能改善空气质量、美化环境。研究表明，同一栋舍的东西侧墙，由于西侧有树木遮阳，实际测得的西墙外表面最高温度仅为 34.23℃，而东墙外表面最高温度为 44.71℃，二者相差约 10℃。

二、牛舍湿度要求及其控制

（一）牛舍湿度要求

湿度是表示空气潮湿程度的指标，一般用绝对湿度和相对湿度表示，其中相对湿度最常用，是指空气中实际含水汽的克数占同温下饱和水汽克数的百分数。由于牛舍四周墙壁的阻挡，空气流通不畅，使牛舍内空气湿度大于舍外。舍内空气湿度来源于大气湿度（占 10%～15%）、肉牛呼吸道和皮肤蒸发的水汽（占 70%～

75%)和墙壁及地面等物体的蒸发(占10%～25%)。大气湿度高,肉牛呼吸道和皮肤蒸发的水汽,饮水器漏水等均会增加潮湿程度,空气的温度升高,也会使蒸发量增大。

空气湿度大可加快微生物特别是病原微生物的繁殖,肉牛容易患皮肤病,建筑物以及设施中木质物体易腐烂,饲料、垫草受潮湿发霉,易引起肉牛呼吸道和消化道的疾病;低温伴随高湿会加快体热的散失,牛易患感冒等呼吸道疾病;高温伴随高湿时会抑制汗水的蒸发和体热散发,使牛体的最适温度区范围变窄,不利于牛体温的调节,使饲料效率下降。空气过干时,也不利于呼吸道的健康。

肉牛对牛舍的环境湿度要求为55%～75%。

(二)牛舍湿度控制

牛舍要建筑在高燥的地方,墙基、地面要设防潮层;加强舍内保温,舍内温度保持在露点温度以上,防止水汽凝结;尽量减少舍内用水;及时将粪、尿、污水排出;保证通风性能良好,将舍内多余水汽排出去,冬季通风和保温是很矛盾的,不容易处理好,应引起高度重视;铺垫草可以有效地防止舍内潮湿,如稻草吸水率324%,麦秸吸水率230%,但必须及时更换,使用垫草对犊牛培育特别重要。

三、牛舍有害气体要求及其控制

(一)牛舍有害气体要求

舍内的空气,受牛的呼吸、生产过程和有机物质分解等因素的影响,化学成分与大气差异很大,氮、氧和二氧化碳所占比例发生变化,增添了大气中没有或很少有的成分,主要有氨、硫化氢和甲烷,还有胺、酰胺、硫化物、二氧化硫、乙醇、2-丁酮、3-戊酮、粪臭素等。这些有害气体主要由粪、尿、饲料或其他有机物分解产生,对人和牛有直接毒害作用，阻碍正常生理过程。不良的气味，还会影响人的感觉、情绪和工作效率，从而使生产受到影响。

1. 氨（NH_3）

(1)特性　相对分子质量 17.03，比重 0.593，每毫克的容积为 1 316 毫升，有刺激性臭味，在水中的溶解度高，0℃时 1 升水可溶解 907 克氨，牛舍中氨常被溶解而吸附于潮湿地面、墙壁以及人和牛的黏膜、结膜上。牛舍中的氨是含氮有机物，如粪、尿、垫草等分解产生的。饲喂过量非蛋白氮时，牛嗳气排出的氨量也增加。

(2)对牛的影响　氨溶解在牛的黏膜、结膜上，会引起黏膜充血、水肿，刺激黏膜使其分泌物增多，如流泪、喷嚏、咳嗽，浓度高时引起眼结膜炎、鼻炎、气管炎、肺炎和中枢神经麻痹。吸入肺部，经肺泡进入血液，与血红蛋白结合，破坏血液的运氧功能，引起氨中毒。浓度小、作用时间短时变成尿素排出体外，低浓度氨长期作用，会使牛的体质变弱，抗病力降低，采食量、日增重、生产力下降，引起慢性中毒，不易被发现，危害极大。

(3)限量要求　牛舍空气中氨的限量为 20 毫克/米^3，舍内氨浓度大，细菌就多，影响生产和饲料报酬。持续时间越长，对健康影响越大。

2. 硫化氢（H_2S）

(1)特性　由含硫有机物质分解产生，如牛采食蛋白质含量高的饲料，或消化不良时由肠道排出大量硫化氢。硫化氢无色，易挥发，恶臭，易溶于水，相对分子质量为 34.09，在标准状态下 1 升的重量为 1.526 克。比重大，为 1.19，愈接近地面浓度愈高。

(2)对牛的影响　硫化氢与钠离子结合生成硫化钠，对黏膜产生刺激，引起眼炎、流泪、角膜混浊、畏光、鼻炎、气管炎；与三价铁结合，影响细胞氧化过程，使组织缺氧，浓度过高引起呼吸中枢麻痹，使牛窒息死亡。长期处于低浓度硫化氢的空气环境中，会感到不舒适，使牛体质变弱，抗病力降低，给生产造成损失。浓度为

20 毫克/米^3 时，丧失食欲，表现神经质。

(3)限量要求　生产中，为确保牛的健康，牛舍空气中硫化氢限量为 8 毫克/米^3。

3. 二氧化碳(CO_2)

(1)特性　二氧化碳无色、无臭、略带酸味，相对分子质量 44.01，比重 1.524。标准状态下每升重量为 1.98 克，每毫克的容积为 0.509 毫升。牛舍中的二氧化碳，不易引起牛中毒，一般用做间接环境指标，二氧化碳含量多说明通风换气不良，各种污染的气体含量多。

(2)对牛的影响　长期处于高二氧化碳环境中，会造成抗病力下降，生活力下降，继发各种疾病。常见于封闭过严的犊牛舍。

(3)限量要求　牛舍空气中二氧化碳限量为 1 500 毫克/米^3。

不同生理阶段的牛对有害气体的适应性不同，为此应有不同的限量要求(表 9-2)。

表 9-2　牛舍中有害气体限量要求　　毫克/米^3

牛舍	二氧化碳	氨	硫化氢
成年牛舍	1 500	20	8
犊牛舍	120	10～15	5～8
育肥牛舍	1 500	20	8

(二)牛舍有害气体控制

首先，应及时清除牛舍内的粪尿，尽量减少粪尿在牛舍内分解，保持牛舍内空气干燥。氨和硫化氢都易溶于水，舍内潮湿时，会因被溶解而附着在物体上，如牛舍内温度降到露点以下，水汽将在舍内墙壁、天棚处凝结，造成氨和硫化氢大量溶解。当牛舍内变得干燥，温度升高时，它们又挥发出来，污染空气。如果舍内保持适宜的温度和湿度，合理的通风，就能防止有害气体的污染。舍内空气湿度对有害气体的影响见表 9-3。

表 9-3　舍内空气湿度对有害气体的影响

相对湿度(%)	二氧化碳(%)	氨(毫克/升)	硫化氢(毫克/升)
88	0.32	0.51	0.017
86.4	0.25	0.22	0.014
75.4	0.13	0.008 8	0.005

其次,保证良好的通风换气。可采取自然通风或机械通风。敞开式牛舍夏季一般采用自然通风,夏季牛舍四周的卷帘拉起后,封闭式牛舍就变成棚舍式牛舍,自然通风效果好;冬季利用风机进行机械通风,减少有害气体对牛的危害。

四、其他指标要求及其控制

(一)光照

1. 牛舍光照要求

光照对保持牛体生长发育和健康有十分重要的意义。阳光中的紫外线具有强大的生物效应,紫外线照射牛体皮肤,可使皮肤和皮下脂肪中的7-脱氢胆固醇转变为维生素 D_2,有利于日粮中钙、磷的吸收和骨骼的正常生长和代谢。此外,紫外线具有杀灭细菌等有害微生物的作用,牛舍进行阳光照射,可达到消毒之目的,也可增加牛体血液中红、白细胞数量,一定的阳光照射还可引起中枢神经相应部分的兴奋,对肉牛繁殖性能和生产性能有一定的作用。适当的光照,可使育肥肉牛采食量增加,日增重得到明显改善。但应注意到普通(钠)玻璃可阻止紫外线穿入。

一般要求牛舍的采光系数为 1∶16,犊牛舍为 1∶(10～14)。简单地说,为保持采光效果,窗户面积应接近于墙壁面积的 1/4。

2. 牛舍光照控制

建设牛舍时充分考虑牛舍走向。舍饲的双排肉牛舍可采取南北走向，使每排牛每日均有阳光照射的机会。其优点是两排牛床的温度变化相接近，日增重均匀，缺点是夏天舍内较热，不利于防暑。东西走向的牛舍，可增加采光系数，尽可能使阴面牛床获得光照，优点是有利于夏天防暑，但冬天南排牛床较北排温度高，造成两排饲喂效果有差别。合理设计可避免该现象的发生。如采用钟楼式或半钟楼式设计时，调整牛舍后墙高度和钟楼的高低，可达到采光的最优效果。

(二)气流(风)

1. 牛舍气流要求

空气流动就是风，是由于空气气压不同而形成的，即牛体散热使周围一层空气加热而上升，再由其他冷空气流进。气流有利于肉牛体的散热。在炎热的条件下，气温低于皮温时，气流有利于对流散热和蒸发散热，因而对肉牛有良好的作用。冬季，气流会增强肉牛的散热，加剧寒冷的有害作用。气流能保持舍内空气组成均匀。即使在寒冷的条件下，舍内保持适当的气流，不仅可以使空气的温度、湿度和化学组成保持均匀一致，而且有利于将污浊的气体排出舍外。但要防止气流形成贼风，以免肉牛体局部受冷，引起关节炎、神经炎、冻伤、感冒等疾病。

牛舍内气流速度以 0.2～0.3 米/秒为宜，犊牛舍气流速度取低值，其他牛舍可取高值。气温超过 30℃时，气流速度可提高到 0.9～1 米/秒，以加快降温。

2. 牛舍气流控制

牛舍气流除受牛舍朝向与主风向的自然调节以外，还可人为进行控制。如夏季通过安装电风扇等设备改变气流速度，冬季寒风袭击时，可适当关闭门窗，牛舍四周用篷布遮挡，使牛舍空气温度保持相对稳定，减少牛只呼吸道、消化道疾病。

(三)噪声

1. 牛舍噪声要求

自然界的声音无处不在，当声音过大、持续时间过长、超过一定限度时，就成为噪声。噪声从生物学观点看，凡是人们不需要的，令人烦躁的声音，统称为噪声。从物理学观点看，是指频率杂乱无章，没有规律的声音。噪声强度用声级表示，声级的单位是贝尔，1/10 贝尔称作 1 分贝。牛舍内的噪声可由外界传入，如飞机、汽车、拖拉机、雷鸣等；舍内机械产生，如风机、真空泵、除粪机、喂料机等；肉牛本身产生，如哞叫、走动、采食、争斗等。

当有噪声时，则影响肉牛的反刍、休息和采食，能影响牛的繁殖、生长、增重和生产力，并能改变牛的行为，并最终影响生产性能的发挥。

牛舍噪声要求控制在 75 分贝以下。一般白天不能超过 75 分贝，夜间不超过 50 分贝即可。

2. 牛舍噪声控制

生产实际中，噪声总是不可避免的，当噪声不大时，一般不必多虑，当噪声过大，如达到 75 分贝以上，应隔离噪声。首先，牛场选址远离噪声源。其次，采用噪声控制装置。目前生产中常在房间表面装吸声材料，一类是多孔材料，如玻璃棉、泡沫塑料等，另一类是共振吸声结构或装消声器，如微孔板消声器，使用效果好。或采用隔声罩。或在振动源和它的基础间，安装弹性隔振结构，如装减振器等。第三，牛场采用隔音屏障，如用白桦树和松林带间种数行效果最好。

(四)灰尘与微生物

1. 灰尘

(1)牛舍灰尘要求　牛舍内的灰尘，由大气带进一部分，大部分是由饲养管理工作引起的。如打扫牛圈，分发干草，粉碎饲料，翻动垫草，都会使灰尘大量增加，尤其是封闭舍中，灰尘含量很高。

牛舍中的灰尘对牛的影响很大。如果大量灰尘落在眼结膜上，会引起灰尘性结膜炎。大于10微米的灰尘，一般被阻留在鼻腔，5～10微米灰尘可达支气管，5微米以下可达细支气管。灰尘中夹杂的病原微生物能引起上呼吸道感染。灰尘落在牛体表，可与皮脂腺的分泌物、细毛、皮屑及微生物混在一起，黏结在皮肤上，使皮肤发痒以致发炎，引起皮脂腺、汗腺堵塞，皮肤变得干燥脆弱，体热调节被破坏，影响增重和产肉。

生产中对灰尘的表示方法有：一是可吸入颗粒物(PM_{10})，即空气动力学当量直径小于10微米的颗粒物。二是总悬浮颗粒物(TSP)，即空气动力学当量直径小于100微米的颗粒物。一般要求牛舍内每立方米空气中PM_{10}应小于2毫克，TSP应小于4毫克。

(2)牛舍灰尘控制　为减少灰尘，可在牧场周围种植防护林带，场内种树、作物或牧草；粉碎饲料和干草，或堆放干草的场地要远离厩舍，饲喂时动作要轻；清扫畜舍，翻动和更换垫草，要求牛不在舍内时进行，特别是发霉干草、秸秆的翻动，会使大量霉菌孢子在空气中飞散，严重影响牛与工作人员的健康，以至牛患难以治疗的霉菌性肺炎；要保证畜舍内通风性能良好，进气管可安装除尘器；尽可能利用避免尘埃的先进工艺、材料和设备。

2. 微生物

空气本身对微生物的生存是不利的，因为空气一般比较干燥，同时缺乏营养物质，而且太阳光线中的紫外线具有杀菌能力，但是空气中夹杂着大量的水滴和灰尘，微生物可附着在它们上面而生存，所以空气中微生物的数量，同灰尘的多少直接相关。牛舍中的微生物随空气中灰尘的增多而增加。牛舍中的微生物远比大气中多，其主要原因是，牛舍内有机性灰尘多，有利于微生物的附着、繁殖和生长。牛舍内又没有紫外线，不能杀伤微生物。牛舍空气中微生物的来源，除灰尘外，还有牛粪便的蒸发，被毛的散失等。如牛的喷嚏造成大量飞沫和水滴，经蒸发后，留下较小的滴核，直径仅 1～2 微米，重量轻，能长期悬浮在空气中，飞沫核由唾液中的黏液素、蛋白质和盐类组成。因此，微生物能附着在滴核内并有蛋白质和黏液保护，不容易受到干燥空气和其他因素的影响，故能长期生存。这些滴核进入支气管的深处和肺泡，对人和牛的危害都很大。生产过程往往产生大量的灰尘，微生物的量相应也增多。据测定，在一般情况下，每立方米空气有 100 万个细菌。工作时则有 1 000 万～1 400 万个细菌，高出 10 倍以上。

灰尘上附着的微生物可传播疾病。病原微生物附着在灰尘上对牛造成的传染，叫灰尘性传染。附着在飞沫上的传染，叫飞沫性传染。如肺结核、牛的传染性胸膜炎以及呼吸系统疾病的传染，主要是通过飞沫传播感染的。例如一头患结核病的牛可迅速使全舍牛受到传染。牛粪便等排出物，干燥后经践踏、风吹或扫动，病原微生物会随灰尘飞扬起来，能飘到很远的地方，造成远距离的传染。

预防微生物对生产的危害，应尽量减少牛舍内的灰尘和飞沫，尤其是全封闭式牛舍，牛头数多，密度大时更应注意。要建立严格的防疫制度，定期进行防疫注射，最好采用牛的全进全出制，即使是粗放条件下饲养，也能采用全进全出制，这样可进行全面消毒，便于饲养管理。

第二节 肉牛场粪污无害化处理技术

一、肉牛场清粪方式

肉牛场的清粪方式取决于该场肉牛的饲养管理方式，而肉牛饲养方式分为拴系式、散栏式和放牧与舍饲相结合等方式。利用舍饲育肥的肉牛场每天排粪尿量很大，污水也很多。如果不及时清除，对牛舍内的空气质量影响很大。目前采用的清粪方式主要有机械清粪、水冲清粪和人工清粪3种。

(一)机械清粪

适用于跨度较大的牛舍，一般牛舍跨度在20～27米，清粪时可以保证机械设备的进入。

对于粪尿分离，粪便呈半干状态时，可采用刮粪板进行粪便清除，连杆刮板式适用于单列牛床；环形链刮板式适于双列牛床；双翼形推粪板式适于舍饲散栏饲养式牛舍。

为便于机械清粪，通常在牛舍中设置污水排出系统。尿液及污水经排水系统流入粪水池贮存，固体粪便由机械运至堆粪场。排水系统由排尿沟、水漏、地下排水管及粪水池组成。

1. 排尿沟

排尿沟设置在牛床的后端，且牛床应有1.5%～2.5%的坡度向排尿沟倾斜，排尿沟的宽度为32～35厘米，若是明沟其深度5～8厘米，若是暗沟其沟底应有0.5%～1.5%的纵向坡度。

2. 水漏

水漏是排尿沟衔接地下排水管的部分，其深度不大于15厘米。为防止粪草落入堵塞，上面应用铁箅子。

3. 地下排水管

要保持3%～5%的坡度以便尿液及污水流入粪水池，距离较远时坡度0.5%～1.5%即可，中途应设检查井。

4. 粪水池

设在牛舍外下风向地势较低的地方，根据饲养头数，按贮积20～30天，容积20～30米^{3}修建。

(二)水冲清粪

采用水冲清粪方式需要漏缝地面，这种清粪系统由漏缝地面、粪沟、粪尿沟和粪水池组成。

1. 漏缝地面

一般由混凝土制成，缝隙宽度4～4.5厘米，固体粪便被牛踩入沟内，少量残粪用水冲洗。

2. 粪沟

根据漏缝地面的宽度而定，深度为0.7～0.8米，倾向粪水沟的坡度0.5%～1%。

3. 粪尿沟

在牛床和通道之间设置粪尿沟，粪尿沟要求不渗漏和壁面光滑，沟宽30～40厘米，深10～12厘米，倾向粪水池坡度1%～2%。

4. 粪水池

设在牛舍外下风向地势较低的地方，根据饲养头数，按贮积20～30天，容积20～30米^{3}修建。

(三)人工清粪

一般采用铁锹、手推车、笤帚等工具，劳动强度较大，但设备投入低。

二、肉牛场固体粪便处理

(一)自然腐熟堆肥

是指采用传统的手工操作和自然堆积方式，在好氧条件下，微生物利用粪便中的营养物质在适宜的碳氮比、温度、通气量和 pH 等条件下大量生长繁殖，通过微生物的发酵作用，高温杀死粪尿中的病原微生物和寄生虫及卵，将对环境有潜在危害的有机质转变为无害的有机肥料的过程，同时达到脱水、灭菌的目的。在这种过程中，有机物由不稳定状态转化为稳定的富含氮、磷、钾及其他微量元素的腐殖质物质。方法是将粪便经过简单处理堆成长、宽、高分别为 10～18 米，2～5 米，1.5～2 米的长方形垛，在 20℃、15～20 天的腐熟期内，将垛堆翻倒 1～2 次，然后静置堆放 3～5 个月即可完全腐熟。这是处理肉牛粪便的传统方法，其成本低廉，处理方式简单，但是时间长，占地面积大，易污染水体。

(二)人工生物发酵

在粪便中加入复合微生物和辅料，搅拌均匀，控制水分含量在 55%～65%的范围内，然后将湿粪迅速装入池中踏实，用塑料膜封严，在厌氧条件下发酵，一般气温在 5～10℃需要 10～15 天，气温在 10～20℃需要 6～10 天，超过 20℃需 3～5 天。

(三)利用低等动物分解

先将粪便与秸秆残渣混合后堆沤腐熟，再将其按一定厚度铺平，然后放入蚯蚓、蝇蛆、蜗牛等使其繁殖，最终达到既能处理粪便又能生产动物蛋白质的目的。经过处理后的粪便残渣富含无机养分，是种植的好肥料。同时，每平方米培养基的粪便可收获鲜蚯蚓 1.5 万～2 万条，重量 30～40 千克，效益显著。

(四)自然干燥

在晴天将鲜粪摊在塑料布上或直接摊在水泥地上,经常翻动,利用太阳光对其进行干燥杀菌,30～40 天便可完成干燥过程。此法投资小、易操作、成本低,但受天气及季节影响大,对环境也有较大污染,且具有占地面积大、处理规模小、生产效率低、不能彻底灭菌等缺点。

(五)机械干燥

目前使用的有干燥机和微波干燥等。

干燥机多为回转式滚筒,可将高达 70%～80%含水量的粪便直接烘干至 13%的安全贮藏水分。一般将粪便加入干燥机后,在滚筒内抄板器翻动下均匀分散、与热空气充分接触,加快干燥。不受季节、时间影响,可连续、大批量生产,干燥效率高、灭菌除臭效果好,能保留牛粪中的养分,同时达到减少环境污染等效果。此法操作简单、占地面积小,但一次性投入大,能耗大,处理时易产生恶臭。

微波干燥是将牛粪倒入大型微波设备,在微波产生的热效应下,使牛粪中的水分蒸发,达到干燥、灭菌的效果。但能耗大,投资、处理成本高。

三、肉牛场污水处理

(一)固液分离

牛场排放出来的废水中固体悬浮物含量高,相应的有机物含量也高,通过固液分离可使液体部分的污染物负荷量大大降低。通过固液分离可防止较大的固体物进入后续处理环节,防止设备的堵塞损坏等。此外,在厌氧消化处理前进行固液分离也能增加厌氧消化运转的可靠性,减小厌氧反应器的尺寸及所需的停留时间。

固液分离技术一般包括:筛滤、离心、过滤、浮除、沉降、沉淀、絮凝等工序。目前,我国已有成熟的固液分离技术和相应的设备,其设备类型主要有卧式离心机、压滤机、水力旋流器、旋转锥形筛和离心盘式分离机等。

(二)厌氧处理

厌氧处理技术成为养殖场粪污处理中不可缺少的关键技术。对于养殖场高浓度的有机废水,采用厌氧消化工艺可在较低的运行成本下有效地去除大量的可溶性有机物,而且能杀死传染病菌,有利于养殖场的防疫。近年来,厌氧消化即沼气发酵技术已被广泛地应用于养殖场废物处理中,到2012年底我国畜禽养殖场大中型沼气工程数量已经达到2 000余处,是世界上拥有沼气装置数量最多的国家之一。虽然,在我国的沼气工程建设中也不乏失败的例子,工程建设成功率仅为85%,但这一技术不失为解决畜禽粪便污水的无害化和资源化问题的最有效的技术方案。畜禽粪便和养殖场产生的废水是有价值的资源,经过厌氧消化处理既可以实现无害化,同时还可以回收沼气和有机肥料,因此建设沼气工程将是中小型养殖场污水治理的最佳选择。

(三)好氧处理

利用好氧微生物处理牛场废水,可分为天然好氧处理和人工好氧处理两类。

天然好氧生物处理是利用天然的水体和土壤中的微生物来净化废水,主要有水体净化和土壤净化两种。水体净化主要有氧化塘(好氧塘、兼性塘、厌氧塘)和养殖塘等;土壤净化主要有土地处理(慢速渗滤和快速渗滤)和人工湿地等。这种方法不仅基建费用低，动力消耗少，而且对难生化降解的有机物、氮磷等营养物和细菌的去除率也高于常规处理。缺点主要是占地面积大和处理效果易受季节影响等。

人工好氧生物处理是采取人工强化供氧以提高好氧微生物活力的废水处理方法。该方法主要有活性污泥法、生物滤池法、生物转盘法、生物接触氧化法、序批式活性污泥法（SBR）、厌氧/好氧（A/O）法及氧化沟法等。一般接触氧化法和生物转盘法处理效果优于活性污泥法，中等规模的养殖场可选择接触氧化法或生物转盘法。

四、肉牛场粪污利用

（一）生产沼气

利用固液分离技术把粪渣和污水分开，粪液经过进一步净化处理达标排放或用于发酵沼气。沼气供生活使用或发电，沼液供农业灌溉、浸种、杀虫或养鱼；粪渣经过发酵、加工制成有机肥。这样不仅使粪污得到净化处理，而且可以获得沼气，排放的废渣和废液还可用于农业生产，减少化肥、农药的使用量，使粪渣、沼液得到充分利用。

（二）高温堆肥

牛粪堆肥发酵可有效处理牛场废弃物，且在改良土壤和绿色食品生产方面发挥着重要作用。但普通堆肥发酵在牛粪降解过程中会产生有害气体，如氨、硫化氢等，对大气构成威胁。因而，牛粪便需经无害化处理后再适度用于农田。无害化处理最常用的方法是高温堆肥，即将粪便堆积，控制相对湿度为70%左右，形成发酵的环境，微生物大量繁殖，将有机物分解为能被植物吸收利用的无机物和腐殖质，抑制臭气产生，同时发酵的高温（50～70℃）可杀灭病原微生物、寄生虫卵、杂草种子等，达到无害化处理的目的。

第三节　病死畜无害化处理

肉牛场的病死畜无害化处理主要是指对病牛尸体或其组织脏器、污染物和排泄物等消毒后用深埋或焚烧等方法进行无害化处理的方式，目的是防止病原体传播。

一、深埋

(一)选择地点

选择的地点应地势高燥，远离牛场（100 米以上）、居民区（1 000 米以上）、水源、泄洪区、草原及交通要道，避开岩石地区，位于主导风向的下方，不影响农业生产，避开公共视野。

(二)挖坑

1. 挖掘及填埋设备

挖掘机、装卸机、推土机、平路机和反铲挖土机等，挖掘大型掩埋坑的适宜设备应是挖掘机。

2. 修建掩埋坑

掩埋坑的大小取决于机械、场地和所须掩埋物品的多少。深度 2～7 米，应保证被掩埋物的上层距离地表 1.5 米以上。宽度应能让机械平稳地水平填埋处理。长度则应由填埋尸体的多少来定。坑的容积大小一般不小于动物总体积的 2 倍。

(三)掩埋

1.坑底处理

在坑底撒漂白粉或生石灰,量可根据掩埋尸体的量确定(0.5～2.0 千克/米^2)掩埋尸体量大的应多加,反之可少加或不加。

2.尸体处理

动物尸体先用10%漂白粉上清液喷雾(200 毫升/米^3),作用2 小时。

3.入坑

将处理过的动物尸体投入坑内,使之侧卧,并将污染的土层和运尸体时的有关污染物如垫草、绳索、饲料和其他物品等一起入坑。

4.掩埋

先用40 厘米厚的土层覆盖尸体,然后再放入熟石灰或干漂白粉20～40 克/米^2(2～5 厘米厚),然后覆土掩埋,平整地面,覆盖土层厚度不应少于1.5 米。

5.设置标识

掩埋场应标识清楚,并得到合理保护。

6.场地检查

应对掩埋场地进行必要的检查,以便在发现渗漏或其他问题时及时采取相应措施,在场地可被重新开放载畜之前,应对无害化处理场地再次复查,以确保对牲畜的生物和生理安全。复查应在掩埋坑封闭后3 个月进行。

(四)注意事项

石灰或干漂白粉切忌直接覆盖在尸体上,因为在潮湿的条件下熟石灰会减缓作用；任何情况下都不允许人到坑内去处理动物尸体。掩埋工作应在现场督察人员的指挥、控制下，严格按程序进行，所有工作人员在工作开始前必须接受培训。

二、焚烧

费钱费力，仅在不适合用掩埋法处理尸体时采用。焚化可采用的方法有：柴堆火化、焚化炉和焚烧窑等，这里主要介绍常用的柴堆火化法。

(一)选择地点

应远离居民区、建筑物、易燃物品，上面不能有电线、电话线，地下不能有自来水、燃气管道，周围有足够的防火带，位于主导风向的下方，避开公共视野。

(二)准备火床

1. 十字坑法

按十字形挖两条坑，其长、宽、深分别为 2.6 米、0.6 米、0.5 米，在两坑交叉处的坑底堆放干草或木柴，坑沿横放数条粗湿木棍。

2. 单坑法

挖一条长、宽、深分别为 2.5 米、1.5 米、0.7 米的坑，将取出的土堆堵在坑沿的两侧。坑内用木柴架满，坑沿横架数条粗湿木棍。

3. 双层坑法

先挖一条长、宽各 2 米、深 0.75 米的大沟，在沟的底部再挖一长 2 米、宽 1 米、深 0.75 米的小沟，在小沟沟底铺以干草和木柴，两端各留出 18～20 厘米的空隙，以便吸入空气，在小沟沟沿横架数条粗湿木棍。

(三)焚烧

把尸体横放在火床(粗湿木棍)上,尸体背部向下而且头尾交叉,尸体放置在火床上后,可切断四肢的伸肌腱,以防止在燃烧过程中肢体的伸展。当尸体堆放完毕且气候条件适宜时,用柴油浇透木柴和尸体。用煤油浸泡的破布引火,保持火焰的持续燃烧,在必要时要及时添加燃料。焚烧结束后,掩埋燃烧后的灰烬,表面撒布消毒剂。填土高于地面,场地及周围消毒,设立警示牌,查看。

(四)注意事项

点火前所有车辆、人员和其他设备都必须远离火床,点火时应顺风向点火。进行焚烧时应注意安全,须远离易燃易爆物品,以免引起火灾和人员伤害。运输器具应当消毒。焚烧人员应做好个人防护。焚烧工作应在现场督察人员的指挥、控制下,严格按程序进行,所有工作人员在工作开始前必须接受培训。

三、发酵

此法是将尸体抛入专门的尸体发酵池内,利用生物方法将尸体发酵分解,以达到无害化处理的目的。

(一)选择地点

选择远离住宅、动物饲养场、草原、水源及交通要道的地方。

(二)建发酵池

池深 9～10 米,直径 3 米,池壁及池底用不透水材料制成。池口高出地面约 30 厘米，池口做一个盖，盖平时落锁，池内有通气管。尸体堆积于池内，当堆至距池口 1.5 米处时，再用另一个池。此池封闭发酵，夏季不少于 2 个月，冬季不少于 3 个月，待尸体完全腐败分解后，可以挖出作肥料，两池轮换使用。

第十章

肉牛屠宰加工技术

第一节 宰前处理

一、待宰牛检查

屠宰场须设待宰圈，在此对进场牛作检查，把待宰牛按品种、性别、年龄、肥度分圈，以利于屠宰后牛肉的分档。挑出不健康的牛，属于应激者，存圈消应激，可疑传染病牛隔离检疫，一般疾病可治愈者给予治疗，待残药期过去再宰杀。无治疗价值当即急宰。

年龄与肉的风味、嫩度和色泽关系很大，幼龄牛风味很淡、味纯正、肌纤维嫩滑、肌肉颜色浅、脂肪白，随年龄增大，肌肉颜色变深呈紫红色，脂肪颜色加深呈黄色。肉的嫩度也明显随年龄增长而下降。肥度也是影响肉质的重要因素。满膘牛其肉嫩，由于脂肪增加肉的香气也随之提高。性别不同肉质也不同，公牛肌肉颜色较同龄母牛深，脂肪含量较相同饲养水平的母牛肉少，特有风味较母牛肉浓郁，而母牛肉则较公牛肉纤维细腻软嫩。

屠宰前分圈待宰，按圈宰杀，有利于减轻宰后牛肉分档、分割的工作量，牛肉分级准确，有利于创名牌，获得最好的经济效益。

二、屠宰前饲养与休息

外购的肥牛会因路上运输惊吓而应激，路途越远、运输时间越长，则应激越严重。应激状态的牛立即屠宰会降低牛肉品质，增加胴体内在污染可能性（表 10-1），由于运输应激状态下，牛的抗病力下降，许多微生物会通过各种途径进入血液而散布全身各组织而本身的抗病组织未能及时全部扑灭入侵的微生物，此时屠宰会难以达到肉的卫生指标，严重损害消费者的利益；由于应激状态下，牛肌肉中糖原消耗殆尽，这时屠宰的胴体即使进行冷加工，也难改善肉质，会出现中性甚至碱性僵直，肉的生化成熟过程难以完成，常造成“黑切肉”（即 DFD 肉，肌肉色深暗，坚硬，煮熟后粗糙）或小量“苍白渗出性肉”（即 PSE 肉，肌肉颜色浅淡，软，肉汁渗出，煮熟口感粗糙、缺乏风味，多见于猪，牛少见），使屠宰场和肉加工厂蒙受巨大经济损失。

表 10-1　运输应激造成的细菌污染比例　　%

屠宰时间	肝脏中带细菌的比例	肌肉中带细菌的比例
经 5 天运输后卸下即宰	73	30
经 5 天运输后，休息 24 小时屠宰	50	10
经 5 天运输后，休息 48 小时屠宰	44	9

应激程度与运输方式有关，一般火车运输应激较重，主要是由于列车编组时调放车皮等，车厢时动时停，强烈碰撞以及无规律的轰鸣声使牛惊吓造成，运行途间和长期靠站则对牛影响不大；汽车

运输若注意匀速，拐弯时提前缓慢减速，低速转弯，不能急刹车，上下坡不陡等，则应激较少。应激程度也与运输时间有关。若运输时间长，可在运输前1～2天开始在饲料中加入刺五加、柏仁、酸枣仁等中药(0.1～0.2克/千克体重)。

根据运输方法和运输应激时间长短，拟定消应激的待宰饲养时间，一般为1～3天。时间过长没有必要，因为新环境很难使牛适应，并且很难做到日粮与原育肥期相同，这样会使牛膘情日降。消应激饲养日粮最好能做到近似于牛本来的育肥场，但注意以青干草为主，配合料不加或少加。

待宰圈应宽敞，有良好的防暑措施，北方寒冬时则应有挡风能力，温度不低于－13℃。最好采取全天拴系，以减少陌生牛之间牴架损失。在消应激期间做到自由饮水。运输期间和待宰饲养期均要避免殴打牛，因为重力殴击下，受伤部位皮下瘀血，使皮下结缔组织层脂肪层形成紫黑色(当天)或黄绿色(几天之后)。肌肉受伤部位瘀血，一般7～8天才能复原，经济损失较大。

三、宰前绝食

屠宰前应停止喂食24小时，在绝食的头12小时不停止自由饮水。屠宰前安排绝食的原因是为了使牛在饥饿状态下代谢降低、挣扎力下降；胃肠内容物减少20％以上，使屠宰过程中摘除内脏变得容易(因牛的胃肠比例较大，胃肠内容物多，1头600千克的牛，其胃肠和内容物往往达到150千克)，减少破损所造成的胃肠内容物污染胴体，使肉的卫生指标不及格。同时也可促进肝脏中肝糖原转化为乳酸，分布于牛全身，使屠宰后肌肉pH较低，经排酸后得到较低pH的牛肉，从而有利于抑制微生物的繁殖，使冷加工、分割之后获得更卫生、货架期更长的牛肉。

延长绝食时间也是不相宜的，绝食时间过长，会造成肌肉组织所含的肌糖原降低，甚至耗尽，使宰杀后冷加工过程中排酸受限制，肌肉中乳酸生成量少，无法完成肉的生理生化成熟过程，肉的pH偏高，香气和滋味达不到最优状态。

对牛的绝食，有人认为应在屠宰前2～3小时再停止饮水。认为这样更有利于多减少胃肠内容物，并由于不缺水，使排尿正常，降低肉中各种代谢废物的含量，增加肉的香味。

绝食时间不能顶替消应激时间，待宰圈应保持安静。

第二节　标准化肉牛屠宰加工工艺

一、屠宰工序

（一）淋浴净身

进入屠宰间之前用近于体温（35～38℃）的净水给牛淋浴（图10-1），夏天水温低一些，冬天高一些，并把牛全身被毛刷洗干净，以获得卫生极佳的牛肉，用漂白粉消过毒的自来水，效果更佳。牛的被毛湿水后有利于导电，使电麻击晕效果有保障。

（二）击晕

瞬间使牛晕倒失去知觉，可避免由于放血的痛苦和惊吓，牛的愤怒自卫等，使血管收缩痉挛，造成放血不完全，肌肉脂肪等组织中残血过多，使肌肉颜色变暗、脂肪隐现血管痕迹，使生肉外观不良，熟制品颜色暗而粗糙。击晕后使全屠宰过程工人的劳动强度下降、安全性增加，牲畜几乎不挣扎，则肌糖原无损失，有利于排酸工艺的完成，随之有利于生肉的贮存，延长货架期。击晕的方法有

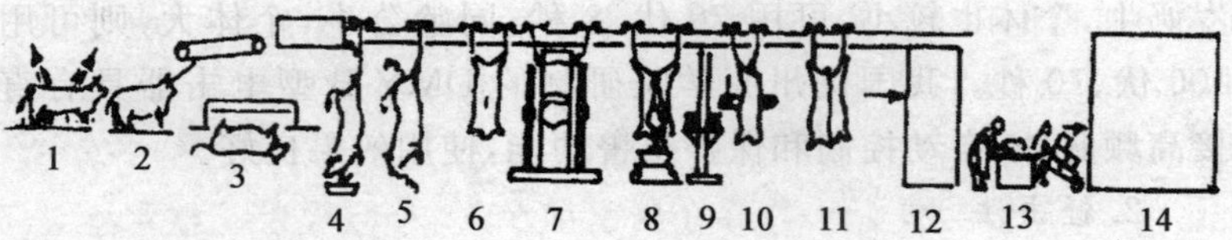

图 10-1　牛屠宰冷加工同步检疫示意图

1.淋浴　2.宰牛机把牛拉入击晕栏　3.击晕　4.倒吊提升、放血
5.电刺激　6.去头蹄、预剥皮　7.液压剥皮机剥皮
8.取出内脏，输送机把内脏送到清洗室，检验胴体与内脏
9.升降台　10.电锯劈半　11.半胴体肉检，喷淋减腐液
12.排酸　13.分割包装肉检
14.急冻间与－18～－25℃冷库，出库肉检

三种：

1.电击晕法

目前国内外常用方法，可使中枢神经麻痹，同时刺激心脏活动，使血压升高有利于放血。通常电击之后牛从晕倒到苏醒的时间约为1分钟，足够完成吊挂和刺杀。加强电压和麻电时间可延长昏迷时间，但会造成血管肌肉痉挛，不利于放血，并增加黑切肉比例。电击器有两种，即单极式和双极式。单极式的栏架、踏板为负极，电击棒为正极；双极式（或叉式），则两侧各为正、负极，直接电击大脑。电击法的参数见表10-2。使用电击器必须注意人身安全，操作人员必须穿绝缘水靴，戴绝缘手套。

表 10-2　各种牛采用的麻电电压及时间

牛别	直流电压（伏）	麻电时间（秒）
1岁以下	70～90	6～7
1～3岁	70～100	8～10
3岁以上	100～120	10～12

视牛体大小、壮实程度、性别等，调整电压与麻电时间，例如3

岁奶牛，个体也较小，可用 70 伏、8 秒；同龄公牛，个体大，则可用 100 伏、10 秒。我国杭州商学院研制的 DMY-B 型电击器具有直接高频脉冲、自动控制和保护报警功能，使用效果良好。

2. 锤击法

小型作坊式屠宰场常用方法，是利用铁锤猛击牛前额，产生强烈震击波使大脑产生休克。此法成本低，只需一只把长 1 米左右的 5～8 磅铁锤即可完成击晕。击晕必须一次成功，否则易产生危险。因此，打击点应准确，圆头锤子的打击效果优于平头。用力的大小也影响击晕效果。一般击晕都能达到昏迷 1 分钟以上的效果。锤击过度会造成当时死亡使放血不全。

锤击前把牛用眼帘蒙住双眼，锤击手站在牛头侧面，迅速猛击牛额部中点，牛倒地时横向迈步离开。要求锤击手有力气，技术熟练，轻重掌握适宜。此法安全性较差，个体太大的牛应该先把腿作适当固定，以免击打失败、牛发狂下产生人身事故。

3. 延脑穿刺法

操作简单，用 1.5～2 厘米宽、20～25 厘米长的薄型专用刀具完成。操作者站在牛头侧面，用脚踩缰绳使牛低头，迅即把刺杀刀从牛枕骨嵴后正中小窝刺入，于枕骨与第一颈椎之间，将延脑割断，牛的中枢无法控制体躯，牛即倒下（图 10-2）。此法的优点是延脑切断后，牛再不会苏醒，产生黑切肉的可能性为零。牛的最后挣扎只是由于脊髓反射所引起，所以挣扎的烈度和时间较电击法和锤击法轻和短，使肌肉中糖原消耗少，更有利于排酸，但此法不会使心跳和血压升高，所以放血时间会长些。

（三）刺杀放血

击晕后把一后蹄套上缆绳，用电葫芦（重吊式起重电动机）把牛倒悬到头部离开地面 60～90 厘米，刺杀放血。我国常用刺杀放血方法有 3 种。

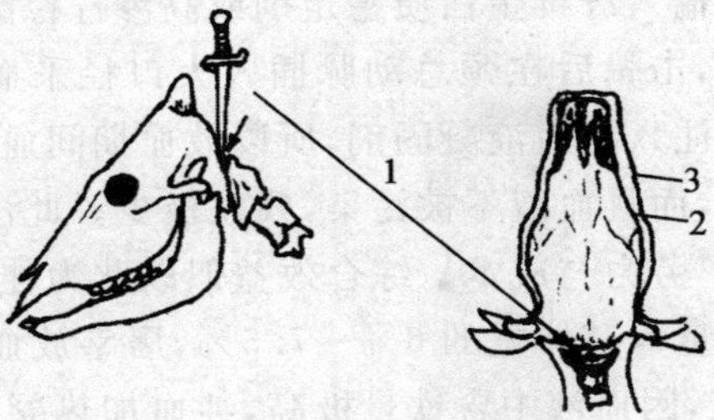

图 10-2　延脑切断位置

1. 延脑切断刺入点　2. 骨骼　3. 皮肤

1. 三管齐断法

用刀在牛的头颈连接处，喉头的躯干方 5～10 厘米处横向切割，同时把气管、食道和两侧的颈总动脉和总静脉割断放血。此法优点是操作简单，放血速度极快；缺点是放血时牛仍进行呼吸，血液吸入肺中，会激发反射性的强烈呛咳，呛咳使腹腔肌痉挛，腹内压过度造成瘤胃内容物从食道断口中喷出，污染刀口创面，并污染放出的血，使其失去食用价值，并且由于刀口创面被污染，促使血液加快凝固，造成放血不良，残血过多。被严重污染的刀口部位又成为剥皮后污染胴体各表面的隐患。

2. 颈动静脉放血法

在牛颈部近头端，气管左右两侧的颈动脉沟处纵向割开皮肤 10～20 厘米，把两侧动静脉分离出 5～10 厘米，在近头端割断放血。此法不会引起呛咳，容易做到充分放血，而且血可作为营养丰富的食品出售，增加屠宰效益。当血色由鲜红转为紫黑色，即脾脏、肝脏的存血开始放出，牛将作最后挣扎，最后挣扎时常会把瘤胃内容物呕出。

3. 抗凝无菌放血法

此法在发达国家的大型综合性屠宰场采用，是在屠宰前给牛在颈总静脉中输入纤维蛋白质稳定剂或高渗柠檬酸钠(4%柠檬酸钠),然后屠宰,击晕后在颈总动脉插入大口径采血管,负压放血。此法由于事先注入抗血液凝固剂,所以放血期间血液不易凝结,能达到充分放血,而且血液不被污染,残血极少。此法可获高的经济效益,但增加了劳力与成本。综合效益似以此为佳。

牛的总血量为其体重的6%~7.5%,屠宰放血量以达到总血量的85%为佳,因血液中含铁量极高,纯血加热凝固后质地粗硬,放血不全、残血过多使口感粗糙,因而上不了档次。故放血工艺必须重视和认真,一般"三管齐断法"放血量最差,第三种方法放血量充分。放血量也与击晕方法有关,其中以锤击法最差。击晕过当则会造成严重放血不良。

(四)剥皮

剥皮是最容易增加污染的工艺,因为牛的被毛很难洗净,极难做到不带细菌,而胴体的皮下结缔组织极易吸附异物,吸附之后又难以用冲洗法有效清除,故必须注意防止被毛与胴体表面接触。否则,对剥皮之后进行的冷加工将极为不利。

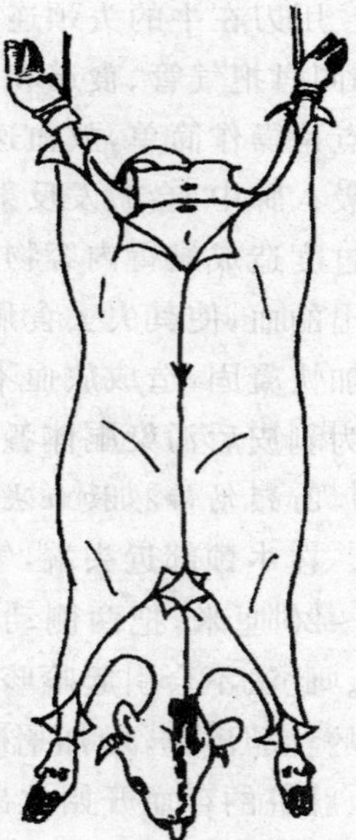

图 10-3　牛悬挂剥皮示意图

剥皮应在悬吊状态下进行,先从后股臀端等处开始,把尾巴从第一与第二尾椎间断开(但皮不割断)随皮往外翻出,使被毛不与胴体表面接触(图10-3),逐步下翻,最后剥离头皮,并把牛头从枕骨后沿与寰椎(第一颈椎)之间分离。为避免牛尸转动,开始剥皮时牛头颈可拖地,最好采取双后腿均悬挂，使刀口不与地面接触，减少污染机会。剥皮时应带工作手套，握刀的手不接触被毛，而另一手拽紧被毛配合剥皮刀分离，把皮外翻。

剥皮前刀具与手套等均应用无害消毒液（例如漂白粉溶液）洗净。

（五）电刺激

电刺激是促进牛肉内部生化成熟的手段。采用电刺激可以加快肌肉中三磷酸腺苷的转化，形成磷酸腺苷、肌苷酸、鸟苷酸等系列鲜味物质；加快钙离子的释放，使各种蛋白质水解酶、肽链端解酶、肽链内切酶等活性提高，使蛋白质水解作用加强，肉质软化、保水能力提高（使肉更具多汁性）；由于蛋白质分解生成谷氨酸嘌呤和吡啶等化合物，使肉鲜味增加；脂肪分解加快，生成众多芳香有机物，增加牛肉的香味。同时电刺激的综合作用，使表观胴体尸僵和解僵加快，并降低冷收缩的损失，有防止肉出现“黑切肉”和“苍白渗出性肉”的效果，使在同温度下肉的排酸（生化成熟）过程缩短一半以上的时间，因而可节省 30%～50%的冷却能耗，节省排酸冷库 70%～80%的库容，减少和避免胴体表面菌斑生成而造成修削菌斑的损失，经电刺激也利于剔骨，减少骨头上残肉量。这个手段对提高屠宰冷加工的经济效益具有极大意义，并由于肉的风味、嫩度、保水性的提高，也为后续各种肉制品企业产品质量的提高奠定了基础。

通常采用 15 伏、0.5 赫兹、5 安培电流电刺激处理 1 分钟即可达到希望的效果。也有采取高压电刺激，即 550～600 伏、60 赫兹、5～15 安培，每分钟 15～20 个脉冲，应用此法必须注意安全。但必须在宰杀后 30 分钟以内进行，效果随屠宰后时间延长逐渐消失。

一般采取两种电刺激：

1. 在屠宰放血后10分钟内接上电极进行刺激

屠宰放血后10分钟内，牛体内血未凝结，在电刺激频率下，牛尸体进行同步地节律收缩与舒展，使更多残血流出，减少残血量，提高肉的品质，特别是能保证电刺激的效果。缺点是少数牛会把膀胱中残尿、直肠中粪便排出，瘤胃内容物喷出，造成被毛污染。若发生此情况时，应用净水冲净被毛上所有污染物，用毛巾吸干后剥皮。

电极的连接法有两种：一种是把两电极分别插入牛尸体的嘴巴和肛门；另一种是把两电极分别插入牛的后肢和前肢。

2. 在完成剥皮去头蹄内脏后的胴体上进行刺激

电压、电流、频率和电极连接与上法一样。此时作电刺，可减少污染，减少牛尸体反射所带来的不安全性。但由于距离放血结束时间较长，使增加放血量不明显，并且电刺激所产生的各种效果也会减弱，要注意加快剥皮去内脏等工艺的速度。

(六)去内脏

国内外方法均一样，牛尸体倒吊两后肢，去掉四蹄和头。公牛剥离阴茎及睾丸，母牛剥离乳房后，把骨盆沿坐骨耻骨缝纵向锯开，沿肛门与尿道周围(骨盆后口周围)把直肠、膀胱分离，在牛腹部与胸部之间的剖面，把直肠、膀胱拉出腹外，割断肠系膜韧带，把结肠小肠也翻出腹外(避免肠胃破损)，把横膈割开，分离出食道，用细绳扎紧贲门端食道(避免瘤胃内容物带出污染胸腹腔)，远端割断，把四个胃、肝脏翻出腹外。随之把胸腔从胸骨中线纵向锯开，取出心、肺、气管和残余食管。清理膛血，修掉严重污染的斑点。再沿荐骨、脊椎骨中线把整胴体分割为左右半胴体，随之用喷雾器把无公害减腐剂喷洒于胴体内外，杀灭表面微生物。

常用的无公害减腐剂如下：2%～3%乳酸钠溶液；0.6%乙酸钠、0.046%甲酸钠混合液；2%乙酸钠、1%乳酸钠、0.75%柠檬酸钠和 0.1%抗坏血酸混合液等。

二、排酸

排酸是肉类冷加工的重要环节。排酸的含义是在安全的温度下让胴体完成尸僵和解僵过程，肉的内部完成一系列生化变化，达到滋味鲜美、鲜嫩多汁的成熟过程，由于在此过程中肉品的 pH 下降，含酸量增高，所以俗称排酸。排酸对牛肉质量的意义尤其重大。牛肉的排酸是把屠宰后的胴体赶快降温到 15～16℃，待其完成僵直（尸僵）后悬挂在安全，细菌、氧化和干耗等负面损失最少的环境下完成肉的生化成熟，获取最大经济效益的工艺过程。

（一）生肉的分类及特点

1. 热鲜肉

指屠宰后未经任何加工立即上市的肉类。目前，发达国家早已没有以热鲜肉上市的牛肉，因为热鲜肉质地柔韧，烹调后尤为明显，咀嚼时肉汁不易榨出，酷似橡皮状，各种肉所特有的香味较淡，滋味一般等，无法在市场上与冷却肉（也称冷藏肉，即经排酸的肉）竞争。屠宰后，由于动物细胞并未立即死亡，氧化、糖酵解等生命活动仍在进行，而血液循环已停止，使肉深层氧化产热不能很快散发，所以温度不但不下降，反而上升（夏天更明显），若不采取降温措施，则会在数小时内仍维持在 30℃以上，为微生物繁殖提供条件，所以热鲜肉也易变质，若牛屠宰前应激则肉中带菌，在肉未晾凉到室温已变质。

2. 冷却肉（冷藏肉）

冷却肉是指屠宰后，胴体进入冷库逐步把温度降到 0～5℃，经排酸后，再剔骨上市的肉。这种肉色鲜艳、口感嫩滑、多汁无渣、滋味鲜美，由于在排酸到销售，肉温保持在－1～4℃，肉的 pH 较低，表面已形成高渗透压的薄膜，所以保质期可长达5～7天。

3. 半冻结肉

指冷却肉温度下降到－3℃贮存与销售的肉，在此温度下耐低温菌的活动已基本停止，可以把冷却肉的保鲜期延长到20多天，不过随贮存期延长，肉的结构会因冰晶“生长”而改变，使解冻后肉汁流失。半冻结肉容易切成肉片、肉丝和斩拌成肉泥，不受所含筋腱的影响。

4. 冻结肉（也称冷冻肉）

肉品深层温度下降到－18℃以下成固态状。冻结是肉品长期保鲜常用的最有效方法。低温除了有效地抑制微生物活动外，还能有效地降低甚至暂时停止各种酶的活性，温度越低，保鲜效果越好。

5. 半解冻肉

冻结肉缓慢升到－3～－4℃，尚呈固体状态的肉。这种肉所含的水分有60％～70％呈固态，虽在本温度滞留时间越长，冰晶数量减少，但单个冰晶体积长大，使肉的结构破坏，解冻后肉汁流失量增加，肉质变粗糙。半解冻肉与半冻结肉相似，硬度不高，很容易切成薄片、肉丝和斩拌成肉泥。肉中所含的筋腱，较全解冻肉、冷却肉等容易切断、剁碎，是生肉改刀的良好温度。

6. 解冻肉

冻结肉升温到－0.5℃以上，冰晶全部融化。这种肉必须立即出售、加工或熟制，否则很快变质，因为肉中所含的各种酶在解冻后活性会提高数倍，使肉产生不愉快的异味，最常见的是脂解酶和过氧化酶的强烈活动，使脂肪分解和氧化，使肉产生甲醛、氧化油脂等气味。

（二）对肉加工与保鲜不利的因素

1. 微生物

许多微生物对肉品的加工与保鲜均有严重的负面影响，尤其是腐败微生物，它们的繁衍会造成蛋白质分解产生甲硫醇、乙硫醇、粪臭素、吲哚、氨基恶臭物质和组胺类等毒素。造成食物中毒的微生物有沙门氏菌、金黄色葡萄球菌、肠球菌、魏氏梭菌、粪链球菌、肉毒梭菌、巴氏杆菌、大肠杆菌、痢疾杆菌等。一般微生物在0℃以下即停止繁殖，只有极少数耐低温菌在－5℃以下仍能活动，一般－10℃以下均不活动。一般在－2～－15℃之间缓慢降温会导致微生物大量死亡，而快速降温反而死亡率低，原因是缓慢降温细菌体内形成冰晶，冰晶体积比水膨大几乎10%，造成细菌内的机械损伤，以及酶仍活跃，导致细菌死亡；快速降温，水未能生成冰晶，所以体积未增大，而酶活性受到抑制。微生物的死亡还受污染程度的影响，例如在－16℃ 4分钟，污染7 000个/米^{3}时微生物死亡过半，同样微生物污染到8.1×10^7个/米^{3}时死亡仅11%。温度到－20℃以下，微生物死亡反而减少，例如在－253℃（液态氢中）2年，产气杆菌仍存活。各种微生物最活跃的温度在15～45℃之间，微生物不耐高温，大部分在70℃ 30分钟死亡，一般100℃左右，数秒钟均已死亡，少数芽孢菌、荚膜菌等在芽孢状态下能耐100℃以上高温，但超过130℃也不能存活。

微生物不耐酸性环境，一般在pH 7（中性）左右最活跃，pH低于6时，随pH下降而趋于不活动，当pH降到4时，只有极少种类微生物仍存活，降到3.8以下时均死亡。pH大于9微生物也繁殖困难。

水分活度（A_w）是指食品在密闭容器内的水蒸气压（P）与纯水蒸气压（P_0）之比，即$A_w=P/P_0$。微生物喜欢潮湿，在A_w 1～0.75时最活跃，A_w低于0.75随降低而不活跃，在A_w0.5以下则停止活动。

氧化还原电位－100 μV以上时微生物活动也困难。

2.酶

肉类自身含有各种酶，对肉质影响各有不同。例如，中性蛋白酶、酸性蛋白酶、组织蛋白酶、肽链内切酶、肽链端解酶、糖酵解酶、三磷酸腺苷酶等对肉的排酸成熟十分重要，是提高肉的香味鲜味、口感的重要酶类；而脂解酶、氧化酶、过氧化酶、胶原酶等则会使肉气味、滋味变劣。酶的活性在37～40℃最活跃，随温度上升到60℃各种酶大部分灭活，温度每下降10℃酶活性下降1/3～1/2。0℃大部分酶活性受抑制，－20℃酶解不明显。有些酶在－35℃以下仍不失去活性，例如脂肪酶、糖原酶、胰蛋白酶、氧化酶、过氧化酶、还原酶等。低温虽然抑制酶的活性，但温度升高时，尤其是肉经冻结、解冻后各种酶活性会升高数倍。

3. 氧化

氧气存在时，在恰当的氧压下，肌红蛋白形成二价铁的氧合肌红蛋白，肌肉呈现亮红色，颜色十分鲜艳，但时间过长，在氧化酶作用下会生成三价铁的氧化肌红蛋白，当氧化肌红蛋白占到50%时，肌肉呈褐红色，占70%时，为褐色，使肉的外观失色！氧化使肉的各种营养受到损失，尤其明显的是脂肪氧化产生的怪味，有些氧化物还不利于人的健康，使肉失去食用价值，所以在冷加工过程中应减免氧化发生。

4. 干耗

肉品从屠宰后，干耗即开始，干耗即肉中含水量的下降，水分散失。据测定，10～15℃，相对湿度75%，气流约0.3米/秒情况下，24小时瘦牛肉的干耗接近3%。干耗会使肉表面形成0.1～0.2毫米的皮膜状、水活性低的薄层，具有防止鲜肉表面微生物活动的能力，对保鲜有利，但贮存时间长，例如在排酸期间干耗对肉的感官、口感均有不利影响，尤其是冷冻贮存，干耗在肉表层形成面包状疏松结构，在这种多孔结构中，氧化过程加快。所以在生肉冷加工中应尽量减少干耗。

(三)影响排酸速度和效果的因素

前面已阐述,活牛消应激,宰前绝食,屠宰时击晕,正确的刺杀放血均是保证排酸顺利进行的因素,电刺激是促进排酸、大幅度缩短排酸所需时间和提高排酸质量的方法。研究表明,屠宰前给牛静脉注射钙剂、镁剂或肌肉注射肾上腺素、腺岛素等均可促进排酸过程,使肉质嫩化,但以电刺激为佳。除此之外,影响排酸速度的因素还有温度。排酸速度与温度成正比,温度越高,排酸速度越快(表 10-3)。

表 10-3　不同温度下排酸,肉的成熟所需时间(未作电刺激)

温度(℃)	0	8～10	16～18
牛肉成熟时间(昼夜)	14	6	4

实际上,在低温下(例如 0℃)可抑制微生物的活动,但耗时太长、冷库利用率低,而且在这么长时间下,一些耐低温菌和酵母菌,可能给牛胴体造成损失;而采取高温,则微生物活动难以控制,例如 8～10℃,虽然缩短到 6 天,但在这样温度下,胴体表面出现菌斑、产生异味等问题似乎难以避免,只好增加减腐剂喷淋次数,减腐剂虽然无毒无害,但其气味与酸味会不利于牛肉的风味。所以电刺激发明和应用之后,排酸工艺成为轻松的切实可行的,且给厂家与消费者带来利益的工艺。

(四)排酸工艺设施

完成排酸工艺的设施主要是排酸间,排酸间要达到 0～15℃温度调节或自动程序温控;有风速控制,范围在 0～3 米/秒;相对湿度控制在 80%～98%;易于清洗消毒,易于进出库、适应产品的尺寸,有效库高不少于 4.5 米,以免大胴体沾地面;能源消耗少,其容量视生产规模而定,通常一个牛肉冷加工厂(包括屠宰)最少应有4个排酸间，才能达到最高的利用率，因为采取电刺激0～4℃悬挂排酸时，包括热胴体降温，需要不少于72小时，排酸结束，胴体陆续分割，清扫、消毒又得一天，故4个小排酸间才能满足天天开工的需求。

(五)排酸步骤

牛的热胴体进入排酸间(悬轨吊挂)，排酸间温度可控制在12℃，相对湿度95%～98%，风速1～2米/秒，10～16小时，使胴体温度很快下降到15～16℃，尽快地避开微生物适宜温度范围，但温度忌定得过低，热胴体如果很快地温度下降到10℃以下，会发生“寒冷收缩”。寒冷收缩是在屠宰后2～3小时，还未尸僵之前，胴体即处于0～1℃冷却，引起背肌、胸肌、大腰肌、半腱肌、半膜肌等肌肉组织显著收缩，使肉质变硬，嫩度不佳，也使后继加工的肉制品质量劣化。寒冷收缩以15～16℃时最轻微，所以热胴体降温采取12℃，强制通风，使胴体快些降温到15～16℃，完成僵直。

36小时悬挂后，把库温降到0～5℃(使胴体温度降到4～8℃效果好)，相对湿度95%～96%，空气自然对流，再悬挂36小时，胴体肌肉变软，肌肉pH下降到5.4～5.8，排酸即完成。包括热胴体降温需总时间为72小时左右，若不作电刺激，则排酸时间长(在0～5℃最少7～9天)。

若牛在未消应激之前即屠宰，或屠宰前牛严重受惊吓、奔跑等，则排酸后肌肉pH则仍在6～7之间，这种牛肉风味欠佳，保鲜期短。

排酸过程中注意按批进行，并严格按降温、相对湿度、风速进行。不得随便打开排酸间门，以保持空气湿度和温度，减少污染。排酸间内胴体悬挂排列随日宰杀量不同，可能是多列或单列，多列时每列胴体相互间错开，并以大胴体处于库内通风的迎风面，因为迎风面冷风温度较低而大胴体散热慢，这样可达到降温均匀。

全部胴体出库后，即彻底清扫、洗涤墙壁和地面，然后用紫外线灯每立方米不少于 1 瓦照射 20～30 分钟，同时开风机，使排酸间墙壁、顶棚、地面、空气等得到有效的消毒，也可采用乳酸烟蒸法等消毒。

三、分割与包装

排酸后牛胴体可立即销售或进入急冻室冻结后贮存待售，以胴体形式贮存在目前采用较少，因为胴体占库容大，库利用效率不高，干耗大，直接降低经济效益，并且将来必须解冻以后剔骨才上市，这过程又增加损失，所以绝大多数屠宰生产线均在排酸之后立即进行分割，按不同部位、不同等级分别包装之后，才急冻保存，既符合市场需要，又减少损耗，可取得最大经济效益。

(一)分割

1. 分割设施

分割间应该由保温材料组成墙体，温度保持在 10℃以下，最好与排酸间一致，相对湿度 80%左右，既不增加干耗又不妨碍工人健康，按分割量设置工作台及分割间总面积。工作台与吊轨配套，以便胴体顺利下卸和分割，保持清洁卫生。分割间应光线充足，空气洁净，最好采用正压无菌空调系统，以确保工作人员健康及牛肉的卫生水平与国际接轨。所有工具、模具应为不锈钢制品或其他无污染材料，以免增加牛肉的污染。

2. 对工作人员的要求

工作人员其本人及常接触的人均无人畜共患传染病，具有本工艺的相应职业技能（初级中级配套）和良好的道德（敬业）精神，身体素质良好，具有完成本职工作的体能。操作时严格执行本行业的操作规程卫生标准,以保证肉品的卫生。

3.分割

牛胴体分割与等级标准世界各国均有不同,我国尚无完善的成套标准,一般从牛肉的感官、风味、口感、营养价值、肉品结构等把牛胴体不同部位分开,已成共识,不同部位的价格差也逐渐与发达国家接近(图 10-4)。

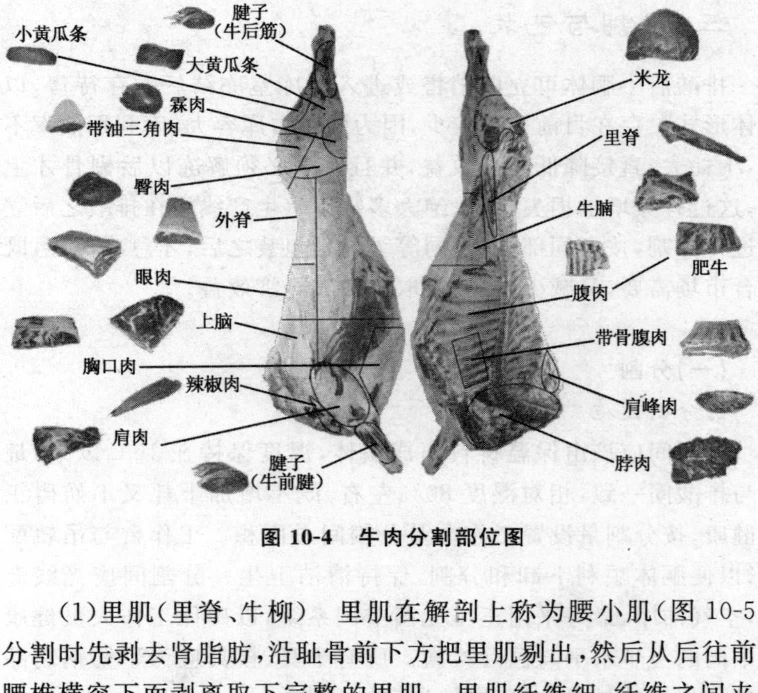

图 10-4　牛肉分割部位图

(1)里肌(里脊、牛柳)　里肌在解剖上称为腰小肌(图 10-5),分割时先剥去肾脂肪,沿耻骨前下方把里肌剔出,然后从后往前沿腰椎横突下面剥离取下完整的里肌。里肌纤维细,纤维之间夹杂脂肪与胶原纤维,肉质细嫩,是作牛排、烤肉片、中式熘炒涮材料的极品。

(2)外肌(外脊、西冷)　外肌主要由背最长肌和眼肌组成(图 10-6)。分割时沿最后腰椎横切下,在第 12 和第 13 胸椎横切下,

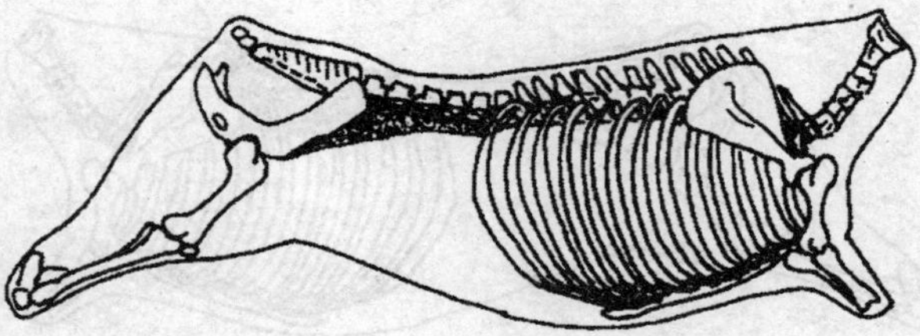

图 10-5　里肌

剥离胸椎腰椎，在眼肌外侧 5～8 厘米处纵切，把外肌分离。外肌细嫩，适于西餐煎、炸、烤牛排，中餐熘、炒、涮肉等，可与里肌相媲美。见图 10-6。

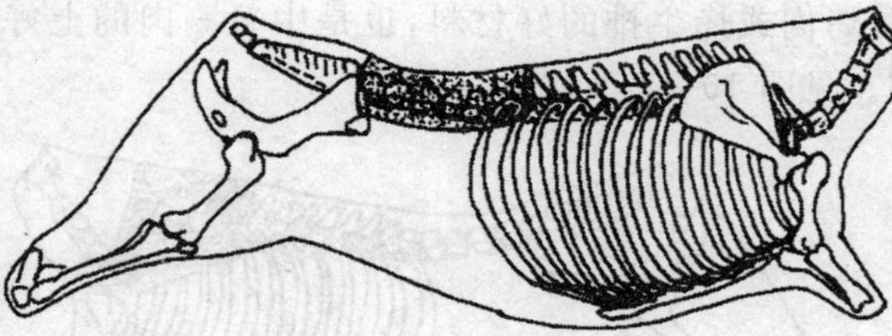

图 10-6　外肌

(3)眼肉　眼肉主要包括背最长肌、背阔肌、肋最长肌、肋间肌等，后端与外肌相连，前端在第 5 和第 6 胸椎间横切。沿着脊骨把肉与胸椎棘突剥离，在眼肌外侧 8～10 厘米处纵向切下。眼肉由于组成肌肉层次增加，每条肌肉之间夹有脂肪层，所以横切面红白相间。此部位的肉更显香嫩，故适于西餐煎、烤、炸牛排，中餐涮、熘、炒。见图 10-7。

(4)上脑　上脑由背最长肌、斜方肌、头半棘肌、肋间肌等组成，后端与眼肉相连，前端在最后颈椎与第 1 胸椎连接处横切下，沿前肢肩胛骨与体躯的连接，顺肌肉走向分离之后，顺胸椎棘突与

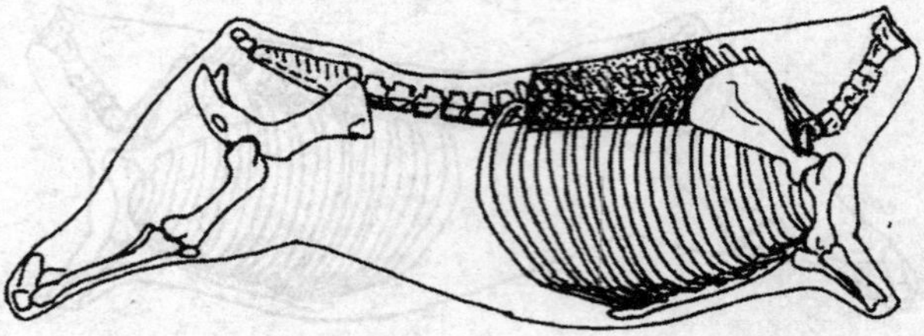

图 10-7　眼肉

项韧带外侧，把肉块分离，然后在眼肌外侧 6～8 厘米处纵切，把肉块取出。组成上脑的肌肉块更多，肌肉块之间填充脂肪（育肥后），使横切面更呈五花状。在同一头肥牛胴体中此肉块脂肪含量最高，是西餐烤肉或烤牛排的好材料，也是中餐涮肉的上好材料，熘炒也适宜。见图 10-8。

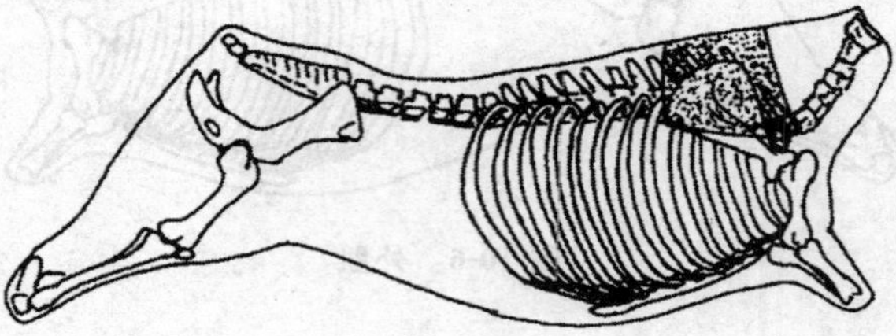

图 10-8　上脑

（5）通肌（通脊）　通肌是上脑、眼肉和外肌相连未割断的整条背腰部最优肉块。一般在皮下脂肪、筋腱修削后包装。其特点与上述 3 种相同。

（6）胸肉　胸肉主要由胸直肌、斜角肌、胸深肌、胸下锯肌和胸横肌组成，从胸骨的剑状软骨处顺胸横肌横切，然后顺斜角肌纹理纵切剥离后，修削掉过多脂肪。此部位含胶原纤维多但结构松散，加热后极易水解成明胶，含脂肪也较多，肌肉纤维细、肌膜薄，所以口感细嫩润滑，香气浓郁。西餐中用于烤、煎，中餐涮、熘、炒、肉馅等。见图 10-9。

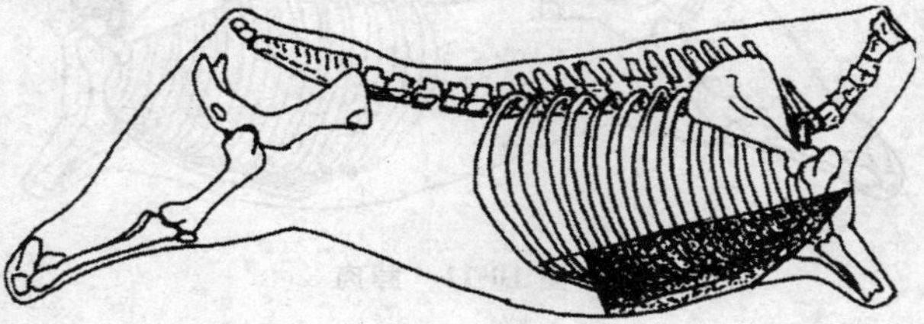

图 10-9　胸肉

(7)嫩肩肉　嫩肩肉是肩胛骨外侧前部的冈上肌，和肩胛骨外侧后半部的三角肌，分别顺肌肉纹理从肩胛骨上剥离。此肉块以肌肉为主，脂肪少，滋味良好，适于制作肉脯、肉干、肉松及熘、炒。见图 10-10。

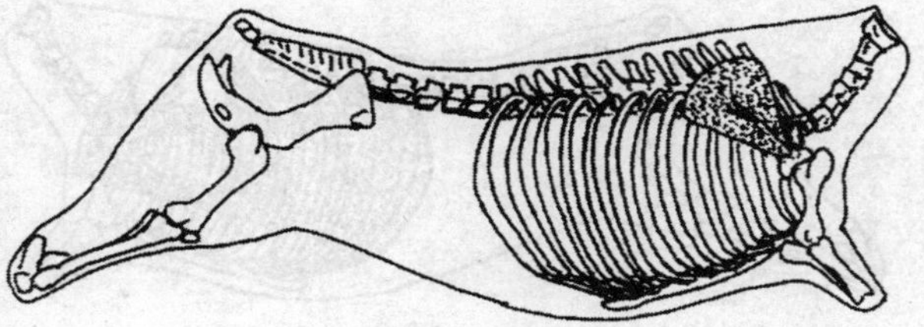

图 10-10　嫩肩肉

(8)脖肉　脖肉是沿颈椎与胸椎连接处横切，即后连上脑，从背侧把项韧带分离，沿颈椎把肉剥离，此肉块由头最长肌等十多条肌肉组成，肌束细，掺杂筋腱肌膜等，本来肌纤维细嫩、滋味鲜美，但由于放血等原因，残血、瘀血较多，造成口感粗糙，并且屠宰过程中瘤胃内容物极易污染此部位，是卫生状况最差的肉块，因此国内外均把这部分定为等级最劣的肉。适用于红烧等。见图 10-11。

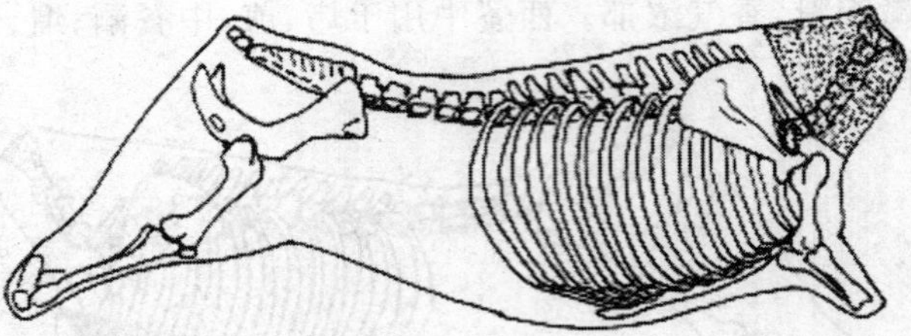

图 10-11　脖肉

(9)带骨腹肉(肋排肉、侧胸肉)　剥离脖肉、前肢、胸肉、上脑、眼肉后,余下的侧胸肉,沿第 13 肋后缘分离,锯掉多余肋骨,修整外露筋腱碎肉,剥去表面层皮肌而成。这部分肉由吸气上锯肌、呼气上锯肌、背阔肌等多层肌肉组成,肌层之间分布脂肪,肌膜以及小筋腱含量较多,但结构不致密,较易水解成明胶,肌纤维细嫩、滋味香浓,肉质较通肌硬。西餐用作煎、炸、烤带骨牛排。见图 10-12。

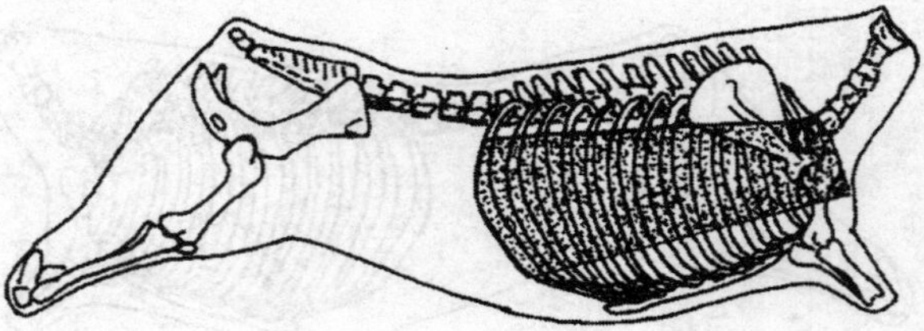

图 10-12　带骨腹肉(肋排肉)

把肋骨剔除后即为肋排肉(侧胸肉),此部位肉含有适量脂肪和胶原物质,西餐可作汉堡包所夹的牛肉饼,风味纯厚;中餐则是焖的好原料,可以绞成上等的牛肉馅,也可作牛肉罐头材料。

(10)小米龙　即牛的半腱肌,沿坐骨下沿剥离到后腱子(膝关节后面)切下,见图 10-13。小米龙含有较多的弹性纤维和胶原纤维、脂肪少,因而肉较爽硬、滋味尚佳。西餐用之制作牛肉火腿,中餐可作酱肉材料。

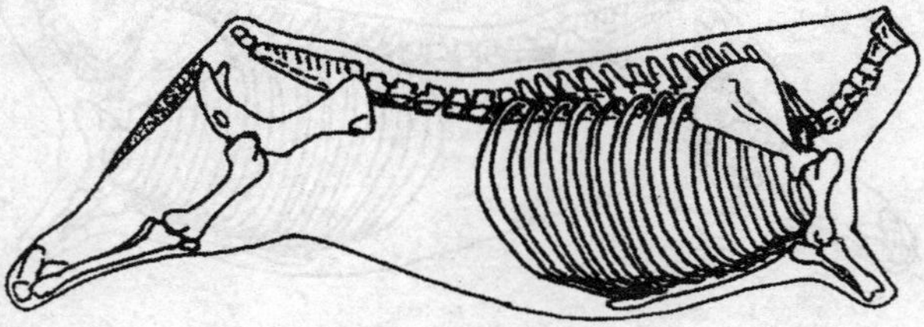

图 10-13　小米龙

(11)大米龙　由牛的半膜肌和股二头肌组成(也有单独把半膜肌剥出称大米龙,余下股二头肌归作臀部肉),把小米龙剥离后即可顺该肉块自然走向剥离,得到一块近乎方形的肉块,见图 10-14。大米龙以肌肉为主,脂肪少,胶原组织较多,因而有点硬,但滋味尚佳。烹调中,肉易软化。西餐常作牛肉火腿的材料,偶作烤牛排,中餐熘炒和作酱肉材料。

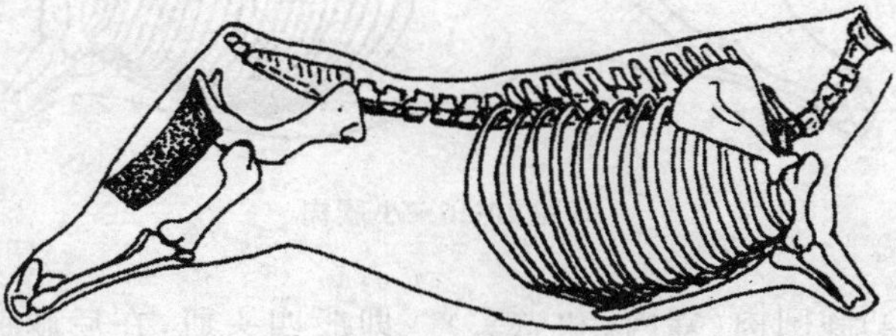

图 10-14　大米龙

(12)臀肉　剥离小米龙之后露出股薄肌、内收肌、缝匠肌、耻骨肌组合称臀肉。臀肉以肌肉为主,脂肪少,肉质细嫩多汁。西餐常作烤牛排、肉干、肉脯。制作肉馅时得加入适当脂肪才能赶上肋条肉肉馅的风味。见图 10-15。

(13)小腰肉(尾龙扒)　是荐骨两侧、骨盆上部附着的肉块,沿

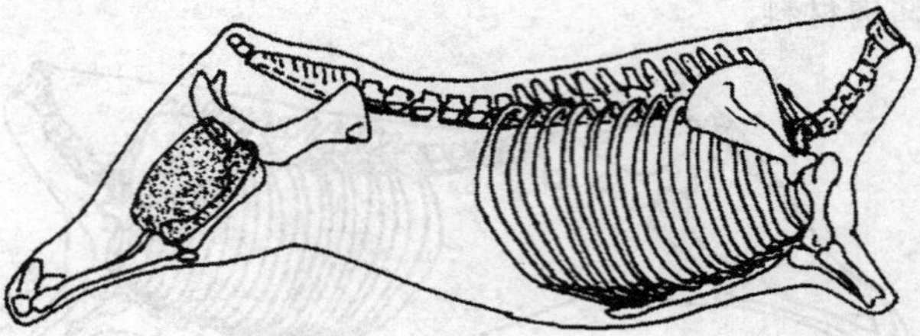

图 10-15　臀肉

坐骨、髋关节、髂骨向腰角剥离，前连外肌在腰椎与荐椎连接横切，沿荐骨剥离，见图 10-16。此块肉以精肉为主，带有皮下脂肪，肉质细嫩。西餐可作煎、烤牛排，中餐可熘、炒，连皮下脂肪一起制作肉馅，也可作酱肉等材料。

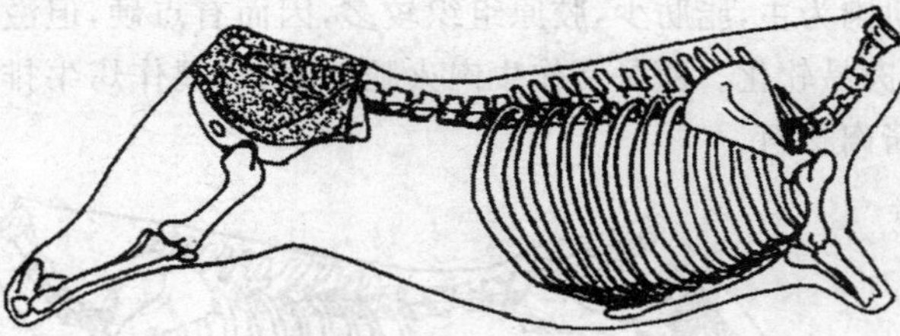

图 10-16　小腰肉

(14)膝圆肉(霖肉、和尚头)　即股四头肌，在后腿股骨的前侧，顺牛的膝盖贴股骨向上剥离，即得到一块完整的近乎圆球形的肉块。膝圆肉以肌肉为主，脂肪少，去掉大筋与厚的肌膜后，肉质尚鲜嫩。西餐有时用作煎、烤牛排材料，中餐可熘、炒，也是制作牛肉干、牛肉火腿、酱牛肉的上好材料。见图 10-17。

(15)腹肉(无骨腹肉、腩肉)　即去掉上述各部肉，余下肚腹部的肉块，主要由腹直肌、腹横肌等多块肌肉组成。因内面腹膜之下有一层主要由弹性纤维组成的腹黄膜，烹调时较难软化，故在欧美

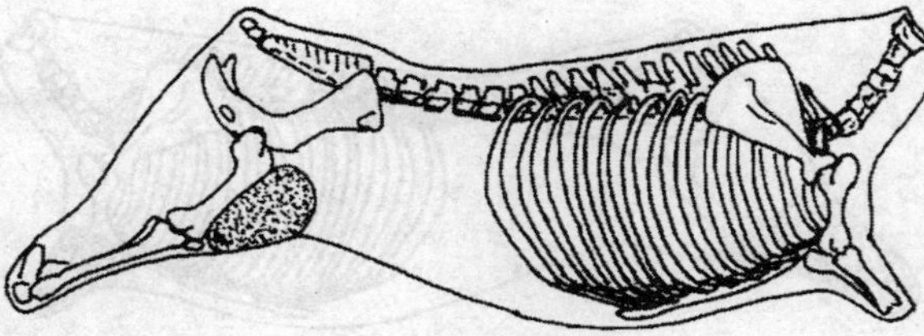

图 10-17　膝圆肉

国家定为稍优于脖肉的劣等肉，但这块肉肥瘦相间，是中餐炖、焖、红烧的好材料，充分炖软之后，口味极佳，可作罐头材料。剥去腹黄膜及皮肌之后，可作为涮肉、肉馅的良好材料。见图 10-18。

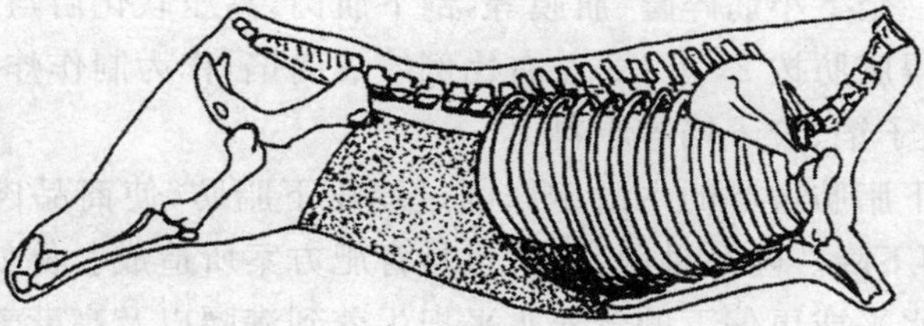

图 10-18　腹肉(牛腩)

(16)腱子肉(牛腿、牛小腿肉)　包括前腱子肉与后腱子肉。前腱子肉是沿前肢关节横切，剥离尺骨与桡骨所得肉块；后腱子肉是沿后肢膝关节横切，剥离掉胫骨与腓骨所得肉块，见图 10-19。这两块肉的共同特点：肌肉紧密，由多束较厚肌膜向下收缩成筋腱组成，欧美国家把它归纳为劣等肉块。但此处的肌膜和筋腱的组成均以胶原纤维为主，脂肪少，烹调时吸水性强，膨大软化，使口感极佳，横切面呈优美的花纹，是制作中餐酱肉的上品原料，也可作为炖品的良好材料。

(17)其他　由于分割界限不同，还有分割为牛前、针扒、会牛

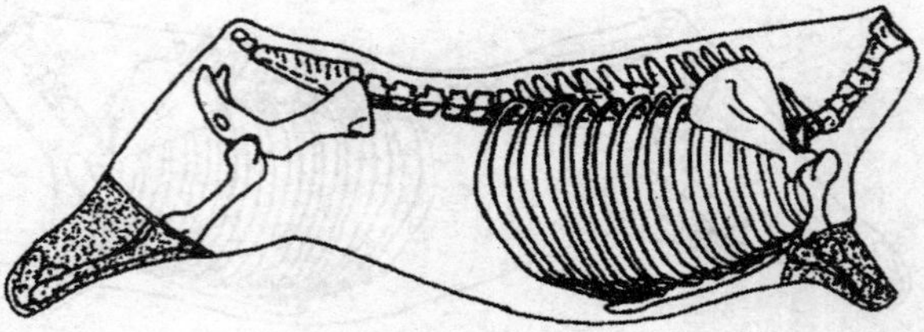

图 10-19 腱子肉

扒等部位肉。分离部位肉之后，余下的残肉可分出作中餐良好材料的牛筋（粗厚有筋腱）、板根（项韧带）、皮肌等。皮肌可作酱肉。其他碎肉、小肌肉块可去筋膜，加工成牛肉片、添加配料成盆菜原料上市。余下小筋碎腱、肌膜等，刮下肌肉，高压软化后与碎肌肉、修胴所得脂肪按 2∶6∶2 左右比例绞成肉馅，作为制作炸丸子、牛肉蛋、包子馅、饺子馅等原料。

皮下脂肪过厚的牛由于修削过厚皮下脂肪，使商品肉比率下降，利润下降。除品种因素外，也是育肥方案所造成。例如采用中等营养水平或更偏下的营养水平把牛养到满膘以及高营养水平满膘后未及时宰杀造成。所以在育肥期用仪器活体测膘、避免延误屠宰是很必要的。

（二）包装

包装对于避免肉的氧化、干耗和避免再污染等非常重要，是延长货架期的重要手段。冷却肉和冷冻肉的包装要求并不相同，但均以用无毒塑料膜作内包装，瓦楞纸板箱作外包装的多。内包装标志应符合 GB 7718《预包装食品标签通则》规定，外包装标志应符合 GB/T 6388《运输包装收发货标志》规定，内包装材料应符合 GB/T 4456《包装用聚乙烯吹塑薄膜》、GB/T 9681《食品包装用聚氯乙烯成型品卫生标准》、GB 9687《食品包装用聚乙烯成型品卫生标准》、GB 9688《食品包装用聚丙烯成型品卫生标准》和 GB 9689《食品包装用聚苯乙烯成型品卫生标准》规定，外包装材料应符合 GB/T 6543《运输包装用单瓦楞纸箱和双瓦楞纸箱》规定。

1. 冷却肉包装

冷却肉是分割之后，在 3～5℃保存温度下，7～10 天内销售完毕的肉，以采取“气调”包装为佳。因为要保持牛肌肉呈亮红色，同时又要使其他成分(例如脂肪)氧化轻微，降低对肉品不利的酶的活性，因而人为地调整包装内气体成分十分必要，调整包装内气体成分即为气调，常用效果较好的气调成分见表 10-4。

表 10-4　较好的小包装肉气体组成　　%

序号	空气	氮气	二氧化碳	氧气
1	—	69.3	30	0.7
2	30	—	70	—
3	—	90	10	—
4	—	99	—	1
5	—	100	—	—

全部氮气可有效地防止氧化，但牛肉在包装之前切面已形成氧合肌红蛋白的亮红色者为佳，否则肉色不鲜亮。切面未形成亮红的则以含有氧气的配方为佳。例如配方 1。效果稳定，首推纯氮气。

采用真空包装，肉色，尤其是肌肉的颜色，会显深暗。感官不如气调，但对肉的内在质地并无不良影响，且由于真空使包装紧凑占空间小，不过拌成的肉丝、肉片、涮锅肉片等，不能采用真空包装。

2. 冷冻储存肉包装

分割后牛肉需较长时间保鲜的，均以冷冻贮存为佳。采取冷冻贮存的内包装最好是真空包装，因为真空包装可以把氧化损失降低到零。由于包装膜紧贴肉块表面，防止水分升华的干耗损失，因而肉的组织结构解冻后复原性好，解冻造成的肉汁流失也少。

3. 包装大小

兼顾经济效益下，按市场需求和客户要求安排。

四、库存管理

(一)冷却肉保存

冷却肉库存温度以 0℃±0.5℃为佳，可达到最佳库存期，但由于库存温度尚高，一些耐低温菌仍能繁殖，所以不宜过长库存，在上述温度下包装良好、卫生指标合格的牛肉，最长 35 天。未作包装的牛肉则还需把冷库相对湿度调整到 90%，卫生指标合格的牛肉最长 21 天。若库温高于上述温度，则每升高 1 度，库存期减少 1.5～2 天。

(二)冻结保存

经冷加工的肉包装后，经－25℃以下强气流急冻到贮存温度时转入贮存库贮存。采取急冻快速冷却是为了避免肉内水分形成大冰晶。贮存保质期以温度越低越长(表 10-5)。没有包装的牛肉在同样温度下，保质期缩短约 30%，库内相对湿度保持在 95% 以上。为了减少干耗，库容利用率越高越好。

表 10-5　冻结牛肉保质期

温度(℃)	期限(月)
－12	8
－15	12
－24	18
－35	26

不作排酸工艺的牛肉也应作降温处理，即屠宰后胴体进入10℃冷库，在相对湿度95%以上，风速3米/秒（头10小时），以后自然对流，共悬挂不小于36小时（或屠宰之后热肉分割包装后入此库冷却36小时），使胴体或肉块完成僵直过程再急冻。不作上述步骤会使解冻后发生解冻僵直，肌肉强烈收缩，使大量肉汁流失，肉块复原不良，肉质变硬而粗糙等，经济损失巨大。此种损失牛肉最严重，猪肉不明显。

（三）冷库使用注意事项

肉品进库前事先选好库位，库内按肉品分类分级定位存放，肉品不得直接堆于地面，要安排货架，使肉品与地面留15～30厘米有效通风距离，肉品不得靠库壁堆放，应与库壁间留15～30厘米有效通风距离。否则靠地挨墙的肉品会升温腐败变质。垛高2.5～3米，与顶篷应留0.5米以上距离，垛间留1.2～1.5米走道。库温稳定昼夜波动小于±1℃，相对湿度95%以上。一般库内空气采用自然循环即可。

进出库要快（设有足够容量的缓冲间），大批进出库时库温波动小于4℃。

五、牛肉冷加工生产线简介

牛肉冷加工生产线，包括待宰牛圈、屠宰间、排酸间、分割间、急冻间、冷库、化验室、内脏清洗间及附属建筑群，参看图10-20。

待宰牛圈应分隔成多个，以备按牛屠前检查后分类饲养消应激待宰，牛舍墙壁地面采用便于消毒材料，防暑、防寒设施因地制宜。

屠宰间建筑群距牛圈50米以上，由围栏走道相连，空地绿化。进屠宰间之前有淋浴净体间，内设淋浴喷头，牛通过时充分被

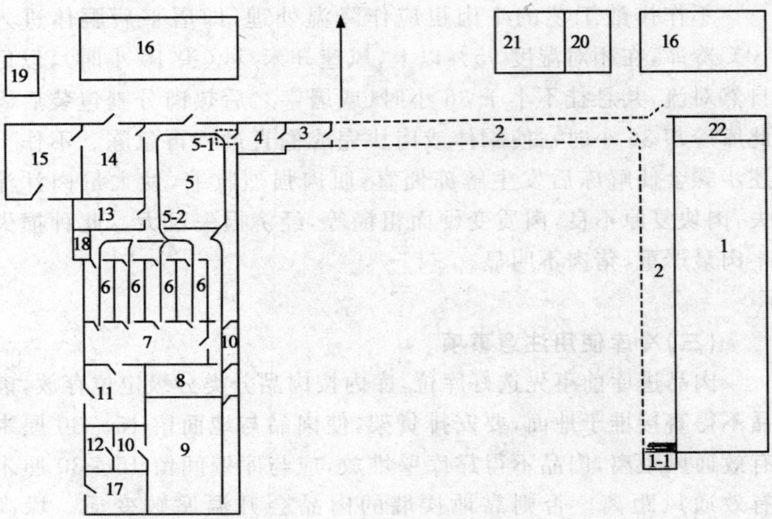

图 10-20 屠宰场布局示意图

1.待宰牛圈(1-1.卸牛平台) 2.围栏走道 3.牛淋浴净体间
4.牛休息干燥待宰间 5.屠宰间(5-1.击晕栏 5-2.吊轨) 6.排酸间
7.分割间 8.急冻间 9.－18～－25℃冷库 10.冷库缓冲间 11.包装材料库
12.装车平台 13.化验室 14.内脏清洗间 15.高压间及血液内脏加工间
16.废水、粪尿、垃圾处理地 17.办公室 18.卫生间、更衣室
19.高压锅炉 20.病牛圈 21.化制间 22.兽医室
箭头方向为主风向和径流方向

30℃温水把全身被毛上粪土洗净，个别牛由人工辅助洗净。待宰间恒温于25℃，可容纳6～8头牛，吹入干燥25℃空气，使牛被毛迅速达到不滴水。

用拉牛机把牛拉入屠宰间的击晕栏，用电击或延脑切断把牛击晕倒地，然后用提升机把牛倒吊悬挂于吊轨上，刺杀放血。把适于食用的血与不适于食用的分置，待后加工。放血后接上电极进行电刺激(或剥皮后进行)，随之预剥皮，改钩吊后肢飞节之后去四蹄和头，推至剥皮机剥皮（或工人于升降台上剔剥）。然后检查胴体外部，随之开腔取内脏，由输送机送到内脏清洗间，清洗与卫检同步，即按宰后检查各项进行，按牛记录。胴体劈半后取样肉检，并喷淋减腐液，送排酸间程序降温与排酸。

排酸结束后胴体卸到分割间操作台上，修去菌斑（严格操作时无胃肠内容物和被毛污染，不会出现菌斑）、毛疵和修剪掉过厚皮下脂肪，按肉品要求进行分割和包装，入库急冻与冻结贮存待售。分割间应为正压无菌空气系统供气，最高温度不超过 10℃，温度在 0～5℃更好。工人穿工作服、胶靴和戴帽。所有边角碎料当天全部分类、整理完毕，未能加工的碎料应收集、简单包装后入低温库（－18～－25℃）保存，所有产品做好有关标识。

经营冷却肉时，要增加一座 0～4℃的高温冷库。

屠宰厂选址除符合 GB 12694 中的 4.1 的要求外，还应选在当地常年主导风向的下风侧，远离水源保护区和饮用水取水口，避开居民区、公共场所以及畜禽饲养场。水污染物排放标准执行 GB 13457。

第三节 牛肉质量等级划分

一、牛肉等级评定指标

（一）色泽

最佳肉色是鲜樱桃红。一般用色调值（L、a、b）来表示牛肉的颜色。L 是指牛肉的亮度，它受肌红蛋白和肌肉中沉积脂肪含量的影响，肌肉呈鲜红色，再沉积脂肪，就会发出光泽。a 表示红度，肌肉红色直接由肌红蛋白的含量决定，还受肌红蛋白3个诱导体（肌红蛋白的还原型、氧合型、高铁型）构成比例的影响，分别呈现紫红色、鲜红色和暗红色等特有色调。b表示黄度。色调值可用色差计等仪器测定。牛肉的色泽与年龄、pH、性别、饲料、水质和应激等因素有关。牛肉中的肌红蛋白含量随年龄变化，24月龄之前急速增加，之后到5～6岁期间缓慢增加。年龄越大，肉色越深。肌肉的pH在5.8以上时，还原型肌红蛋白占优势呈紫红色。pH与肌肉内糖原含量成反比，肌肉中糖原的蓄积受营养水平、疲劳、绝食、心理应激、运动等的影响，因此在肉牛宰前应尽量减少应激。肉色与饲料中无氮浸出物含量成正比。因此，饲喂淀粉含量高的饲料肉色较深。饲喂玉米较饲喂大麦的肉色深的原因是玉米的淀粉含量高于大麦。

（二）大理石花纹

由于脂肪从分布于肌肉内的血管周围开始发育，因此多形成于肌肉内血管分布多的外肌周膜，随着脂肪的逐步沉积，内肌周膜和肌内膜上开始形成类似于大理石纹络的脂肪纹路。脂肪分布的密集与否直接影响牛肉的等级和价格的高低。大理石花纹越丰富，肉相对越嫩，柔软多汁，风味越好。但是，当脂肪含量增加到50%左右时，蛋白质含量会降低，结果是可能降低鲜味物质如游离氨基酸的含量。大理石花纹随着牛年龄的增加和日粮能量水平的提高而增加。

（三）嫩度

嫩度指牛肉在食用时的口感和老嫩度，反映牛肉的质地。由肌肉中各种蛋白质结构特性、结缔组织含量及分布、肌纤维直径、牛肉大理石结构决定，是肉质评定的一项重要指标。一般用剪切力值反映，剪切力值越低，表示肌肉越嫩。牛肉嫩度受肉牛的品种、性别、屠宰年龄、肥育程度、排酸时间（肉的成熟度）、肌肉部位等因素影响。体型较大的肉牛品种肌纤维直径较大，肉质的嫩度较差。例如，我国肉牛生产上常用的杂交改良父本品种西门塔尔、夏洛来的肉质嫩度低于利木赞品种；在条件一致时，公牛肌肉的嫩度低于阉牛，阉牛低于母牛。年龄越大，嫩度越低。肌肉中总胶原蛋白含量随年龄的增长而增多，使肉的嫩度发生变化。肥育度越强，肌纤维之间交杂脂肪越多，肌肉单位横截面积肌纤维数量减少，剪切力值下降，嫩度增加。不同部位的肌肉嫩度也不同。

（四）脂肪色泽和质地

脂肪色泽以白色到淡奶油色为宜，质地较硬为最佳。脂肪内的色素以来自饲料的胡萝卜素为主，脂肪颜色受所喂饲料的影响，饲喂麦类和类胡萝卜素含量低的饲料，脂肪呈白色，饲喂玉米时，脂肪一定程度上呈黄色，饲喂蒸汽压片玉米，因为类胡萝卜素在加工过程中遭到破坏，因此脂肪颜色较白。在饲喂大量的青绿饲料或者放牧饲养时，脂肪呈黄色，而且质地变软，甚至带有牧草味，对于生产高档牛肉，这种情况就需要经过 3～4 个月的修正饲养进行脱色和减少牧草味。对于牧草饲喂量多、饲养期长、月龄大的牛，修正时间还要适当延长到 5 个月。脂肪颜色用色差计测定非常方便。

（五）多汁性

多汁性影响牛肉食用品质。多汁性较可靠的评测是主观感觉评定，大致可以分为四个方面：一是开始咀嚼时根据肉中释放出的肉汁的多少；二是根据咀嚼过程中肉汁释放的持续性；三是根据在咀嚼时刺激唾液分泌的多少；四是根据肉中的脂肪在牙齿、舌头及口腔其他部位的附着给人以多汁性的感觉。牛肉的多汁性和脂肪的含量密切相关，在一定范围内，牛肉的多汁性和脂肪含量呈正相关。因为脂肪除本身产生润滑作用外，还刺激口腔释放唾液。

（六）风味

牛肉的风味主要由牛肉的滋味和香味组合而成。滋味主要是牛肉经过成熟（排酸）过程，肌肉中核糖、蛋白质分解，产生与提升浓厚滋味的肽和增强鲜味相关的游离氨基酸。牛肉中决定香味的物质多种多样，牛脂肪中含有内酯类香甜物质，是牛肉特有的香味物质，与饲喂的饲料关系密切。另外，饲喂牧草时的特征性变化是萜类化合物的增加。饲喂青草可以增加人们形容的具有"草味"、"干草味"、"纸箱味"的植烯和钻木摩擦味、"焦煳味"的新植烷等。影响牛肉风味的因素主要有年龄、饲料、氧化三种因素。

（七）系水力

系水力是指当肌肉受到外力作用时，其保持原有水分的能力。外力指压力、切碎、冷冻、解冻、贮存加工等。肌肉系水力可分为三个方面：系水潜能、可榨出水分和自由滴水。系水潜能表示肌肉在外力的影响下保持水的能力，用它来表示肌肉滞留水分的最大能力；可榨出水分是指在外力作用下，从肌肉中榨出的液体量，即在测定时所释放出来的松弛水量；自由滴水量指在不施加任何外力的条件下，肌肉的液体损失量，即滴水损失。系水力不仅影响牛肉的色香味、营养成分、多汁性、嫩度等食用品质，而且有着重要的经济价值。影响牛肉系水力的因素主要有：贮藏、冷冻、解冻、加温等均导致系水力降低，pH、宰后排酸均可以影响牛肉系水力。pH 对系水力的影响实质是蛋白质分子的静电荷效应，牛肉 pH 接近蛋白质等电点（pH 5.0～5.4），正、负电荷基数接近，反应基减少到最低值，这时系水力也最低。刚宰杀的肉牛，由于没有足够的能量解开肌动球蛋白，肌肉处于收缩状态，其中空间减少，导致系水力下降，随着熟化发生，尸僵逐渐消失，系水力重新回升。所以排酸后的牛肉系水力增强。

（八）pH

正常牛肉在宰后 18～36 小时 pH 可降至极限值 5.5，这是由于宰后肌肉糖酵解作用使乳酸在肌肉中累积所致。一旦宰前的运动和应激消耗肌肉中的糖原，就会减少宰杀后肌肉内乳酸的沉积，有时将不能充分降低 pH。pH 居高不下（6.0）的牛肉是异常肉（DFD 肉），pH 下降过快，还造成蛋白质变性，肌肉失水、肉色灰白，即产生所谓的 PSE 肉。DFD 肉和 PSE 肉都不适于用作商品。牛肉 pH 在宰前呈中性，宰后肌肉 pH 下降的速度和程度对肉的颜色、系水力、蛋白质溶解以及细菌繁殖速度等均有影响。

（九）挥发性盐基氮

蛋白质因细菌或酶的作用分解后所产生的碱性含氮物质，有氨、伯胺、仲胺等，此类物质具有挥发性。因此，测定肉品中的总挥发性盐基氮（TVB-N），有助于确定牛肉的品质和新鲜程度。

（十）重金属含量和药残

牛肉中如果有重金属或农药、兽药的残留，将对人体造成损害。目前食品安全问题越来越被消费者所关注，进出口的食品都必须经过这项指标的检测。牛肉中重金属的检测方法国家有具体规定。

（十一）微生物指标

牛肉在屠宰、分割、包装、贮藏、销售过程中，被微生物污染是不可避免的，被微生物污染无疑会对牛肉的质量造成影响。评价牛肉被微生物污染的程度，主要通过微生物检验，常采用3项指标，即细菌数量（菌落总数）、大肠杆菌数（MPN）和致病菌，有检验意义的是能引起人类疾病和食物中毒的致病性病原微生物，常见的有十几种，如沙门氏菌、葡萄球菌、链球菌、口蹄疫病毒等。目前列入国家标准的致病性微生物有13种，每种都有详细完整的检验方法。

二、各国牛肉分级标准

（一）美国牛胴体分级标准

1. 牛胴的质量等级

牛胴质量决定于成熟度、大理石状、颜色、质地和坚挺度。后三个因素正常时，牛胴体的质量等级由前两个因素经感官分等后评出。

（1）成熟度　即生理学年龄。随着个体年龄的增加，牛体内各组织老化。在屠宰厂里，牛肉的嫩度不能用理化方法立即在胴体上测试出来，比较可行的方法是借助于脊椎骨上软骨的骨化程度判断其成熟程度。成熟度分为五等：A、B、C、D和E。一般情况下各年龄的等级为：青年牛9～30月龄评为A级，30～42月龄为B级；成年牛42～54月龄为C级，54～72月龄为D级。

（2）大理石状　青年牛的胴体质量在很大程度上取决于精肉中脂肪含量，由大理石状的量来评定，根据第12肋上眼肌中脂肪含量评分。大理石状分成9等：①实无（脂），②微量，③轻度，④少量，⑤中等，⑥适度，⑦稍丰厚，⑧适度丰厚，⑨很丰厚。见图10-21。

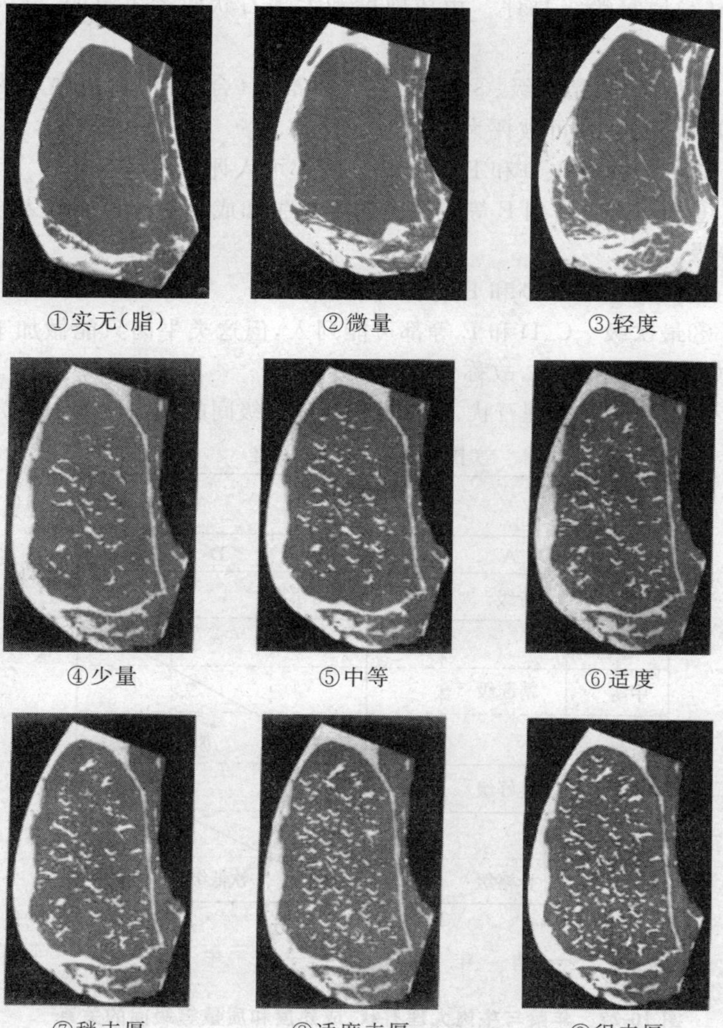

①实无(脂)　②微量　③轻度
④少量　⑤中等　⑥适度
⑦稍丰厚　⑧适度丰厚　⑨很丰厚

图 10-21　美国牛肉大理石花纹等级

(3)质量等级总评　由成熟度和大理石状两者决定的,分为8级。

①特级、②精选级、③良好级、④标准级(合格级)　成熟度为A和B的胴体才可被评为以上这4级。

⑤可售级　C、D和E等成熟度的都可入评。

⑥加工级　B到E等成熟度的青年牛和成年牛都可能列入这个等级。

⑦次低级　C、D和E等都可能列入。

⑧最次级　C、D和E等都可能列入,但这类牛肉只能做加工用,如作罐头和肉末,故称作罐头级。

年龄与牛肉大理石状、成熟度和质量等级间的关系见图10-22。

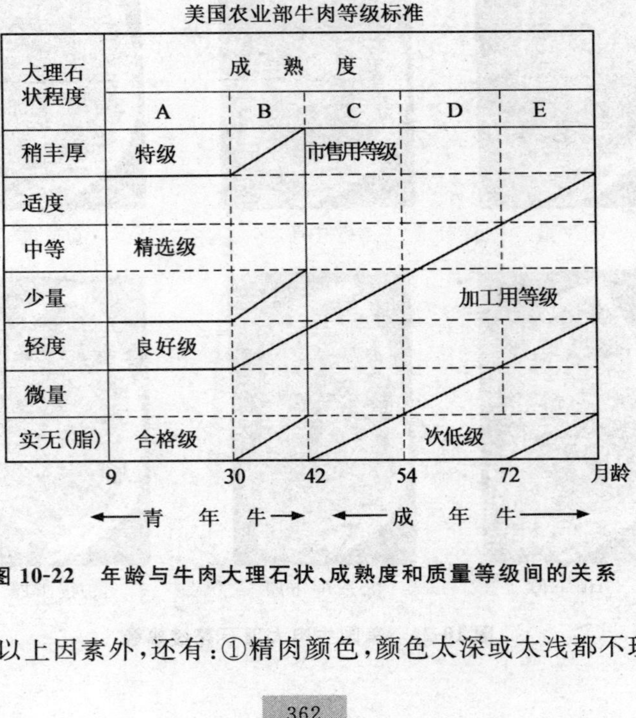

图10-22　年龄与牛肉大理石状、成熟度和质量等级间的关系

除以上因素外,还有:①精肉颜色,颜色太深或太浅都不理想。

乳品喂养的犊牛肉色很浅，称白牛肉，属高档牛肉。老龄牛屠宰后肉色深暗。在青年期屠宰的牛多为符合标准级以上的优质牛，肉色不会有大的偏离。若牛肉颜色偏离常规，评级时要降级处理。②精肉质地，牛肉质地用细腻和滑溜来表达，老牛肉达不到精肉质地，一般只能加工使用。③精肉硬挺度，软疲肉和水样肉都不能评等级，由疾病或其他可疑原因导致水样肉或软疲肉，不能食用。

以上 A 和 B 类牛胴符合生产特级、精选级、良好级和标准级牛肉，并可生产青年牛加工级牛肉。而 C、D 和 E 类成熟度牛胴一般只能生产可售级、加工级、次低级和最次级牛肉。

2. 牛胴的产量等级

牛胴产量等级是按每片胴体生产能力划等的方法，而胴体生产能力是按分割出的可食性肉量的比例来度量的。产量等级是胴体经修切去骨后，臀、腰、胸和颈肉产量比例的估测值。这种等级用数字 1.0～5.0 来表示，1.0 为最理想等级，5.0 是最不理想等级。

(1)产量等级分级标准　见表 10-6。

(2)产量等级的计算　胴体产量等级不仅取决于胴体大小，还取决于胴体能提供的可食性肉和优质肉的比例。决定产量等级时要测定：

背膘厚度(厘米)：第 12 肋上的脂肪层厚度。

热胴重（千克）：在屠宰后立即称取的重量。

眼肌面积（厘米^2）：将带刻度的透明胶片贴在切开的背最长肌的断面上，或用硫酸纸贴印在该断面上，按沾湿的肉印面积，以求积仪测出。该断面必须与背最长肌呈垂直方向。

肾、心、盆腔油脂量：测算其占热胴重的比例(%)。

表 10-6 产量等级分级标准

产量等级	脂肪覆盖	胴体重量（千克）	12～13肋脂肪厚度（厘米）	12～13肋眼肌面积（厘米^2）	肾、心、盆腔油脂量（占活重）（%）
1	肋部、腰、臀、颈有一薄层，其他胴体处稍有沉积，大腿内侧肩肉上有一薄层	227 363	0.76 1.02	74.2 103.2	2.5 2.5
2	较完全，臀部、髋部沉积较厚，大腿内外、肩、颈部可见瘦肉，腰、肋、大腿内侧薄	227 363	1.27 1.52	68.4 96.8	3.5 3.5
3	完全，颈部、大腿内侧下部较薄，腰、肋部、大腿内侧上部稍厚；臀部、髋部中等	227 363	1.78 2.03	61.3 90.3	4.0 4.5
4	完全，腰、肋部、大腿内侧中等厚，臀部、髋部、颈部较厚，大腿内侧能见到肌肉	227 336	2.54 2.79	58.1 87.1	4.5 5.0
5	完全，很厚，体表已不见肌肉	227 336	＞2.54 ＞2.79	＜58.1 ＜87.1	＞4.5 ＞5.0

产量等级的计算公式：

产量等级＝2.5＋（0.98×脂肪层厚度）＋（0.2×肾、心、盆腔油脂量）＋（0.008 4×热胴重）－（0.049 6×眼肌面积）

例如，甲、乙两牛的相关数据见表10-7。

表 10-7　甲、乙两牛的相关数据

牛别	膘厚(厘米)	肾、心、盆腔油脂量(%)	热胴重(千克)	眼肌面积(厘米^2)
甲	0.51	8.0	318	83.86
乙	3.05	9.0	341	83.86

以公式计算得：甲牛胴的初步产量等级为 2.41，乙牛胴为 5.29。在眼肌面积相同的情况下，膘厚较薄、腔内脂肪率低的牛，虽然胴体略轻，但产量等级高。按出口牛的要求，甲牛胴的价格比乙牛胴有很大的优势。

出肉率计算公式：

出肉率＝51.34－(2.268×脂肪层厚)－(0.462×肾、心、盆腔油脂量)－(0.020 5×热胴重)＋(0.114 7×眼肌面积)

甲牛胴的出肉率为 49.59%，乙牛胴为 43.35%。尽管眼肌面积一样，由于出肉率较高，甲比乙的实际出肉量高 9.9 千克。

(3)影响产量等级的因素

①脂肪厚度(通称背膘)与产量等级的关系见表 10-8。

表 10-8　脂肪厚度与产量等级的关系

皮下脂肪厚度 英制(英寸)	皮下脂肪厚度 公制(厘米)	初步产量等级
0.00	0.00	2.0
0.20	0.51	2.5
0.40	1.02	3.0
0.60	1.53	3.5
0.80	2.04	4.0
1.00	2.55	4.5
1.20	3.06	5.0
1.40	3.57	5.5

皮下脂肪层越厚的胴体，初步产量等级越高，大体反映国际牛肉市场的总趋势。

②热胴重与预计肋部眼肌面积的关系见表 10-9。

表 10-9 热胴重与预计肋部眼肌面积的关系

热胴重		预计肋部眼肌面积	
英制（磅）	公制（千克）	英制（英寸^2）	公制（厘米^2）
500	226	9.8	63
550	249	10.4	67
600	272	11.0	71
650	295	11.6	75
700	318	12.2	79
750	341	12.8	83
800	364	13.4	87

眼肌面积越大，胴重产量等级越高；相反，眼肌面积越小，产量等级越低。其调整值是，眼肌面积每小 1 厘米^2，产量初步等级应调低 0.046。在实际计算时，眼肌面积越大，胴体等级值就越小，在同一个胴体重量等级内，每增加 1 厘米^2 的眼肌面积，应在相应的等级值上减去 0.046 个等级，以表明等级的提高。

③肾、心和盆腔油脂量与产量等级。按欧美牛种的测定，肾、心和盆腔内油脂的总量平均占牛胴的 3.5%。这个百分率每低一个百分点时，初步产量等级就提高 0.2 级。0.2 为校正系数。

（二）日本牛胴体的分等

1. 产量评分

产量评分用多重回归公式来估测，以百分率表示，求测的胴体项目有四项：①第 6 肋与第 7 肋间背最长肌的眼肌面积，用厘米^{2}表示，用方格纸或尺量；②肋侧厚度，用厘米表示；③左胴重，用千克表示；④皮下脂肪厚，用厘米表示（图 10-23）。公式为：

产量估测百分率（%）=67.37+（0.130×眼肌面积）+（0.667×肋侧厚）+（0.025×左冷半胴重）-（0.896×皮下脂肪厚）

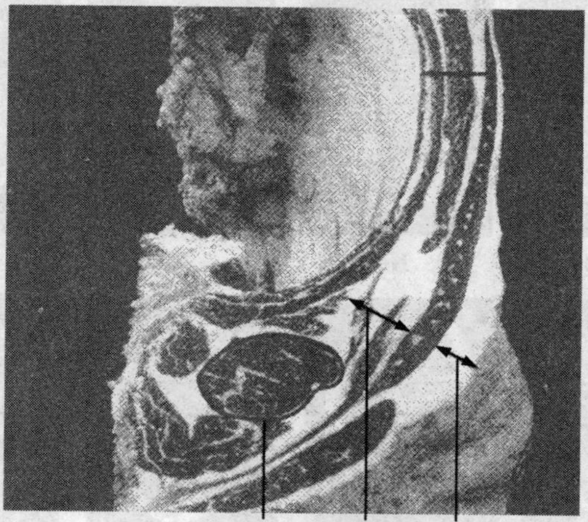

图 10-23　日本肉牛胴体品质测量

被测胴体是和牛，另加 2.049%。肌肉间脂肪太厚，与左胴重或眼肌面积相比极不相称；或者后臀太小，或形成前四分体与后四分体明显不相称时，以上两种情况出现一种，产量等级要降一挡。

产量评分可分成三等，即 A、B 和 C，见表 10-10。

表 10-10　产量等级

等级	产量估测百分率标准	比率特点
A	72%和 72%以上	总产量切块高于平均值
B	69%、69%以上到 72%以下	平均范围内
C	69%以下	低于平均范围

2. 肉质等级

肉质等级评分取决于：

(1)牛肉大理石状　按照新的日本大理石状分成 12 个等级的标准(图 10-24)，其连续系列排列见表 10-11。

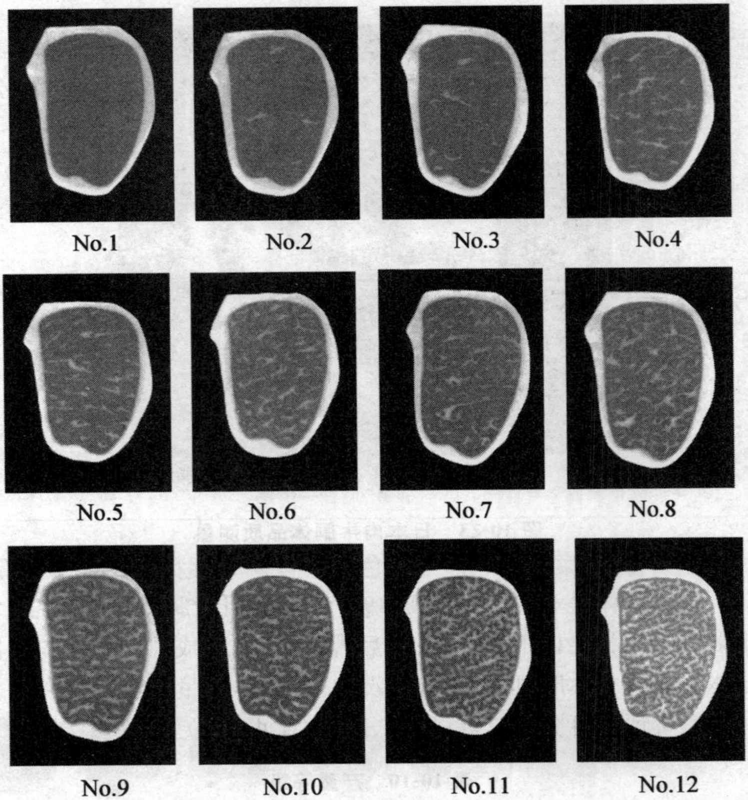

图 10-24　日本牛肉大理石花纹等级

表 10-11　大理石状评定标准

等级	大理石状评定标准	牛肉大理石状标准
5 优	2^+和以上	No. 8～No. 12
4 良	1^+～2	No. 5～No. 7
3 中	1^-～1	No. 3～No. 4
2 可	0＋	No. 2
1 劣	0	No. 1

12 个等级与评定标准之间的关系见表 10-12。

表 10-12　评定标准与等级的关系

<table>
<tr><td>大理石状标准</td><td>No.1</td><td>No.2</td><td>No.3</td><td>No.4</td><td>No.5</td><td>No.6</td><td>No.7</td><td>No.8</td><td>No.9</td><td>No.10</td><td>No.11</td><td>No.12</td></tr>
<tr><td>评定标准</td><td>0</td><td>0＋</td><td>1－</td><td>1</td><td>1＋</td><td>2－</td><td>2</td><td>2＋</td><td>3－</td><td>3</td><td>4</td><td>5</td></tr>
<tr><td>新等级</td><td>1</td><td>2</td><td colspan="2">3</td><td colspan="3">4</td><td colspan="5">5</td></tr>
<tr><td>旧等级</td><td colspan="3">平</td><td colspan="3">中</td><td colspan="3">上</td><td>高</td><td colspan="2">特选</td></tr>
</table>

（2）肉的颜色和光泽　肉色用牛肉颜色标准（B. C. S）（图 10-25）评出，计有 7 个连续等级，光泽凭肉眼观看，然后将两者综合起来考虑，然后得出等级（表 10-13）。

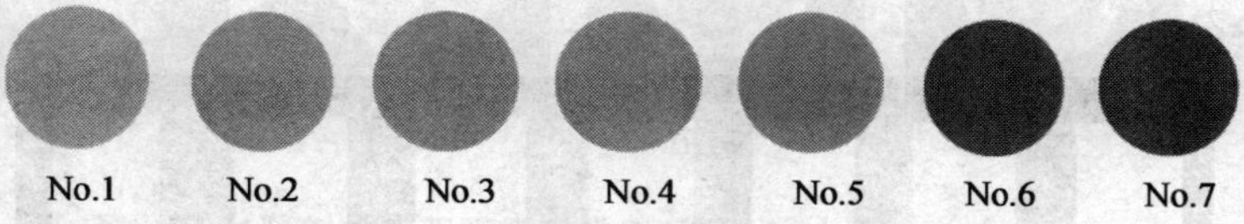

图 10-25　日本牛肉颜色标准

表 10-13　肉色和光泽等级划分

等级	B. C. S 色级	光泽
5 优	No. 3～No. 5	优
4 良	No. 2～No. 6	良
3 中	No. 1～No. 6	中
2 可	No. 1～No. 7	可
1 劣	除 No. 5 到 No. 2 以外的	

(3)肉的质地和硬挺度　用肉眼对这两个因子作评定，各按五个等级划分，然后综合考虑，得出最终评分(表 10-14)。

表 10-14　硬挺度和肉质的分级

等级	硬挺度	质地
5	优	细
4	良	很细
3	中	一般
2	可	较粗
1	劣	粗

(4)脂肪的色泽和质地　脂肪颜色用牛肉脂肪色标准(B. F. S)(图 10-26)评定，共分为 7 挡。一般的牛肉，其颜色在 No. 1～No. 6 之间，列为 3 等或 3 等以上。而脂肪光泽和质地由目测决定，由一个综合评价来划定等级(表 10-15)。最后由这三个因子决定综合分。

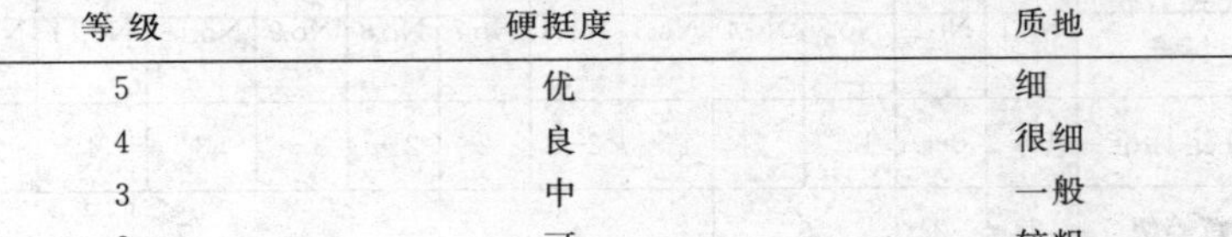

图 10-26　日本牛肉脂肪色标准

表 10-15　脂肪颜色与光泽和质地评分

等级	颜色	光泽和质地
5 优	No. 1～No. 4	优
4 良	No. 1～No. 5	良
3 中	No. 1～No. 6	中
2 可	No. 1～No. 7	可
1 劣	除 No. 5 到 No. 2 以外的各级	

(5)牛肉质量等级的综合评定　在获得以上 4 个项目的各自得分后，将其汇总到一起，按其中最低的等级确定质量等级(表 10-16)。

表 10-16　质量综合得分

肉质等级分	得分
大理石状	4
肉的色泽	4
肉质及硬挺度	3
脂肪色泽和质地	4

3. 胴体最终评分

按照胴体的产量评分和肉质评分，合成能同时标志两者等级的合成分。产量分用英文字母，肉质分用阿拉伯数字(表 10-17)。

表 10-17　日本牛肉等级划分

胴体等级	肉质等级				
	5	4	3	2	1
A	A_5	A_4	A_3	A_2	A_1
B	B_5	B_4	B_3	B_2	B_1
C	C_5	C_4	C_3	C_2	C_1
D、E 级	牛肉品质低于 C 级者				

引入产量评分后，高产量的胴体开始得到适当的评价，控制了多余的脂肪生产。肉质评分按大理石状的标准进行，调整了与其他指标的关系，可以抑制过度的大理石状肉的生产。将产量等级与肉质评分综合后，放宽了肉质评分范围，可以发挥更多牛种的特点，促进更经济的牛肉生产。全日本统一大理石状评分的切开部位，促进了胴体评定方法的交流和牛胴产品的流通，满足各地区对不同的优质切块的各自需要。引入了牛肉颜色和脂肪颜色评定等级，使综合等级更加客观。15 个分级的确定，有利于各种口味要求对不同等级的选择。

(三)欧盟牛胴体分级法

欧洲各国肉品交流频繁，很早就建立了通用的牛胴分级标准。这个分级标准由两方面的指标构成，一是体型结构，二是膘情度。体型结构用字母表示：E、U、R、O、P，分别为优、良、中、可、劣。膘度用数字表示：5、4、3、2、1，分值高则膘厚。各级标准都有具体的要求。

1. 体型结构方面

优(E)：整个外观特别丰满，肌肉发育特别好，尻和大腿很圆满，背宽很厚，与肩过渡平滑，肩部浑圆。

良(U)：整个外观丰满，肌肉发育很好，尻和大腿圆满，背宽而厚，肩圆。

中(R)：整个外观平整，肌肉发育好，尻和大腿发育好，背尚厚但宽不足，肩不宽。

可(O)：各部位发育一般，不够平整。

劣(P)：整个外观不平整到很不平整，肌肉发育差，后躯差，背窄，露骨架。

2. 膘度

按胴体脂肪的覆盖度分级，具体为：

5 级:胴体肩背被脂肪覆盖,臀腿部完全被脂肪覆盖,胸腔内脂肪沉积很好。

4 级:胴体肩背部覆盖脂肪良好,臀腿部脂肪明显,胸腔中有一定脂肪。

3 级:胴体肩背部大部分有脂肪覆盖,胸腔内脂肪很少。

2 级:胴体脂肪覆盖薄而少,红肉可见,胸腔内肌肉中无脂肪。

1 级:胴体表面几乎全无脂肪。

按照以上两方面的评级结果,确定某胴体等级,如 U4 以上为理想,而 R 或 P 为差或很差。

此等级法比较直观,对各年度生产出来的胴体优劣,可以得出直接的对比,在企业管理和被育肥牛种的筛选等方面具有指导意义。在生产统计中,可以用方格表来图示某一时间阶段内肥牛体型结构的分布情况和膘情分布情况(图 10-27)。

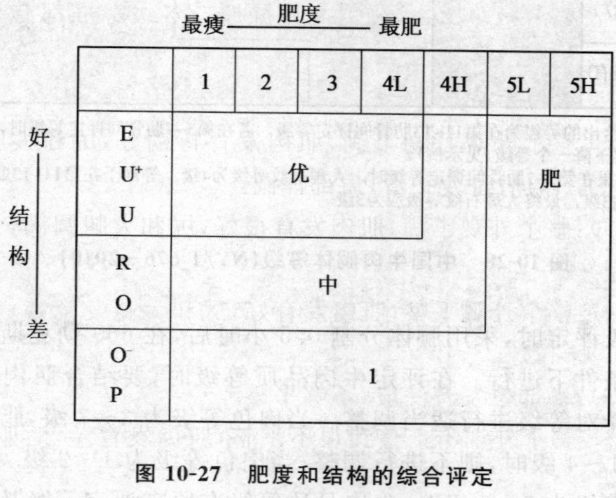

图 10-27　肥度和结构的综合评定

(四)中国牛肉等级划分

我国于2010年颁布《牛肉等级规格》(NY/T 676—2010)。在标准中,牛肉品质等级主要由大理石纹等级和生理成熟度两个指标来评定,分为特级、优级、良好级和普通级(图10-28)。

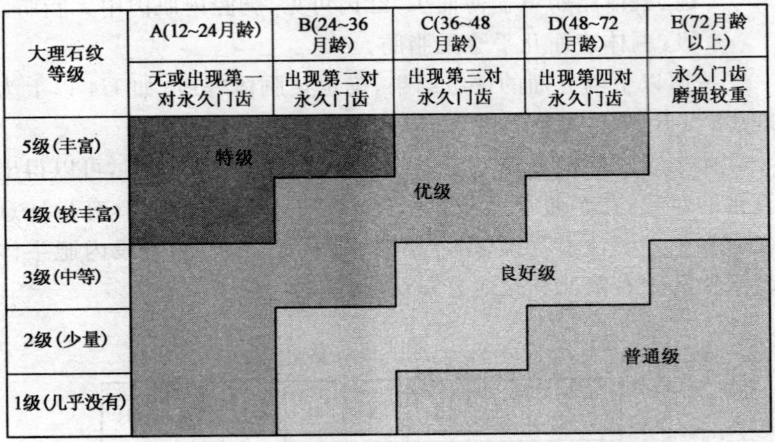

本图中给出的等级为在第11~13肋骨间评定等级,若在第5~7肋骨间评定等级时,大理石纹等级应再下降一个等级(见示例)。

示例:如果在第5~7肋骨间评定等级时,大理石纹等级为4级,等同于在第11~13肋骨间评定等级时的3级,最终大理石纹等级应为3级。

图10-28 中国牛肉胴体等级(NY/T 676—2010)

等级评定时,采用胴体分割0.5小时后,在660勒克斯白炽灯照明的条件下进行。在评定牛肉品质等级时,要结合肌肉颜色和脂肪色泽对等级进行适当调整。当肉色等级为3~7级,脂肪色泽等级为1~4级时,则不进行调整;当肉色等级为1~2级、8级,脂肪色泽等级为5~8级时,牛肉品质等级在原来评定等级基础上下降一个等级。

1. 大理石纹

选取第 5 肋至第 7 肋间或第 11 肋至第 13 肋间背最长肌横切面进行评定，按照大理石纹等级图谱评定背最长肌横切面处等级。大理石纹共分为 5、4、3、2、1 五个等级。图 10-29 中给出的是每个等级中大理石纹的最低标准。

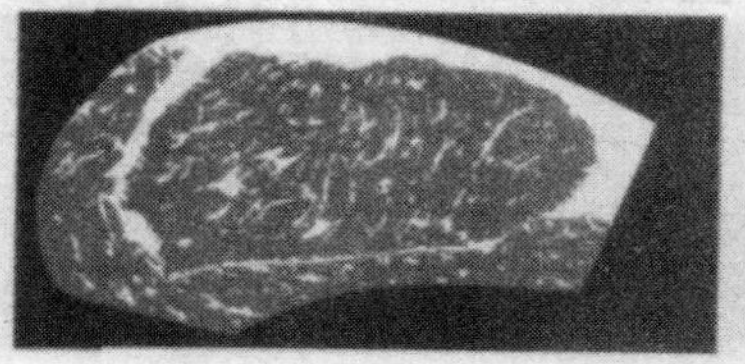

5级

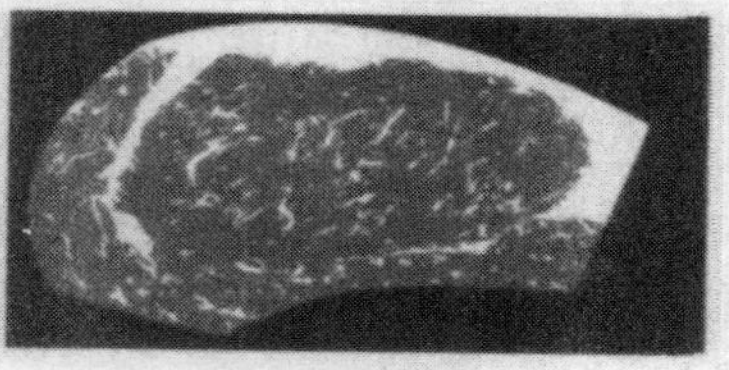

4级

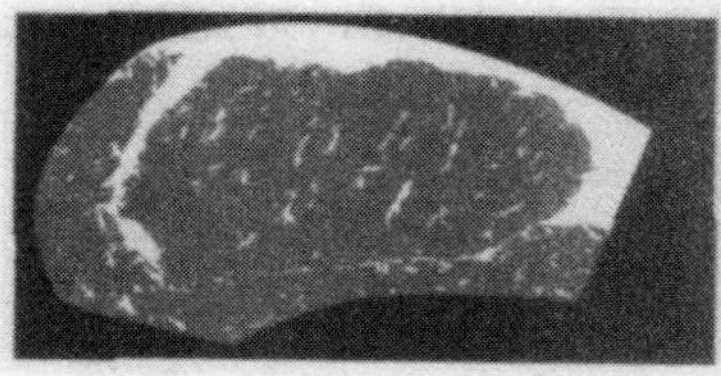

3级

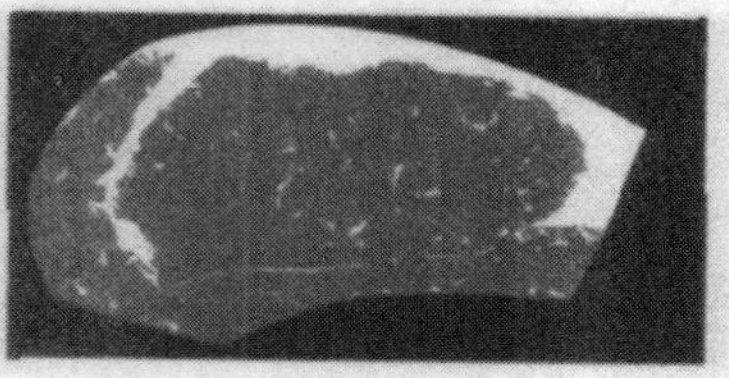

2级

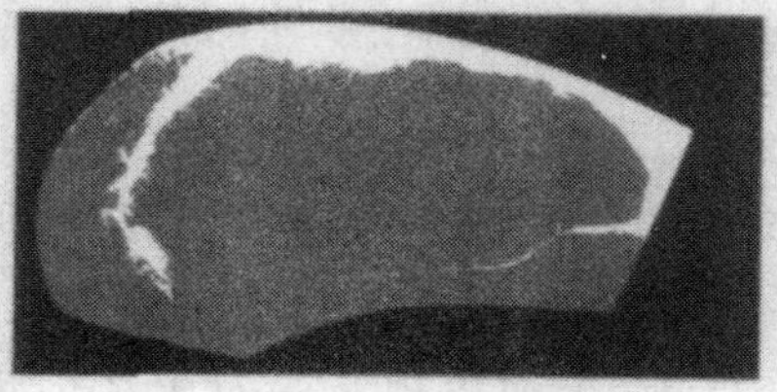

1级

图 10-29　中国牛肉大理石花纹等级(NY/T 676—2010)

2. 肌肉色

按图 10-30 判断背最长肌横切面处肌肉色的颜色等级，肌肉色按颜色深浅分为八个等级，其中 4、5 两级的肉色最好。

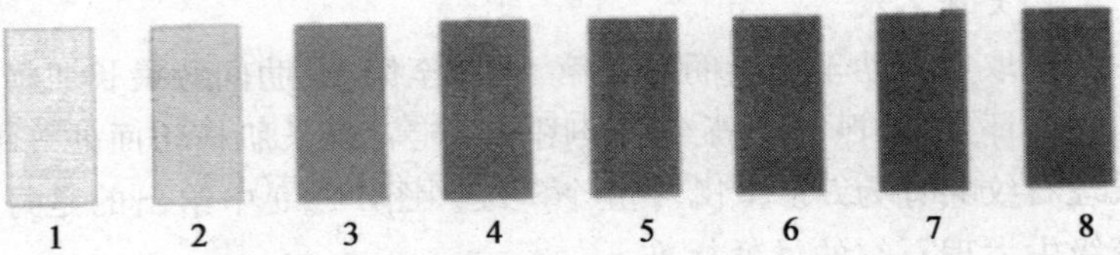

图 10-30　中国牛肉肉色等级(NY/T 676—2010)

3. 脂肪色

按图 10-31 判断背最长肌横切面处肌肉脂肪和皮下脂肪的颜色等级,脂肪颜色等级分为八个等级,其中 1、2 两级的脂肪色最好。

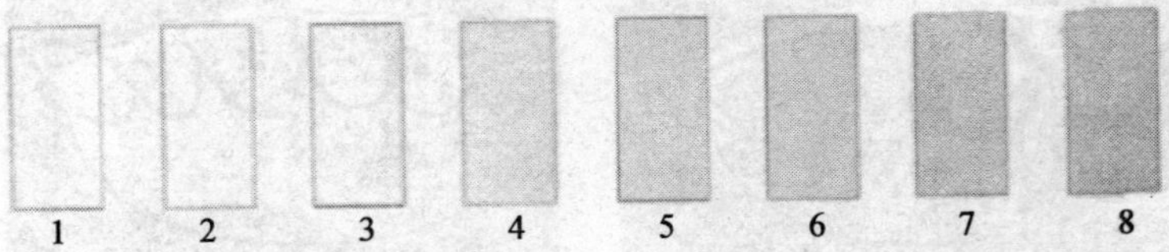

图 10-31　中国牛肉脂肪色泽等级(NY/T 676—2010)

4. 生理成熟度

以脊椎骨棘突末端软骨的骨质化程度和门齿变化为依据来判断生理成熟度,分为 A、B、C、D、E 五级。

A 级:24 月龄以下,无或出现第一对永久门齿[图 10-32(a)(b)]。荐椎明显分开,腰椎未骨质化,胸椎未骨质化(图 10-33)。

B 级:24～36 月龄,出现第二对永久门齿[图 10-32(c)]。荐椎开始愈合,腰椎小部分骨质化,胸椎未骨质化(图 10-33)。

C 级:36～48 月龄,出现第三对永久门齿[图 10-32(d)]。荐椎愈合但有轮廓,腰椎部分骨质化,胸椎小部分骨质化(图 10-33)。

D级：48～72月龄，出现第四对永久门齿[图10-32(e)]。荐椎完全愈合，腰椎近完全骨质化，胸椎大部分骨质化(图10-33)。

E级：72月龄以上，永久门齿磨损较重[图10-32(f)]。荐椎完全愈合，腰椎完全骨质化，胸椎完全骨质化(图10-33)。

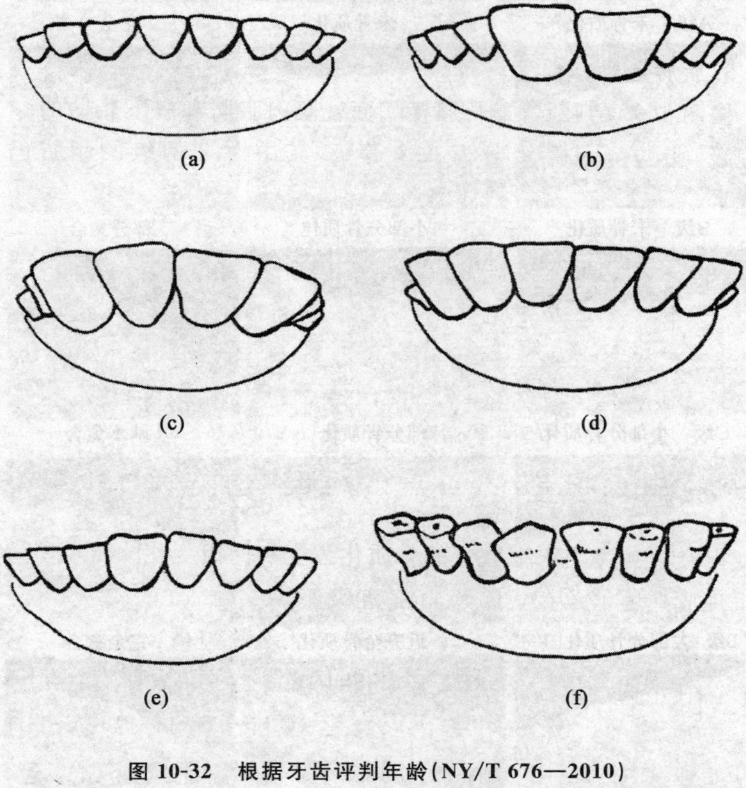

图10-32　根据牙齿评判年龄(NY/T 676—2010)

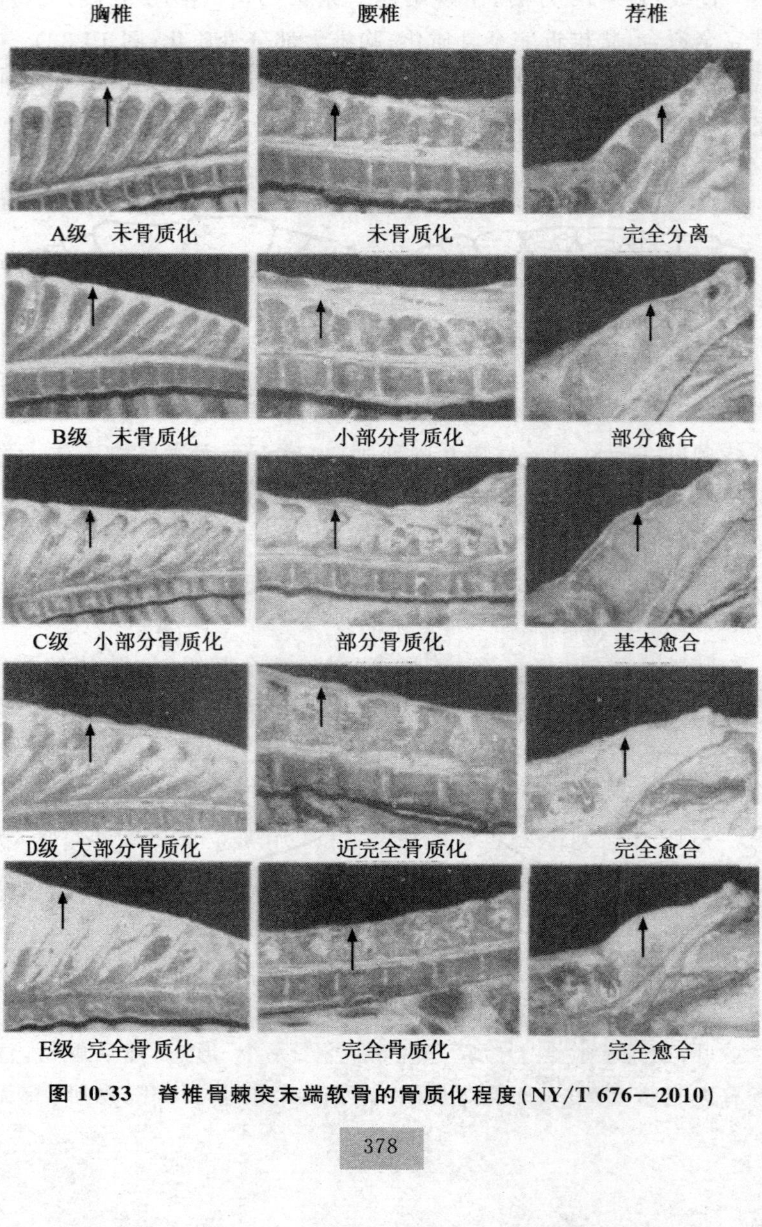

图 10-33　脊椎骨棘突末端软骨的骨质化程度(NY/T 676—2010)

第四节　肉品检测要求

一、宰后检验

(一)头部检验

首先检视整个头部和眼睛,然后检查齿龄,牙龈、唇、舌面、口腔黏膜等无水疱、溃疡、坏死。触诊下颌骨和舌根、舌体,观察有无放线菌肿。与下颌平行切开内外咬肌,检查有无囊尾蚴寄生。剖检舌后内侧淋巴结和扁桃体,检查有无结核、化脓和放线菌肿。

(二)内脏检验

1. 胸腔脏器检验

肺脏:观察肺大小、色泽、形态,触检整个肺组织,注意有无充血、出血、化脓、坏疽、结节等病变,检查有无胸膜炎、肺炎、结核、棘头蚴等。然后切开支气管淋巴结和纵隔淋巴结,察看有无出血、充血等变化。

心脏:首先观察心包有无感染、出血、化脓。然后剖开心脏,观察心内膜和心外膜,注意有无点状出血、囊尾蚴等,观察心肌色泽有无异常,有无出血、坏死和囊尾蚴。

2. 腹腔脏器检验

牛腹腔脏器体积较大,故胃肠等应在专用台上检验。

肝:放于检验台上检验。观察色泽、大小、形态,然后触检,注意有无脂肪变性,表面有无脓肿、毛细血管扩张、坏死、脓肿,有无囊尾蚴等;剖检肝门淋巴结、胆管与肝实质,检视有无结核、脓灶、纤维等病灶,有无肝蛭(肝片吸虫)等病变。

胃肠:黏膜有无充血、出血,网胃有无异物刺出,胃壁有无脓灶与溃疡;然后剖检肠系膜淋巴结,重点检查有无结核的增生性肉芽肿和干酪样坏死。

脾脏:检验其大小、色泽,有无肿大、出血、坏死,有无结核病灶,例如脾脏肿大应怀疑为炭疽,必须立即停止生产,采样立即送实验室检查,按检验结果进行处理。

3. 胴体检验

首先视检胸膜、腹膜、膈膜和肌肉状态,注意其色泽、清洁度,是否有异物和其他异常,并判断放血是否完全。注意胸壁上有无黄豆大的增生性结节。剖检肩前淋巴结、髂内淋巴结和腹股沟淋巴结,剖检臂三头肌,注意有无结构病变和囊尾蚴寄生。

(三)肉有毒物含量检查

按牛的来源,每批抽查 3～7 头牛,取臀部肉样,每样本约 100 克,置于无菌容器内送检。检测挥发性盐基氮、汞、铝、砷、铬、六六六、滴滴涕、金霉素、土霉素、磺胺类、伊维菌素(脂肪中),并检查卫生指标:总菌落数、大肠菌群和沙门氏菌。

二、冷却肉检验

(一)感官检测

牛肉在冷加工过程中因微生物再污染、氧化、温度过高、温度波动及超期库存等,使肉变色,表面黏腻,产生异味,失去弹性,感官检查简便易行,比较可靠,但只有肉变质较严重时才能被察觉,指标列于表 10-18。

表 10-18　冷藏牛肉质量的感官指标

特征	新鲜肉	不太新鲜肉	变质肉
外形	表面有油干薄膜	胴体或内面有风干的皮膜或黏液，有时有霉菌斑	胴体或肉表面强烈发干或明显发湿发黏并有霉菌
颜色	肌肉表面呈牛肉特有红色，切面鲜亮，但不黏乎，具有牛肉色泽，肉汁透明	肌肉表面暗红或紫红，切面具有牛肉红色但色泽暗，有黏性，渗出肉汁混浊	表面黑褐或灰棕色，新断面强烈发黏，呈暗紫红色
弹性	切面上肉质致密，手指压陷的小窝迅速恢复原状	切面肉质松软，手指压陷的小窝不能立即恢复原状	切面肉质松软，手指压陷的小窝不能恢复原状
气味	具有良好的牛肉香味	缺乏香味，带有陈腐味，深层没有腐败气味	有腐败味，深层也有明显腐败臭味
脂肪状态	脂肪呈白色、微黄色或黄色，坚硬，压挤时碎裂	色泽稍灰暗，微粘手，有时有霉菌斑	色灰暗，混浊，有霉菌斑，表面发黏，有明显氧化气味、臭味
骨髓	骨髓充满全部管骨腔，坚硬黄色。折断面有光泽，骨髓与骨不分离	骨髓稍脱离管骨壁，变软些，色泽暗混，断面没有光泽	骨髓不能充满管骨腔，明显与管内壁分离，呈松软状态并粘手，色暗常带灰色
腱、关节	腱有弹性、致密；关节表面平滑有光泽，关节内组织液透明	腱稍软，白色无光泽；关节处有黏液，关节内组织液混浊	腱湿润，泥灰色发黏；关节处含大量粥状黏液
煮时肉汤	肉汤透明，有牛肉芳香气味，汤面油滴透亮，味纯正	肉汤混浊，缺乏牛肉香味，有陈旧味，汤面油滴不大透亮	肉汤污秽，有肉渣，有明显酸败腐臭味、氨味

(二)肉中有害物含量检测

每批肉制品随机抽3～7个小包装做样品,检测内容与鲜肉检测相同。

三、冷冻肉检验

按每批肉产品随机抽3～7件,在有保温设备下送检,避免鲜冻肉汁流失干扰测定结果。测定时,每个冻肉品中取1 000～1 200克,置于放有铁丝网架的搪瓷盘的网架上。网架底距离瓷盘在2厘米以上。样本上覆盖塑料膜,使样品在15～25℃自然解冻,待样品中心温度达到2～3℃时,用电子秤称量,再将样品置于铁丝网上放置30分钟再称,如此直到两次称量差不超过20克,计算出解冻失水率,其他测定项目与鲜肉相同。

四、出厂检验

产品出厂检验在出厂前由工厂技术检验部门按相关标准逐批检验,并出具质量合格证书。检验项目:感官(表10-19)、挥发性盐基氮(同一班次、同一种类产品为一批)。抽样从成品库码放产品的不同部位,按表10-20规定进行。

表10-19　各部位鲜分割牛肉和冻分割牛肉感官要求

项目	一级品	二级品	三级品
色泽	瘦肉呈均匀的鲜红色或深红色,有光泽,脂肪呈乳白色或微黄色		
气味	具有牛肉正常气味,无异味		

续表 10-19

项目	一级品	二级品	三级品
组织状态	瘦肉切面纹理清晰，皮下脂肪适度，均匀，形态丰满，肉质紧密，有弹性	瘦肉切面纹理较清晰，皮下脂肪较适度，形态丰满，肉质较紧密，略有弹性	瘦肉切面有纹理，皮下脂肪尚适度，形态丰满，肉质尚紧密，弹性差
黏性	表面湿润，不粘手	表面略湿润，不粘手	表面略有风干，不粘手；切面湿润，不粘手
煮沸后肉汤	基本澄清透明，脂肪团聚于液面，具有牛肉汤应有的风味		略混浊，脂肪呈小滴浮于液面，肉汤鲜味不明显

注：1. 各部位冻分割肉的感官，指解冻后的要求；

2. 煮沸后肉汤按 GB/T 5009.44 中 3.2 规定方法检验。

表 10-20　抽样数量及判定规则

批量范围(箱)	样本数量(箱)	合格判定数	不合格判定数
＜1 200	5	0	1
1 200～2 500	8	1	2
＞2 500	13	2	3

注：1. 从全部抽样数量中抽取 2 千克实验样品，用于检验煮沸肉汤和挥发性盐基氮(按 GB/T 5009.44 中 4.1 规定的方法测定)。

2. 经检验某项指标不符合本表规定时，可加倍抽样复检，复检后有一项指标不符合本标准则判定为不合格产品。

附录　肉牛饲养标准

附表 1-1　生长育肥牛的营养需要

体重（千克）	日增重（千克）	干物质（千克）	肉牛能量单位（RND）	综合净能（兆焦）	粗蛋白质（克）	钙（克）	磷（克）
150	0	2.66	1.46	11.76	236	5	5
	0.3	3.29	1.87	15.10	377	14	8
	0.4	3.49	1.97	15.90	421	17	9
	0.5	3.70	2.07	16.74	465	19	10
	0.6	3.91	2.19	17.66	507	22	11
	0.7	4.12	2.30	18.58	548	25	12
	0.8	4.33	2.45	19.75	589	28	13
	0.9	4.54	2.61	21.05	627	31	14
	1.0	4.75	2.80	22.64	665	34	15
	1.1	4.95	3.02	24.35	704	37	16
	1.2	5.16	3.25	26.28	739	40	16
175	0	2.98	1.63	13.18	265	6	6
	0.3	3.63	2.09	16.90	403	14	9
	0.4	3.85	2.20	17.78	447	17	9
	0.5	4.07	2.32	18.70	489	20	10
	0.6	4.29	2.44	19.71	530	23	11
	0.7	4.51	2.57	20.75	571	26	12
	0.8	4.72	2.79	22.05	609	28	13
	0.9	4.94	2.91	23.47	650	31	14
	1.0	5.16	3.12	25.23	686	34	15
	1.1	5.38	3.37	27.20	724	37	16
	1.2	5.59	3.63	29.29	759	40	17
200	0	3.30	1.80	14.56	293	7	7
	0.3	3.98	2.32	18.70	428	15	9
	0.4	4.21	2.43	19.62	472	17	10
	0.5	4.44	2.56	20.67	514	20	11
	0.6	4.66	2.69	21.76	555	23	12
	0.7	4.89	2.83	22.47	593	26	13
	0.8	5.12	3.01	24.31	631	29	14
	0.9	5.34	3.21	25.90	669	31	15
	1.0	5.57	3.45	27.82	708	34	16
	1.1	5.80	3.71	29.96	743	37	17
	1.2	6.03	4.00	32.30	778	40	17

续附表 1-1

体重（千克）	日增重（千克）	干物质（千克）	肉牛能量单位（RND）	综合净能（兆焦）	粗蛋白质（克）	钙（克）	磷（克）
225	0	3.60	1.87	15.10	320	7	7
	0.3	4.31	2.56	20.71	452	15	10
	0.4	4.55	2.69	21.76	494	18	11
	0.5	4.78	2.83	22.89	535	20	12
	0.6	5.02	2.98	24.10	576	23	13
	0.7	5.26	3.14	25.36	614	26	14
	0.8	5.49	3.33	26.90	652	29	14
	0.9	5.73	3.55	28.66	691	31	15
	1.0	5.96	3.81	30.79	726	34	16
	1.1	6.20	4.10	33.10	761	37	17
	1.2	6.44	4.42	35.69	796	39	18
250	0	3.90	2.20	17.78	346	8	8
	0.3	4.64	2.81	22.72	475	16	11
	0.4	4.88	2.95	23.85	517	18	12
	0.5	5.13	3.11	25.10	558	21	12
	0.6	5.37	3.27	26.44	599	23	13
	0.7	5.62	3.45	27.82	637	26	14
	0.8	5.87	3.65	29.50	672	29	15
	0.9	6.11	3.89	31.38	711	31	16
	1.0	6.36	4.18	33.72	746	34	17
	1.1	6.60	4.49	36.28	781	36	18
	1.2	6.85	4.84	39.08	814	39	18
275	0	4.19	2.40	19.37	372	9	9
	0.3	4.96	3.07	24.77	501	16	12
	0.4	5.21	3.22	25.98	543	19	12
	0.5	5.47	3.39	27.36	581	21	13
	0.6	5.72	3.57	28.79	619	24	14
	0.7	5.98	3.75	30.29	657	26	15
	0.8	6.23	3.98	32.13	696	29	16
	0.9	6.49	4.23	34.18	731	31	16
	1.0	6.74	4.55	36.74	766	34	17
	1.1	7.00	4.89	39.50	798	36	18
	1.2	7.25	5.6	42.51	834	39	19

续附表 1-1

体重（千克）	日增重（千克）	干物质（千克）	肉牛能量单位（RND）	综合净能（兆焦）	粗蛋白质（克）	钙（克）	磷（克）
300	0	4.47	2.60	21.00	397	10	10
	0.3	5.26	3.32	26.78	523	17	12
	0.4	5.53	3.48	28.12	565	19	13
	0.5	5.79	3.66	29.58	603	21	14
	0.6	6.06	3.86	31.13	641	24	15
	0.7	6.32	4.06	32.76	679	26	15
	0.8	6.58	4.31	34.77	715	29	16
	0.9	6.85	4.58	36.99	750	31	17
	1.0	7.11	4.92	39.71	785	34	18
	1.1	7.38	5.29	42.68	818	36	19
	1.2	7.64	5.69	45.98	850	38	19
325	0	4.75	2.78	22.43	421	11	11
	0.3	5.57	3.54	28.58	547	17	13
	0.4	5.84	3.72	30.04	586	19	14
	0.5	6.12	3.91	31.59	624	22	14
	0.6	6.39	4.12	33.26	662	24	15
	0.7	6.66	4.36	35.02	700	26	16
	0.8	6.94	4.60	37.15	736	29	17
	0.9	7.21	4.90	39.54	771	31	18
	1.0	7.49	5.25	42.43	803	33	18
	1.1	7.76	5.65	45.61	839	36	19
	1.2	8.03	6.08	49.12	868	38	20
350	0	5.02	2.95	23.85	445	12	12
	0.3	5.87	3.76	30.38	569	18	14
	0.4	6.15	3.95	31.92	607	20	14
	0.5	6.43	4.16	33.60	645	22	15
	0.6	6.72	4.38	35.40	683	24	16
	0.7	7.00	4.61	37.24	719	27	17
	0.8	7.28	4.89	39.50	757	29	17
	0.9	7.57	5.21	42.05	789	31	18
	1.0	7.85	5.59	45.15	824	33	19
	1.1	8.13	6.01	48.53	857	36	20
	1.2	8.41	6.47	52.26	889	38	20

续附表 1-1

体重（千克）	日增重（千克）	干物质（千克）	肉牛能量单位（RND）	综合净能（兆焦）	粗蛋白质（克）	钙（克）	磷（克）
375	0	5.28	3.13	25.27	469	12	12
	0.3	6.16	3.99	32.22	593	18	14
	0.4	6.45	4.19	33.85	631	20	15
	0.5	6.74	4.41	35.61	669	22	16
	0.6	7.03	4.65	37.53	704	25	17
	0.7	7.32	4.89	39.50	743	27	17
	0.8	7.62	5.19	41.88	778	29	18
	0.9	7.91	5.52	44.60	810	31	19
	1.0	8.20	5.93	47.87	845	33	19
	1.1	8.49	6.26	50.54	878	35	20
	1.2	8.79	6.75	54.48	907	38	20
400	0	5.55	3.31	26.74	492	13	13
	0.3	6.45	4.22	34.06	613	19	15
	0.4	6.76	4.43	35.77	651	21	16
	0.5	7.06	4.66	37.66	689	23	17
	0.6	7.36	4.91	39.66	727	25	17
	0.7	7.66	5.17	41.76	763	27	18
	0.8	7.96	5.49	44.31	798	29	19
	0.9	8.26	5.64	47.15	830	31	19
	1.0	8.56	6.27	50.63	866	33	20
	1.1	8.87	6.74	54.43	895	35	21
	1.2	9.17	7.26	58.66	927	37	21
425	0	5.80	3.48	28.08	515	14	14
	0.3	6.73	4.43	35.77	636	19	16
	0.4	7.04	4.65	37.57	674	21	17
	0.5	7.35	4.90	39.54	712	23	17
	0.6	7.66	5.16	41.67	747	25	18
	0.7	7.97	5.44	43.89	783	27	18
	0.8	8.29	5.77	46.57	818	29	19
	0.9	8.60	6.14	49.58	850	31	20
	1.0	8.91	6.59	53.22	886	33	20
	1.1	9.22	7.09	57.24	918	35	21
	1.2	9.53	7.64	61.67	947	37	22

续附表 1-1

体重（千克）	日增重（千克）	干物质（千克）	肉牛能量单位（RND）	综合净能（兆焦）	粗蛋白质（克）	钙（克）	磷（克）
450	0	6.06	3.63	29.33	538	15	15
	0.3	7.02	4.63	37.41	659	20	17
	0.4	7.34	4.87	39.33	697	21	17
	0.5	7.66	5.12	41.38	732	23	18
	0.6	7.98	5.40	43.60	770	25	19
	0.7	8.30	5.69	45.94	806	27	19
	0.8	8.62	6.03	48.74	841	29	20
	0.9	8.94	6.43	51.92	873	31	20
	1.0	9.26	6.90	55.77	906	33	21
	1.1	9.58	7.42	59.96	938	35	22
	1.2	9.90	8.00	64.60	967	37	22
475	0	6.31	3.79	30.63	560	16	16
	0.3	7.30	4.84	39.08	681	20	17
	0.4	7.63	5.09	41.09	719	22	18
	0.5	7.96	5.35	43.26	754	24	19
	0.6	8.29	5.64	45.61	789	25	19
	0.7	8.61	5.94	48.03	825	27	20
	0.8	8.94	6.31	51.00	860	29	20
	0.9	9.27	6.72	54.31	892	31	21
	1.0	9.60	7.22	58.32	928	33	21
	1.1	9.93	7.77	62.76	957	35	22
	1.2	10.26	8.37	67.61	989	36	23
500	0	6.56	3.95	31.92	582	16	16
	0.3	7.58	5.04	40.71	700	21	18
	0.4	7.91	5.30	42.84	738	22	19
	0.5	8.25	5.58	45.10	776	24	19
	0.6	8.59	5.88	47.53	811	26	20
	0.7	8.93	6.20	50.08	847	27	20
	0.8	9.27	6.58	53.18	882	29	21
	0.9	9.61	7.01	56.65	912	31	21
	1.0	9.94	7.53	60.88	947	33	22
	1.1	10.28	8.10	65.48	979	34	23
	1.2	10.62	8.73	70.54	1 011	36	23

附表 1-2　生长母牛的营养需要

体重（千克）	日增重（千克）	干物质（千克）	肉牛能量单位（RND）	综合净能（兆焦）	粗蛋白质（克）	钙（克）	磷（克）
150	0	2.66	1.46	11.76	236	5	5
	0.3	3.29	1.90	15.31	377	13	8
	0.4	3.49	2.00	16.15	421	16	9
	0.5	3.70	2.11	17.07	465	19	10
	0.6	3.91	2.24	18.07	507	22	11
	0.7	4.12	2.36	19.08	548	25	11
	0.8	4.33	2.52	20.33	589	28	12
	0.9	4.54	2.69	21.76	627	31	13
	1.0	4.75	2.91	23.47	665	34	14
175	0	2.98	1.63	13.18	265	6	6
	0.3	3.63	2.12	17.15	403	14	8
	0.4	3.85	2.24	18.07	447	17	9
	0.5	4.07	2.37	19.12	489	19	10
	0.6	4.29	2.50	20.21	530	22	11
	0.7	4.51	2.64	21.34	571	25	12
	0.8	4.72	2.81	22.72	609	28	13
	0.9	4.94	3.01	24.31	650	30	14
	1.0	5.16	3.24	26.19	686	33	15
200	0	3.30	1.80	14.56	293	7	7
	0.3	3.98	2.34	18.92	428	14	9
	0.4	4.21	2.47	19.46	472	17	10
	0.5	4.44	2.61	21.09	514	20	11
	0.6	4.66	2.76	22.30	555	22	12
	0.7	4.89	2.92	23.43	593	25	13
	0.8	5.12	3.10	25.06	631	28	14
	0.9	5.34	3.32	26.78	669	30	14
	1.0	5.57	3.58	28.87	708	33	15
225	0	3.60	1.87	15.10	320	7	7
	0.3	4.31	2.60	20.71	452	15	10
	0.4	4.55	2.74	21.76	494	17	11
	0.5	4.78	2.89	22.89	535	20	12
	0.6	5.02	3.06	24.10	576	23	12
	0.7	5.26	3.22	25.36	614	25	13
	0.8	5.49	3.44	26.90	652	28	14
	0.9	5.73	3.67	29.62	691	30	15
	1.0	5.96	3.95	31.92	726	33	16

续附表 1-2

体重（千克）	日增重（千克）	干物质（千克）	肉牛能量单位（RND）	综合净能（兆焦）	粗蛋白质（克）	钙（克）	磷（克）
250	0	3.90	2.20	17.78	346	8	8
	0.3	4.64	2.84	22.97	475	15	11
	0.4	4.88	3.00	24.23	517	18	11
	0.5	5.13	3.17	25.01	558	20	12
	0.6	5.37	3.35	27.03	599	23	13
	0.7	5.62	3.53	28.53	637	25	14
	0.8	5.87	3.76	30.38	672	28	15
	0.9	6.11	4.02	32.47	711	30	15
	1.0	6.36	4.33	34.98	746	33	17
275	0	4.19	2.40	19.37	372	9	9
	0.3	4.96	3.10	25.06	501	16	11
	0.4	5.21	3.27	26.40	543	18	12
	0.5	5.47	3.45	27.87	581	20	13
	0.6	5.72	3.65	29.46	619	23	14
	0.7	5.98	3.85	31.09	657	25	14
	0.8	6.23	4.10	33.10	696	28	15
	0.9	6.49	4.38	35.35	731	30	16
	1.0	6.74	4.72	38.07	766	32	17
300	0	4.47	2.60	21.00	397	10	10
	0.3	5.26	3.35	27.07	523	16	12
	0.4	5.53	3.54	28.58	565	18	13
	0.5	5.79	3.74	30.17	603	21	14
	0.6	6.06	3.95	31.88	641	23	14
	0.7	6.32	4.17	33.64	679	25	15
	0.8	6.58	4.44	35.82	715	28	16
	0.9	6.85	4.74	38.24	750	30	17
	1.0	7.11	5.10	41.17	785	32	17
325	0	4.75	2.78	22.43	421	11	11
	0.3	5.57	3.59	28.95	547	17	13
	0.4	5.84	3.78	30.54	586	19	14
	0.5	6.12	3.99	32.22	624	21	14
	0.6	6.39	4.22	34.06	662	23	15
	0.7	6.66	4.46	35.98	700	25	16
	0.8	6.94	4.74	38.28	736	28	16
	0.9	7.21	5.06	40.88	771	30	17
	1.0	7.49	5.45	44.02	803	32	18

续附表 1-2

体重（千克）	日增重（千克）	干物质（千克）	肉牛能量单位（RND）	综合净能（兆焦）	粗蛋白质（克）	钙（克）	磷（克）
350	0	5.02	2.95	23.85	445	12	12
	0.3	5.87	3.81	30.75	569	17	14
	0.4	6.15	4.02	32.47	607	19	14
	0.5	6.43	4.24	34.27	645	21	15
	0.6	6.72	4.49	36.23	683	23	16
	0.7	7.00	4.74	38.24	719	25	16
	0.8	7.28	5.04	40.71	757	28	17
	0.9	7.57	5.38	43.47	789	30	18
	1.0	7.85	5.80	46.82	824	32	18
375	0	5.28	3.13	25.27	469	12	12
	0.3	6.16	4.04	32.59	593	18	14
	0.4	6.45	4.26	34.39	631	20	15
	0.5	6.74	4.50	36.32	669	22	16
	0.6	7.03	4.76	38.41	704	24	17
	0.7	7.32	5.03	40.58	743	26	17
	0.8	7.62	5.35	43.18	778	28	18
	0.9	7.91	5.71	46.11	810	30	19
	1.0	8.20	6.15	49.66	845	32	19
400	0	5.55	3.31	26.74	492	13	13
	0.3	6.45	4.26	34.43	613	18	15
	0.4	6.76	4.50	36.36	651	20	16
	0.5	7.06	4.76	38.41	689	22	16
	0.6	7.36	5.03	40.58	727	24	17
	0.7	7.66	5.31	42.89	763	26	17
	0.8	7.96	5.65	45.65	798	28	18
	0.9	8.26	6.04	48.74	830	29	19
	1.0	8.56	6.50	52.51	866	31	19

附表 1-3　妊娠期母牛的营养需要

体重（千克）	日增重（千克）	干物质（千克）	肉牛能量单位（RND）	综合净能（兆焦）	粗蛋白质（克）	钙（克）	磷（克）
300	6	6.32	2.80	22.60	409	14	12
	7	6.43	3.11	25.12	477	16	12
	8	6.60	3.50	28.26	587	18	13
	9	6.77	3.97	32.05	735	20	13
350	6	6.86	3.12	25.19	449	16	13
	7	6.98	3.45	27.87	517	18	14
	8	7.15	3.87	31.24	627	20	15
	9	7.32	4.37	35.30	775	22	15
400	6	7.39	3.43	27.69	488	18	15
	7	7.51	3.78	30.56	556	20	16
	8	7.68	4.23	34.13	666	22	16
	9	7.84	4.76	38.47	814	24	17
450	6	7.90	3.73	30.12	526	20	17
	7	8.02	4.11	33.15	594	22	18
	8	8.19	4.58	36.99	704	24	18
	9	8.36	5.15	41.58	852	27	19
500	6	8.40	4.03	32.51	563	22	19
	7	8.52	4.42	35.72	631	24	19
	8	8.69	4.92	39.76	741	26	20
	9	8.86	5.53	44.62	889	29	21
550	6	8.89	4.31	34.83	599	24	20
	7	9.00	4.73	38.23	667	26	21
	8	9.17	5.26	42.47	777	29	22
	9	9.34	5.90	47.61	925	31	23

附表 1-4 哺乳母牛的营养需要

体重（千克）	干物质（千克）	肉牛能量单位（RND）	综合净能（兆焦）	粗蛋白质（克）	钙（克）	磷（克）
300	4.47	2.36	19.04	332	10	10
350	5.02	2.65	21.38	372	12	12
400	5.55	2.93	23.64	411	13	13
450	6.06	3.20	25.82	449	15	15
500	6.56	3.46	27.91	486	16	16
550	7.04	3.72	30.04	522	18	18

附表 1-5 哺乳母牛每千克泌乳的营养需要

干物质（千克）	肉牛能量单位（RND）	综合净能（兆焦）	粗蛋白质（克）	钙（克）	磷（克）
0.45	0.32	2.57	85	2.46	1.12

附表 1-6 哺乳母牛各泌乳月预计泌乳量(4%乳脂率) 千克/天

泌乳量	泌乳月					
	一	二	三	四	五	六
较好	10.00	9.10	8.20	7.30	6.40	5.50
平均	7.50	6.90	6.20	5.50	4.80	4.20
较差	5.00	4.60	4.10	3.70	3.20	2.80

附表 1-7　体重与代谢体重换算表

体重 W（千克）	代谢体重 $W^{0.75}$	代谢体重 $W^{0.67}$	体重 W（千克）	代谢体重 $W^{0.75}$	代谢体重 $W^{0.67}$	体重 W（千克）	代谢体重 $W^{0.75}$	代谢体重 $W^{0.67}$	体重 W（千克）	代谢体重 $W^{0.75}$
20	9.46	7.44	270	66.61	42.56	520	108.89	66.03	770	146.17
30	12.82	9.76	280	68.45	43.61	530	110.46	66.88	780	147.59
40	15.91	11.84	290	70.27	44.65	540	112.02	67.72	790	149.01
50	18.80	13.75	300	72.08	45.67	550	113.57	68.56	800	150.42
60	21.56	15.54	310	73.88	46.69	560	115.12	69.39	810	151.83
70	24.20	17.23	320	75.66	47.69	570	116.66	70.22	820	153.24
80	26.75	18.84	330	77.43	48.69	580	118.19	71.04	830	154.64
90	29.22	20.39	340	79.18	49.67	590	119.71	71.86	840	156.03
100	31.62	21.88	350	80.92	50.64	600	121.23	72.67	850	157.42
110	33.97	23.32	360	82.65	51.61	610	122.74		860	158.81
120	36.26	24.72	370	84.36	52.56	620	124.25		870	160.19
130	38.50	26.08	380	86.07	53.51	630	125.75		880	161.57
140	40.70	27.41	390	87.76	54.45	640	127.24		890	162.59
150	42.86	28.71	400	89.44	55.38	650	128.73		900	164.32
160	44.90	29.98	410	91.11	56.31	660	130.21		910	165.68
170	47.08	31.22	420	92.78	57.22	670	131.69		920	167.05
180	49.14	32.44	430	94.43	58.13	680	133.16		930	168.41
190	51.18	33.63	440	96.07	59.04	690	134.63		940	169.76
200	53.18	34.81	450	97.70	59.93	700	136.09		950	171.12
210	55.17	35.97	460	99.33	60.82	710	137.54		960	172.47
220	57.12	37.10	470	100.94	61.70	720	139.00		970	173.47
230	59.06	38.23	480	102.55	62.58	730	140.44		980	175.15
240	60.98	39.33	490	104.15	63.45	740	141.88		990	176.49
250	62.87	40.42	500	105.74	64.31	750	143.32		1 000	177.83
260	64.75	41.50	510	107.32	65.17	760	144.75			

参考文献

[1] 陈幼春. 现代肉牛生产. 北京:中国农业出版社,1999.
[2] 葛长荣,马美湖. 肉与肉制品工艺学. 北京:中国轻工业出版社,2002.
[3] 黄应祥,张拴林,刘强. 图说养牛新技术. 北京:科学出版社,1998.
[4] 黄应祥. 肉牛无公害综合饲养技术. 北京:中国农业出版社,2003.
[5] 黄应祥. 奶牛养殖与环境监控. 北京:中国农业大学出版社,2003.
[6] 冀一伦. 实用养牛科学. 北京:中国农业出版社,2001.
[7] 蒋洪茂. 优质牛肉生产技术. 北京:中国农业出版社,1997.
[8] 兰俊宝,王中华. 牛的生产与经营. 北京:高等教育出版社,2010.
[9] 刘继军,贾永泉. 畜牧场规划设计. 北京:中国农业出版社,2008.
[10] 刘强. 优质牛奶生产技术. 北京:中国农业大学出版社,2002.
[11] 刘强. 牛饲料. 北京:中国农业大学出版社,2007.
[12] 刘强. 反刍动物营养调控研究. 北京:中国农业科学技术出版社,2008.
[13] 闵连吉. 肉类食品工艺学. 北京:中国商业出版社,1992.
[14] 王宗元. 动物营养代谢病和中毒病. 北京:中国农业出版社,1997.
[15] 王聪. 肉牛饲养手册. 北京:中国农业大学出版社,2007.

[16] 桑国俊. 世界肉牛产业发展概况. 畜牧兽医杂志，2012,31(3):36-39.
[17] 肖定汉. 牛病防治. 北京:中国农业大学出版社,2000.
[18] 杨泽霖,张利宇. 我国肉牛产业发展现状及建议. 中国畜牧杂志,2012,48(8):4-8.
[19] 颜培实,李汝治. 家畜环境卫生学. 4 版. 北京:高等教育出版社,2011.
[20] 昝林森. 肉牛饲养技术手册. 北京:中国农业出版社,2002.
[21] 中国家畜家禽品种志编委会. 中国牛品种志. 上海:上海科学技术出版社,1986.
[22] 周光宏. 肉品学. 北京:中国农业科技出版社,1992.
[23] 全国畜牧总站. 肉牛标准化养殖技术图册. 北京:中国农业科学技术出版社,2012.
[24] 国家畜禽遗传资源委员会. 中国畜禽遗传资源志:牛志. 北京:中国农业出版社,2011.